#DerApotheker
Von Aspirin bis Zink

#DerApotheker

Von Aspirin bis Zink

Was nicht im Beipackzettel steht

Die Wahrheit über
unsere Arzneimittel

DUMONT

Inhalt

#DesApothekers Vorwort

Nach *Die Wahrheit über unsere Medikamente*, *#DerApotheker für alle Fälle* und *Die Wahrheit über unsere Drogen* erscheint nach einem Jahr Pause mein nunmehr viertes Buch: *Von Aspirin bis Zink*.

Wie der Name bereits andeutet, bietet es einen umfassenden Überblick über Arzneimittel sowie über Vitamine, Mineralstoffe und Krankheiten.

Auch wenn ich diesen Anspruch hatte, war es nicht möglich, all das in dem Buch unterzubringen, was ich gern drin gehabt hätte. Schließlich sollt ihr es auch unterwegs lesen können, ohne eine zusätzliche Tasche mitnehmen zu müssen. Ich habe mich allerdings bemüht, alle gängigen Arzneimittel zu beschreiben. Ihr werdet also zu dem Großteil der Wirkstoffe, die ihr in der Apotheke für euch selbst, eure Kinder oder die Großeltern erwerben könnt, die wichtigsten Fakten präsentiert bekommen.

Warum braucht ihr dieses Buch? Nun, Arzneimittel sind keine Bonbons, und es ist wichtig, sie korrekt einzunehmen. Leider haben Ärzte oder Apotheker, selbst wenn sie es wollten, oft nicht die Zeit, euch über alle wichtigen Neben- und Wechselwirkungen zu informieren. Etwa, dass ihr ASS 100 nur mit Ibuprofen kombinieren dürft, wenn ihr ein paar wichtige Dinge beachtet. Oder dass ihr bei der Einnahme bestimmter Wirkstoffe auf Grapefruits verzichten müsst. Es gibt viel zu beachten und viel falsch zu machen. Dieses Buch hilft euch dabei, gesund zu bleiben, es anhand der hier beschriebenen Mittel schnell wieder zu werden oder Arzneimittel richtig einzunehmen. Eine alphabetische Übersicht zu allen behandelten Wirkstoffen und Krankheiten findet ihr hinten im Anhang.

Ich habe auch versucht, eure Kritik, die ich für die ersten drei Bücher erhielt, einzuarbeiten. Zum Beispiel trinke ich in diesem Buch nicht ständig Tee, also nur während des Schreibens. Außerdem habe ich dieses Mal auch auf eine Rahmenerzählung verzichtet. Manche liebten sie, manche hassten sie. Ohne sie ist zumindest die Dichte an Informationen größer. Beim ersten Buch gefielen euch die kurzen Texte, was ich dann leider weder beim zweiten noch beim dritten Buch so umgesetzt habe. Dafür bekommt ihr jetzt richtig viele kurze Kapitel. Ganze 180.

Es gab auch Kritik, dass es an manchen Stellen zu kompliziert wurde. Auch das habe ich dieses Mal berücksichtigt. Zum Teil sogar freiwillig. Der eine möchte tiefergehende Informationen, dem anderen ist es zu detailliert. Man kann es nie allen recht machen.

Eine Kritik, die mir in der Vergangenheit allerdings viele Ein-Stern-Bewertungen eingebracht hat, habe ich natürlich nicht beachtet: Auch dieses Buch ist evidenzbasiert und betont, dass die Homöopathie keine Wirkung besitzt, die über den Placeboeffekt hinausgeht. Solche Ein-Stern-Bewertungen sind für mich genauso wertvoll wie jede einzelne Fünf-Sterne-Bewertung, die ihr mir für meine Bücher gegeben habt. Danke dafür!

So, dann wünsche ich euch nun viel Spaß beim Dazulernen.

Wenn euch das Buch gefällt, empfehlt es weiter und bewertet es gern. Das hilft enorm. Und wenn ihr nach dem Lesen noch mehr wollt: Holt euch meinen Infoletter auf https://steady.page/de/derapotheker/. Jede fünfte Ausgabe ist kostenlos. Wer dort Mitglied im #DerApothekerClub wird, bekommt außerdem den Zugang zum Archiv mit inzwischen über 1300 Ausgaben.

August 2025
#DerApotheker

Teil 1

Schmerzen, Blut und Husten

Von Aspirin bis Rimegepant

1

Aspirin – wie es zu diesem Meilenstein kam

Am 6. März 1899 ließen die Farbenfabriken vorm. Friedr. Bayer & Co. den Markennamen Aspirin in die Warenzeichenrolle des Kaiserlichen Patentamtes eintragen. Hinter dem Markennamen verbirgt sich die Acetylsalicylsäure, kurz ASS, einer der bekanntesten Arzneistoffe der Welt.

Die Substanz wurde erstmals am 10. August 1897 von Felix Hoffmann, einem deutschen Apotheker und Chemiker, in reiner und stabiler Form hergestellt. Er suchte nach einer Möglichkeit, die Nebenwirkungen der damals schon als Schmerzmittel eingesetzten Salicylsäure zu verringern, da sie bei vielen Menschen Magenprobleme verursachte.

Hoffmann wollte die Salicylsäure so verändern, dass sie verträglicher wurde. Das gelang ihm schließlich mit Essigsäureanhydrid, einer hochreaktiven Flüssigkeit, die grob gesagt aus zwei miteinander verbundenen Essigsäuremolekülen besteht.

Bei dieser Reaktion, Acetylierung genannt, wird eine Acetylgruppe auf die Salicylsäure übertragen. Es entsteht die Acetylsalicylsäure. Der Markenname Aspirin besteht aus dem »A-« für die Acetylgruppe und dem »-spirin« für die sogenannte Spirsäure, wie man die Salicylsäure früher nannte.

Aspirin wurde zu einem großen Erfolg und zu einem Meilenstein in der Geschichte der Medizin. Auch heute noch ist es weltweit erhältlich. In Deutschland darf nur die Bayer AG, Nachfolgerin der Farbenfabriken, den Namen Aspirin verwenden. In vielen anderen Ländern, darunter auch den USA, ist das anders. In den USA verlor Bayer während des Ersten Weltkriegs die Markenrechte – offiziell entzogen durch die US-Regierung. Der Versailler Vertrag bestätigte später den dauerhaften Verlust.

Hoffmann stellte auf diese Art aber nicht nur Aspirin her, sondern ebenso eine weitere Substanz, die ein großer Erfolg werden sollte – zumindest vorübergehend. Mehr dazu später.

2

Was kann die Acetylsalicylsäure?

Acetylsalicylsäure, kurz ASS, gehört wie Ibuprofen oder Diclofenac zu den nichtsteroidalen Antirheumatika (NSAR) und kann bei Schmerzen und Fieber eingenommen werden.

NSAR wirken, indem sie die Cyclooxygenasen (COX) hemmen, Enzyme, von denen es zwei Varianten gibt: COX-1 und COX-2. COX wandeln Arachidonsäure in kleinere Moleküle wie Prostaglandine und Thromboxane um, Gewebshormone mit unterschiedlichen Aufgaben im Körper.

Prostaglandine spielen unter anderem bei der Schmerzwahrnehmung, der Fieberregulation sowie bei Entzündungsprozessen eine Rolle. Thromboxane hingegen fördern die Verklumpung von Blutplättchen (Thrombozytenaggregation) und verengen die Blutgefäße, weshalb sie eine wichtige Rolle bei der Blutgerinnung spielen.

Welche Prostaglandine am Ende entstehen, hängt nicht unbedingt davon ab, ob COX-1 oder COX-2 am Werk ist, sondern eher davon, wann und wo die beiden aktiv sind. COX-1 ist im Körper ständig aktiv, während COX-2 vor allem dann aktiv ist, wenn der

Körper auf eine Entzündung reagiert. Zum Beispiel bei einer Verletzung oder einer Infektion.

Hat man auf diese Symptome keine Lust, hemmt man einfach die Bildung der entsprechenden Prostaglandine. Zum Beispiel mit einem NSAR wie ASS. ASS hemmt sowohl COX-1 als auch COX-2. Die COX-1 allerdings bevorzugt.

Prostaglandine, die durch COX-1 gebildet werden, reduzieren die Bildung der Salzsäure, die in den Magen gepumpt wird, und fördern gleichzeitig die Bildung von Magenschleim, der die Magenschleimhaut vor dieser aggressiven Säure schützen soll.

Nimmt man also ASS ein, erhält man neben den gewünschten Wirkungen durch die COX-2-Hemmung auch die unerwünschten durch die COX-1-Hemmung. Das heißt, mehr Magensäure und weniger Magenschleim.

Das ist ein Problem, denn dadurch kann es zu Blutungen im Magen und letztendlich zu einem Magengeschwür kommen. Je länger und je höher dosiert man ASS einnimmt, desto größer das Risiko. Deshalb wird ASS heute kaum noch gegen Entzündungen eingesetzt, denn dafür wären täglich hohe Dosen (ab drei Gramm) nötig.

ASS sollte immer nach dem Essen eingenommen werden. Das reduziert die direkte Reizung der Magenschleimhaut und macht es etwas besser verträglich.

Ab 16 Jahren können ein bis zwei Tabletten mit je 500 Milligramm ASS auf einmal geschluckt werden. Um das Risiko für Nebenwirkungen zu reduzieren, sollte man höchstens drei Gramm pro Tag einnehmen. Mit einem Abstand von mindestens vier Stunden. Ab dem 65. Lebensjahr sollte man pro Einnahme höchstens eine Tablette und insgesamt maximal vier pro Tag einnehmen.

Für Jugendliche zwischen 12 und 15 Jahren gilt dieselbe Einzeldosis wie für Menschen ab 65. Sie dürfen aber nicht nur vier, sondern bis zu sechs Tabletten am Tag einnehmen – vorausgesetzt, sie wiegen über 40 Kilogramm.

Achtung: Für Kinder unter zwölf Jahren kann ASS gefährlich werden. Es kann zum Reye-Syndrom kommen.

3

Wann bei ASS das Reye-Syndrom droht

Nehmen Kinder unter zwölf Jahren ASS ein, besteht die Gefahr, dass es zum lebensgefährlichen Reye-Syndrom kommt.

Was diese seltene Erkrankung genau auslöst, ist nicht vollständig geklärt. Vermutet wird eine Kombination aus viraler Infektion und ASS-Einnahme. Dabei werden vermutlich die Mitochondrien, die »Kraftwerke« unserer Zellen, geschädigt, was den Energiestoffwechsel des Kindes erheblich beeinträchtigt.

Typisch ist, dass die ersten Symptome erst einige Tage nach dem Abklingen der Virusinfektion auftreten.

Das Kind leidet dann plötzlich unter starkem Erbrechen, Fieber und Kopfschmerzen, wird ungewöhnlich schläfrig, teilnahmslos und desorientiert. In schweren Fällen können auch Krampfanfälle, Atemstörungen und eine vergrößerte Leber mit eingeschränkter Funktion auftreten. Bei einem vollständigen Leberversagen ist die Entgiftungsfunktion stark eingeschränkt. Ammoniak, eine giftige gasförmige Verbindung, kann dann nicht mehr ausreichend abgebaut werden. Gelangt es ins Gehirn, kann es dort Nervenzellen schädigen. Auch eine Flüssigkeitsansammlung im Gehirn ist möglich. Sie erhöht den Hirndruck und kann zu Verwirrung und Krampfanfällen führen. Im schlimmsten Fall fällt das Kind ins Koma.

Im Frühstadium ist eine Heilung zwar noch möglich, bei einem schweren Verlauf liegt die Sterblichkeit heute bei unter 20 Prozent. Rund 30 Prozent der Überlebenden tragen aber dauerhafte neurologische Schäden davon.

Als man in den 1980er-Jahren den Zusammenhang zwischen ASS und viralen Infekten, meist durch Influenzaviren (Grippe – siehe Kapitel 131) oder Varizellen (Windpocken – siehe Kapitel 126), bei Kindern unter zwölf Jahren erkannte, wurde eine Altersbeschränkung eingeführt. Seitdem ist das Reye-Syndrom bei Kindern deutlich seltener geworden.

Läge keine virale Infektion vor, könnte ASS theoretisch bei Kindern verwendet werden. Da es mit Ibuprofen und Paracetamol aber gute Alternativen gibt, nutzt man diese. Virale Infektionen bleiben außerdem oft unerkannt und können sich auch erst während der Behandlung mit ASS entwickeln. Sicher ist sicher.

Leidet das Kind unter Fieber oder Schmerzen, kann aber weder Ibuprofen noch Paracetamol einnehmen, gibt man es nicht einfach auf und überlasst es sich selbst, sondern verabreicht, auf ärztliche Anweisung und in einer altersgerechten Dosierung, ASS.

4

Warum ASS 100 dein Leben retten kann

In einer Dosierung von in der Regel 100 Milligramm wird ASS auch zur Thrombozytenaggregationshemmung eingesetzt.

Das klingt erst mal kompliziert, ist aber eigentlich ganz einfach: Wenn sich Thrombozyten, das sind die Blutplättchen, in unseren Venen oder Arterien anlagern, bilden sie mit Fibrin und roten Blutkörperchen einen Thrombus. Dessen Aufgabe besteht darin, in einem ersten Schritt verletzte Gefäße zu reparieren.

Manchmal bildet sich so ein Thrombus allerdings auch in einem Blutgefäß. Das ist schlecht, denn das behindert den Blutfluss oder blockiert ihn sogar vollständig. In solchen Fällen spricht man dann von einer Thrombose.

Je nach Lage unterscheidet man arterielle Thrombosen von venösen.

Venöse Thrombosen treten vor allem in den tiefen Bein- und Beckenvenen auf. Der Thrombus entsteht dabei meistens im Unterschenkel und kann sich dann bis zum Oberschenkel oder gar bis zum Becken hin ausbreiten. Löst sich ein solcher Thrombus und wandert bis in die Lunge, droht eine lebensgefährliche Lungenembolie.

Arterielle Thrombosen hingegen erhöhen unter anderem das Risiko eines Herzinfarkts und eines Schlaganfalls. Sie können ebenfalls tödlich enden.

Verursacht werden Thrombosen häufig durch Bewegungsmangel nach Operationen, durch längeres Sitzen, Rauchen, Übergewicht und Tumorerkrankungen.

Auch Frauen, die die Pille mit Östrogenanteil, ein sogenanntes Kombinationspräparat (Kapitel 5), einnehmen, sowie Schwangere haben ein erhöhtes Risiko. Das Risiko einer Thrombose steigt auch mit dem Alter, da sich die Fließeigenschaften des Blutes und die Elastizität der Gefäße verändern.

Je mehr Risikofaktoren zusammenkommen, desto größer ist die Gefahr. Hier passt ein stoischer Gedanke: Manche Dinge liegen in unserer Macht, andere nicht.

Um arteriellen Thrombosen vorzubeugen, muss also die Bildung der Thromboxane durch die Hemmung der COX-1 reduziert werden.

Das kann zwar jedes NSAR, aber alle bis auf eines nur vorübergehend. ASS ist das einzige dieser Gruppe, das sich nicht nach kurzer Zeit wieder ablöst, sondern die COX mithilfe seiner Acetylgruppe dauerhaft hemmen kann.

Da der Thrombozyt keinen Zellkern besitzt, kann er keine neue COX bilden. Die Hemmung bleibt bestehen, bis ein neuer Thrombozyt gebildet wird. Damit auch die COX der neuen Thrombozyten gehemmt werden kann, müssen Menschen mit erhöhtem Risiko für Thrombosen ASS 100 daher täglich einnehmen – oft ein Leben lang.

Man unterscheidet normale ASS-100-Tabletten von magensaftresistenten. Die normalen nimmt man nach dem Frühstück ein, damit sie den Magen etwas weniger direkt reizen. Die magensaftresistenten sollen sich erst im Dünndarm auflösen, weshalb sie eine halbe Stunde vor dem Frühstück eingenommen werden müssen. Bei beiden Varianten kommt es zur Reizung der Magenschleimhaut, da diese ja vor allem durch die COX-Hemmung zustande kommt. Ob magensaftresistente Tabletten wirklich etwas besser verträglich sind, ist bislang nicht eindeutig geklärt.

Einen Unterschied gibt es zwischen den beiden ASS-Varianten allerdings noch, und der kommt zum Tragen, wenn zusätzlich Ibuprofen eingenommen werden muss. Mehr dazu in Kapitel 7. Wir müssen nämlich kurz auf ein weiteres Thema zu sprechen kommen, das gut zur Thrombose passt.

5

Welche Antibabypille Thrombosen auslösen kann

Die Antibabypille wird eingenommen, wenn man zwar Sex, aber kein Baby haben möchte. Es gibt allerdings nicht nur eine einzige Pille, sondern verschiedene Varianten, die alle dasselbe Ziel verfolgen, aber unterschiedliche Wege gehen.

Man unterscheidet Kombinationspräparate mit Östrogen und Gestagen von reinen Gestagenpräparaten, den sogenannten Minipillen. Beide enthalten künstlich hergestellte Formen weiblicher Sexualhormone.

Die Kombinationspille unterdrückt den Eisprung und verändert den Zervixschleim so, dass Spermien schlechter zur Eizelle gelangen können. Außerdem verändert sie die Gebärmutterschleimhaut, sodass sich eine befruchtete Eizelle, falls es überhaupt zum Eisprung käme, nicht einnisten kann. Doppelt hält besser. Die Befruchtung ist nur im sogenannten fertilen Fenster möglich. Das Fenster öffnet fünf Tage vor dem Eisprung und schließt einen Tag danach. Während dieser Zeit ist der Schleim für Spermien durchlässig. Möchte man sie aber nicht willkommen heißen, verdickt das Gestagen den Schleim und versiegelt damit den Eingang zur Gebärmutter.

Frühere Minipillen wirkten vor allem über den Schleimpfropf. Moderne Minipillen wie Desogestrel unterdrücken hingegen bei den meisten Frauen zusätzlich den Eisprung. Anders als ältere Minipillen darf man sie sogar bis zu zwölf Stunden später einnehmen – genau wie bei Kombinationspräparaten. Ihre Wirksamkeit ist bei korrekter Anwendung daher vergleichbar.

Die sogenannte Mikropille gehört ebenfalls zu den Kombinationspräparaten. Sie enthält weniger Östrogen als ältere Pillen. Also Mikrodosen an Östrogen. Daher der Name. Die Gestagendosis kann je nach Präparat ähnlich hoch sein wie bei anderen Kombinationspräparaten.

Egal welche Form, die Pille kann Übelkeit, Brustspannen, Stimmungsschwankungen oder Kopfschmerzen auslösen.

Und sie kann eben das Thromboserisiko erhöhen. Allerdings gilt das nur für die Kombinationspräparate, da das enthaltene Östrogen dafür verantwortlich ist. Es regt in der Leber die Bildung bestimmter Gerinnungsfaktoren an, wodurch das Risiko steigt, dass sich in den Venen Blutgerinnsel bilden.

Mikropillen sind aufgrund des geringeren Östrogenanteils sicherer als klassische Kombipräparate. Reine Gestagenpräparate erhöhen das Thromboserisiko nicht. Eine Ausnahme gibt es allerdings: die Dreimonatsspritze, die Medroxyprogesteronacetat in Depotform enthält. Sie steigert das Risiko geringfügig.

Achtung: Arzneimittel, die das Enzym CYP3A4 beeinflussen, wie zum Beispiel Johanniskraut oder bestimmte Antiepileptika, können die Wirkung der Pille verringern. Das betrifft vor allem Kombinationspräparate, aber die Minipillen mit Desogestrel sind davon nicht ausgenommen.

CYP3A4 gehört zu einer Enzymfamilie, die hauptsächlich in der Leber vorkommt und eine wichtige Rolle bei der Umwandlung von Substanzen spielt. Diese CYP-Enzyme sorgen in der Regel dafür, dass Substanzen wasserlöslicher werden, damit sie leichter ausgeschieden werden können. Auf diese Weise werden über 75 Prozent aller Arzneimittel abgebaut. Manche Arzneimittel, sogenannte Prodrugs, werden durch CYP-Enzyme erst in ihre eigentliche Wirkform umgewandelt.

Wichtig: Was für die Pille gilt, gilt natürlich auch für den Verhütungsring und das Verhütungspflaster. Auch sie können Thrombosen auslösen.

6

Warum die Pille danach so schnell wie möglich eingenommen werden muss

Wenn wir über die Pille sprechen, müssen wir auch kurz auf die Pille danach eingehen. Kam es zum ungeschützten Geschlechtsverkehr, ohne die Absicht, schwanger zu werden, sollte schnellstmöglich die Pille danach eingenommen werden. Es gibt sie ohne Rezept in der Apotheke. Sie verschiebt den Eisprung, sodass die Spermien, die bis zu fünf Tage überleben können, die Eizelle nicht erreichen und absterben.

Es werden zwei Wirkstoffe eingesetzt: Ulipristalacetat und Levonorgestrel.

Ulipristalacetat verschiebt den Eisprung, indem es an den Progesteron-Rezeptor bindet und dadurch die Wirkung von Progesteron unterbindet. Progesteron steuert den Anstieg des luteinisierenden Hormons (LH), das den Eisprung auslöst, und bereitet die Gebärmutterschleimhaut auf eine mögliche Einnistung vor. Wird der LH-Anstieg durch Ulipristalacetat gehemmt, bleibt der Eisprung aus. Ganz einfach.

Nimmt man Ulipristalacetat erst ein, wenn der LH-Anstieg bereits begonnen hat, verzögert es den Eisprung immerhin noch. Die Spermien sterben daher ab, bevor sie die Eizelle erreichen. Eine Schwangerschaft wird dadurch verhindert.

Levonorgestrel hingegen wirkt kurz vor dem Eisprung nicht mehr zuverlässig. Da die meisten Frauen, die in der Apotheke die Pille danach bei mir kaufen wollen, erfahrungsgemäß kurz vor dem errechneten Eisprung stehen, ist Ulipristalacetat meist die bessere Wahl.

Auch wenn Ulipristalacetat bis zu 120 Stunden, also fünf Tage, nach dem ungeschützten Geschlechtsverkehr eingenommen werden kann, sollte man das sofort tun. Denn kam es in der Zwischenzeit zum Eisprung, kann er logischerweise nicht mehr verschoben werden.

Falls man Levonorgestrel einnehmen muss, weil Ulipristalacetat nicht infrage kommt, etwa wegen der Stillzeit oder wegen Wechselwirkungen mit anderen Mitteln, hat man nur 72 Stunden Zeit. Das sind drei Tage.

Die Pille danach, egal mit welchem Wirkstoff, kann zudem die nächste Menstruation verschieben. Sie kann bis zu sieben Tage früher oder später als gewohnt eintreten, in seltenen Fällen auch um mehr als zwanzig Tage verzögert sein. Das ist wichtig zu wissen, weil man sich dadurch womöglich die ein oder andere Sorge erspart.

Die Nebenwirkungen der Pille danach sind meist mild. Es kann zu Kopfschmerzen, Schwindel, Bauchschmerzen, Übelkeit und Müdigkeit kommen. Wer sich innerhalb von drei Stunden nach der Einnahme erbricht, muss allerdings eine weitere Tablette schlucken. Arzneimittel, die das CYP3A4 beeinflussen, können zudem die Wirkung der Pille danach verringern.

Für Frauen mit einem höheren Körpergewicht ist Ulipristalacetat die bessere Wahl. Die Wirksamkeit leidet zwar in beiden Fällen, bei Levonorgestrel allerdings deutlich mehr.

7

Warum die Kombination von ASS 100 und Ibuprofen manchmal tödlich endet

So, wir sind zurück bei ASS. Was ist nun das Problem, wenn zusätzlich Ibuprofen eingenommen wird – das wir in Kapitel 11 noch genauer anschauen werden?

Mit Ibuprofen kann man keiner arteriellen Thrombose vorbeugen, da es, wie erwähnt, nur vorübergehend wirkt. Man könnte annehmen, dass Ibuprofen die Wirkung von ASS 100 verstärken würde – doch das Gegenteil ist richtig. Ibuprofen versperrt dem ASS den Zugang zur COX, weshalb seine Acetylgruppe nicht mehr daran binden kann und dann Blutgerinnsel entstehen können.

Damit ASS 100 also wirken kann, sollte man bei der ASS-Einnahme kein Ibuprofen im Blut haben. Ist das doch der Fall, droht eine Thrombose – und die kann, wie wir wissen, tödlich enden.

ASS sollte daher mindestens zwei Stunden vor Ibuprofen eingenommen werden, damit es ausreichend Zeit hat, die COX-1 der Thrombozyten unwiderruflich zu blockieren, bevor das Ibuprofen dort auftaucht. Studien deuten zwar darauf hin, dass bereits ein Abstand von etwa 30 Minuten ausreichen könnte, zwei Stunden sind jedoch besser, um die Wirkung auch wirklich sicherzustellen.

Da der Körper, wie erwähnt, ständig neue Thrombozyten mit neuen COX-1-Enzymen bildet, müssen Menschen mit einem Risiko für Thrombosen ASS 100 regelmäßig einmal am Tag einnehmen. Hat man in der Zwischenzeit aber Ibuprofen geschluckt, ist die Wirkung von ASS davon abhängig, ob und wie viel Ibuprofen noch im Blut vorhanden ist.

Ibuprofen hat eine Halbwertszeit von zwei bis drei Stunden. Das heißt: Nach zwei bis drei Stunden ist noch die Hälfte im Blut, nach 10 bis 15 Stunden (fünf Halbwertszeiten) ist das Ibuprofen praktisch vollständig abgebaut.

Damit die nächste ASS-Dosis sicher wirkt, sollte Ibuprofen spätestens acht Stunden vorher genommen worden sein. Dann ist zwar noch etwas Ibuprofen im Blut, aber das ASS kann seinen Job dennoch erledigen.

Schluckt man an diesem Tag allerdings eine zweite Ibuprofen, auch wenn man das in diesem erlaubten Zeitfenster macht, kann das ASS nicht mehr wirken. Dasselbe gilt, wenn man mehr als 400 Milligramm Ibuprofen eingenommen hat.

Für höhere Dosen Ibuprofen gibt es keine offiziellen Empfehlungen, wie lange man warten soll. Geht man allerdings logisch an die Sache ran, sollte es ausreichen, wenn man bei der doppelten Dosis, also 800 Milligramm Ibuprofen, eine Halbwertszeit draufschlägt und etwa zehn bis elf Stunden wartet. Das ist aber reine Spekulation.

Schluckt man eine magensaftresistente ASS-100-Tablette, gibt es Hinweise darauf, dass man den Abstand zu Ibuprofen sogar noch etwas vergrößern muss, da die Tablette sich ja auch erst später auflöst. Wie lange? Unklar.

Möchte man mit ASS 100 eine Thrombose auf einem Langstreckenflug verhindern, spielt es übrigens keine Rolle, ob man Ibuprofen im Blut hat oder nicht.

8

Warum ASS 100 keine Reisethrombose verhindert

Wie erwähnt, erhöht sich die Gefahr einer venösen Thrombose, wenn man lange Zeit im Sitzen verbringt. Weil das auf Reisen häufig vorkommt, spricht man dann von einer Reisethrombose. Typisch sind ein ziehender Schmerz, eine Schwellung und ein Wärmegefühl im betroffenen Bein.

Der Grund für das erhöhte Risiko ist, dass beim Sitzen die Muskelpumpen in den Beinen nicht aktiviert werden. Ist man in Bewegung, ziehen sich die Wadenmuskeln zusammen, was die Venen in den Beinen immer wieder zusammendrückt. Dadurch wird das Blut in Richtung Herz gepumpt. Das Herz braucht diese Muskelpumpen als Unterstützung auf den letzten Metern. Damit das Blut aber nicht in die andere Richtung gepumpt wird, gibt es die Venenklappen. Vor allem in den Beinvenen. Sie verhindern das Zurückfließen eines Großteils des Blutes, indem sie es in kleinen Taschen auffangen, von wo aus es bei der nächsten Kontraktion der Muskeln wieder Richtung Herz gepumpt wird. Wenn man also lange sitzt, staut sich das Blut in den Venen, was das Risiko einer venösen Thrombose erhöht.

Im Flugzeug verstärkt der geringe Luftdruck das Problem. Die Venen weiten sich, das Blut fließt langsamer. Wer zusätzlich zu wenig trinkt oder Alkohol konsumiert, erhöht das Risiko noch weiter.

Und da kommen manche Menschen auf die naheliegende Idee, mit ASS 100 das Risiko reduzieren zu wollen. Allerdings ist dessen Wirksamkeit zur Vorbeugung einer Reisethrombose begrenzt und wird nicht empfohlen. Da venöse Thromben fibrinreich sind, hat ASS 100 auf ihre Entstehung kaum Einfluss. Obwohl einige Studien auf eine leichte Reduktion des Risikos für tiefe Venenthrombosen durch ASS 100 hindeuten, gibt es keine ausreichenden Belege dafür, dass es tatsächlich hilft, einer Reisethrombose vorzubeugen. Ob man nun also Ibuprofen im Blut hat oder nicht, spielt nicht wirklich eine Rolle, wenn man ASS 100 gegen eine Reisethrombose einnehmen möchte.

Zur Vorbeugung einer Reisethrombose empfiehlt es sich, regelmäßig aufzustehen, um die Muskelpumpe zu aktivieren, ausreichend Wasser zu trinken und auf Alkohol zu verzichten. Stütz- oder Kompressionsstrümpfe fördern zusätzlich den Rückfluss des Bluts zum Herzen, da sie die Venen zusammendrücken. Dadurch wird die Fließgeschwindigkeit des Blutes erhöht und der Blutstau in den Beinvenen verringert, was wiederum das Risiko einer Thrombose senkt.

Medikamentös lässt sich das Risiko eines fibrinreichen Thrombus in den Venen durch das Spritzen von Heparin reduzieren.

9

Warum Heparin hilft, wenn ASS 100 versagt

Besteht also ein hohes Thromboserisiko und man muss längere Zeit in einem Flugzeug verbringen, sollte man Heparin spritzen.

Heparin ist eine gerinnungshemmende Substanz, die auch vom Körper selbst gebildet und gespeichert werden kann. Das in der Medizin eingesetzte Heparin wird in der Regel aus der Darmschleimhaut von Schweinen gewonnen.

Muss man sich Heparin verabreichen, dann spritzt man es sich in das Unterhautfettgewebe, von wo aus es ins Blut gelangt und dort Antithrombin III aktiviert. Dieses Protein wiederum hemmt zentrale Gerinnungsfaktoren wie Thrombin.

Thrombin wandelt Fibrinogen in Fibrin um, das Gerüst eines Thrombus. Dank Heparin funktioniert das nun nicht mehr. Auch nicht auf einem Langstreckenflug.

Die Wirkung hängt von der Dosis ab – gemessen in Internationalen Einheiten (I.E.), die den Grad der Hemmung angeben. Zur Thromboseprophylaxe wird nur eine niedrige Dosis gespritzt, meist einmal täglich.

Heparin gilt als gut verträglich, kann aber Blutungen verursachen und in seltenen Fällen zu einer Heparin-induzierten Thrombozytopenie führen, also einem gefährlichen Absinken der Thrombozytenkonzentration. Paradoxerweise kann diese sogar Thrombosen auslösen. Heparin verhindert Thrombosen also nicht nur, sondern kann sie in seltenen Fällen sogar auslösen. Ist das ein Grund, auf Heparin zu verzichten, wenn es angebracht ist? Nein.

10

Hilft Heparin auch gegen blaue Flecken?

Heparin wird auch gern in Tuben gekauft. In Form eines Gels oder einer Salbe soll es dafür sorgen, dass blaue Flecken und Schwellungen schneller verschwinden.

Vor allem ältere Menschen nutzen gern Heparin zum »Schmieren«. Wie genau es wirken soll, ist nicht ganz klar, denn trotz großer Beliebtheit gibt es ein kleines Problem: Das Heparin-Molekül ist ziemlich groß und stark negativ geladen. In anderen Worten: Es kommt also kaum durch die Haut. Eine lokale Wirkung im Gewebe ist daher umstritten und wenn überhaupt, dann nur bei sehr hoch dosierten Präparaten möglich.

Auf dem Markt sind Heparin-Gele und -Salben erhältlich, die zwischen 10.000 und 180.000 I.E. pro 100 Gramm enthalten.

Trägt man voller Überzeugung seine Heparin-Salbe zwei- bis dreimal täglich auf den blauen Fleck auf und er verschwindet nach einer Weile tatsächlich, ja, dann könnte man natürlich von der Wirkung dieses Produkts überzeugt sein.

Der blaue Fleck könnte aber auch von ganz allein verschwunden sein – das tut er nämlich mit der Zeit, sonst sähen wir alle irgendwann aus wie Schlümpfe. Wer allerdings genau das möchte, bekommt in Kapitel 146 eine, nicht empfehlenswerte, Anleitung.

Möglicherweise verschwand der Fleck durch das Einmassieren der Salbe auch etwas schneller – dann lag das aber vermutlich nur an der Massage.

11

Warum 800 Milligramm Ibuprofen in der Regel nicht stärker gegen Schmerzen wirken als 400 Milligramm

So, genug von Thrombosen und blauen Flecken, jetzt kommen wir zu dem Schmerzmittel Nummer eins: Ibuprofen.

Kein Arzneimittel geht in deutschen Apotheken öfter über den Handverkaufstisch als dieser Dauerbrenner. Es kann gegen Schmerzen, Fieber und Entzündungen eingesetzt werden. Erwachsene nehmen Ibuprofen meistens in Form von Tabletten gegen Schmerzen ein, während kleine Kinder in der Regel den Saft oder die Zäpfchen gegen Fieber erhalten.

Während die Dosierung bei Kindern von ihrem Körpergewicht abhängt, nehmen Erwachsene bis zu dreimal täglich 400 Milligramm nach dem Essen ein.

Sowohl die Einzel- als auch die Tagesgesamtdosis verdoppelt sich für Erwachsene, wenn das Ibuprofen ärztlich verordnet wurde. Aber auch ohne ärztliche Verordnung nehmen manche Menschen 800 Milligramm ein, da sie glauben, so ihre Schmerzen besser bekämpfen zu können.

Aber das ist ein Trugschluss. Während das Risiko für Nebenwirkungen ansteigt, nimmt die schmerzhemmende Wirkung nicht zu, wenn man die Dosis erhöht. Ibuprofen hat einen Ceiling-Effekt. Das heißt, dass die schmerzhemmende Wirkung gedeckelt ist – und zwar bei 400 Milligramm.

Warum also verordnen Ärzte mehr als 400 Milligramm? In den meisten Fällen, weil höhere Dosen eine stärkere Entzündungshemmung aufweisen.

Dabei wirken zwei 400-Milligramm-Tabletten genauso effektiv gegen Entzündungen wie eine 800-Milligramm-Tablette. Es sei denn, die 800-Milligramm-Tablette ist retardiert, denn dann wird der Wirkstoff nicht auf einmal, sondern nach und nach freigesetzt. Diese Tabletten werden aber eher selten verordnet.

Glaubt man trotzdem, dass 800 Milligramm effektiver gegen Schmerzen sind als 400, dann könnte das auch am Placeboeffekt liegen. Die Erwartung einer stärkeren Schmerzlinderung könnte dazu beitragen, dass der Körper vermehrt schmerzlindernde Endorphine ausschüttet. Es könnte aber auch daran liegen, dass man zu klein für sein Gewicht ist.

Bei übergewichtigen Personen sind möglicherweise höhere Dosen Ibuprofen erforderlich, da ihr erhöhtes Körpergewicht die Pharmakokinetik, also wie der Körper das Arzneimittel verarbeitet, und die Pharmakodynamik, wie das Arzneimittel wirkt, beeinflusst.

Das heißt aber nicht, dass Ibuprofen bei ihnen keinen Ceiling-Effekt hat. Sie brauchen lediglich mehr davon, weil es bei ihnen schwächer wirkt als bei Normalgewichtigen.

12

Wie man mit Koffein den Ceiling-Effekt von Ibuprofen durchbricht

Um den Ceiling-Effekt von Ibuprofen zu durchbrechen, damit es stärker wirkt, hat man zwei Möglichkeiten.

Möglichkeit Nummer eins ist die Kombination mit Koffein.

Koffein wirkt, indem es im Gehirn die Adenosinrezeptoren A1 und A2A blockiert, durch die der körpereigene Botenstoff Adenosin normalerweise seine Wirkung entfaltet. Eine verminderte Adenosinwirkung hat viele Effekte: Man fühlt sich wacher, die Konzentration steigt, das Reaktionsvermögen verbessert sich und vieles mehr. Was uns aber interessiert, ist die Wirkung von Koffein auf die Schmerzempfindlichkeit. Da Adenosin über die genannten Rezeptoren die Schmerzwahrnehmung beeinflusst, kann Koffein durch deren Blockierung manche Schmerzmittel verstärken. Kombiniert man Ibuprofen mit Koffein, kommt diese schmerzhemmende Wirkung also noch obendrauf. Die Schmerzen werden effektiver gehemmt.

In Studien wurde dieser Effekt für die Kombination von Ibuprofen mit 100 Milligramm Koffein bestätigt. Bleibt die zusätzliche Schmerzlinderung allerdings aus, könnte sich der Körper bereits an Koffein gewöhnt haben, indem er die Zahl der Adenosinrezeptoren erhöht hat. Koffein hat nämlich einen Gewöhnungseffekt: Um das gebildete Adenosin weiterhin wirken zu lassen, bildet der Körper einfach mehr Adenosinrezeptoren, wodurch Koffein schlechter wirkt – bis man die Dosis erhöht.

Dass Adenosin die Schmerzempfindlichkeit steigert, wird auch auf anderem Wege deutlich. Trinkt man üblicherweise viel Kaffee und macht dann plötzlich einen Koffeinentzug, stehen dem Adenosin auf einmal viel mehr Rezeptoren zur Verfügung. Es kommt zu Entzugskopfschmerzen.

13

Warum sich die teuren Schmerzmittel Ibuprofenlysinat und Dexibuprofen selten lohnen

Bevor wir im nächsten Kapitel auf die zweite Möglichkeit eingehen, wie Ibuprofen stärker wirkt, schauen wir uns kurz noch die Bedeutung von Ibuprofenlysinat und Dexibuprofen an. Besonders Ibuprofenlysinat verkaufe ich recht häufig, weil die Kunden denken, dass es schneller wirkt als Ibuprofen. Doch stimmt das?

Tabletten mit 684 Milligramm Ibuprofenlysinat enthalten nicht mehr Ibuprofen als die normalen Ibu-400-Tabletten. Die 684 Milligramm setzen sich aus 400 Milligramm Ibuprofen und 284 Milligramm Lysin zusammen.

In Kombination mit der Aminosäure Lysin löst sich das relativ schlecht wasserlösliche Ibuprofen besser auf. Es soll dadurch schneller ins Blut gelangen und in der Folge auch schneller wirken.

Überraschenderweise tut es das aber nicht. Eine größere doppelblinde, randomisierte Studie konnte diesen Vorteil nicht bestätigen. Die Zeit bis zur ersten spürbaren Schmerzlinderung beträgt bei Ibuprofen wie auch bei Ibuprofenlysinat rund 30 bis 40 Minuten.

Ein Aufpreis für Ibuprofenlysinat lohnt sich also nicht.

Das ebenfalls teurere Dexibuprofen ist seit Anfang 2025 in einer Dosierung von 200 Milligramm rezeptfrei in den Apotheken erhältlich. Zugelassen ist es bisher nur für Erwachsene mit einer Einzeldosis von 200 Milligramm und einer Tagesgesamtdosis von 600 Milligramm.

Ibuprofen ist ein Racemat, das heißt, es besteht aus zwei spiegelbildlichen Molekülen, sogenannten Enantiomeren. Dexibuprofen ist das wirksame S-Enantiomer, Levibuprofen hingegen das weitgehend unwirksame R-Enantiomer. 400 Milligramm Ibuprofen bestehen dementsprechend aus jeweils 200 Milligramm Dexibuprofen und Levibuprofen. 200 Milligramm Dexibuprofen wirken etwa so stark wie 400 Milligramm Ibuprofen. Ein schnellerer Wirkeintritt ist nicht ausreichend belegt, auch wenn die Werbung das gern behauptet. Lohnt sich also der Aufpreis? Bei Migräne, wenn jede Minute zählt und man ansonsten immer normales Ibuprofen einnimmt, könnte die Einnahme von Dexibuprofen Sinn ergeben. Sonst eher nicht.

14

Warum Paracetamol völlig ungefährlich ist, dich aber dennoch umbringen kann

Paracetamol gehört neben Ibuprofen und ASS zu den beliebtesten Schmerzmitteln. Sein Name leitet sich von seiner chemischen Bezeichnung para-(Acetylamino)phenol ab. Andere Länder, wie die USA und Kanada, verwenden die Bezeichnung Acetaminophen, die sich ebenfalls daraus ergibt.

Paracetamol wirkt effektiv gegen Fieber. Im Vergleich zu NSAR hilft es aber nur schwach gegen Schmerzen und besitzt auch keine nennenswerte entzündungshemmende Wirkung.

Für Erwachsene sind Tabletten und Zäpfchen auf dem Markt, für Kinder Zäpfchen und Saft.

Bei Kindern wird nach dem Körpergewicht dosiert: 10 bis 15 Milligramm pro Kilogramm Körpergewicht als Einzeldosis und maximal 60 Milligramm pro Kilogramm Körpergewicht pro Tag. Erwachsene nehmen 500 bis 1000 Milligramm pro Einnahme, mit einer maximalen Tagesdosis von 4000 Milligramm.

Während die Wirkung nach oraler Einnahme innerhalb von 30 bis 60 Minuten eintritt, muss man bei den Zäpfchen 45 bis 90 Minuten warten. Die Wirkung hält dann etwa vier bis sechs Stunden an.

Obwohl Paracetamol seit den 1950er-Jahren eingesetzt wird, ist sein genauer Wirkmechanismus bis heute nicht vollständig geklärt. Man hat mittlerweile aber herausgefunden, dass es hauptsächlich die COX-Enzyme im zentralen Nervensystem (ZNS) hemmt, also im Gehirn und im Rückenmark, und so Schmerzen lindern und Fieber senken kann.

Paracetamol hemmt COX-Enzyme außerhalb des ZNS nur schwach und hat daher kaum entzündungshemmende Wirkung.Im Vergleich zu NSAR gilt es deswegen als magenschonend, das Risiko für Magenblutungen wird durch die Einnahme des Wirkstoffs also nicht erhöht.

Von Paracetamol sollte man dennoch nicht mehr als die Höchstdosis nehmen, da das sonst tödlich enden kann. Der Grund? Beim Abbau von Paracetamol entsteht in der Leber das giftige N-Acetyl-p-benzochinonimin (NAPQI), das unter normalen Bedingungen kein Problem darstellt, da es der Körper mithilfe von Glutathion, einem Tripeptid aus den drei Aminosäuren Glutaminsäure, Cystein und Glycin, problemlos entgiften kann.

Die Höchstdosis stellt die Menge NAPQI dar, die der Körper gerade noch abbauen kann. Wird sie jedoch überschritten, ist kein weiteres Glutathion mehr vorhanden. Das nicht unschädlich gemachte NAPQI bindet nun an die Leberzellen, woraufhin diese absterben, was zu Leberversagen oder sogar zum Tod führen kann.

Reicht die Höchstdosis zur Behandlung nicht aus, kann mit Ibuprofen kombiniert werden. Dabei ist Paracetamol sogar in der Lage, den Ceiling-Effekt des Ibuprofens zu durchbrechen. Ihre schmerzhemmenden Wirkungen ergänzen sich, da Paracetamol vor allem im ZNS und Ibuprofen auch außerhalb des ZNS schmerzhemmend wirken kann.

Bei Kindern mit hohem Fieber können die beiden Wirkstoffe auch zeitversetzt in ihren jeweiligen altersgemäßen Höchstdosen verabreicht werden, falls einer allein nicht ausreichen sollte.

Wer auf die Idee kommt, nach einer durchzechten Nacht Paracetamol gegen die Kopfschmerzen einzunehmen, dem sei gesagt: Das ist keine gute Idee, denn auch Alkohol sorgt dafür, dass NAPQI gebildet wird. In anderen Worten: Durch den Alkohol können schon normale Dosen Paracetamol gefährlich werden.

Glücklicherweise gibt es ein Gegengift: Acetylcystein.

15

Wie ein Schleimlöser gegen eine Paracetamolvergiftung helfen kann

N-Acetylcystein, kurz ACC oder NAC, kennen viele als Schleimlöser. Es soll bei schleimigem Husten den Auswurf fördern und den Bronchialschleim verflüssigen.

Ein Erwachsener nimmt in der Regel bei einem schleimigen Husten 600 Milligramm ACC pro Tag ein. Entweder alles auf einmal oder dreimal am Tag 200 Milligramm. Am häufigsten wird es in Form von Brausetabletten verwendet, die man in ein Glas Wasser wirft.

Man sagt: Dreimal täglich 200 Milligramm ist die bessere Option, weil man so mehr Wasser zu sich nimmt, das den Schleim vermutlich mehr verflüssigt als das ACC selbst.

Während ACC als Schleimlöser bei Erkältungshusten nicht sinnvoll ist, wirkt es effektiv bei Paracetamolvergiftungen. Es stellt dem Körper Cystein zur Verfügung, das dieser für die Bildung von weiterem Glutathion nutzt – so kann mehr NAPQI entgiftet werden. Und das senkt das Risiko schwerer Leberschäden. ACC ist hierbei besonders wirksam, wenn man es innerhalb von acht bis zehn Stunden nach der Paracetamolvergiftung verabreicht.

Was auch zu Vergiftungen führt, ist Diclofenac – und zwar zu Fischvergiftungen.

16

Wie das Schmerzmittel Diclofenac die Umwelt belastet

Diclofenac ist ein weiteres NSAR. Im Vergleich zu Ibuprofen hat es eine schlechtere Magenverträglichkeit und ein größeres Risiko für Herz-Kreislauf-Erkrankungen wie Herzinfarkt und Schlaganfall.

Letzteres hängt unter anderem mit einer stärkeren COX-2-Hemmung zusammen. Diclofenac erhöht zudem bei manchen Menschen die Leberenzymwerte, was bei längerer Anwendung zu Leberschäden führen kann. Man setzt Diclofenac bei vielen verschiedenen Arten von Schmerzen, wie zum Beispiel bei Rücken- oder Gelenkschmerzen, ein.

Rezeptfrei gibt es Kapseln oder Tabletten mit jeweils 25 Milligramm Wirkstoff, die man bis zu dreimal am Tag einnehmen darf. Wird es verordnet, beträgt die Tageshöchstdosis sogar 150 Milligramm Diclofenac: zweimal 75 Milligramm oder dreimal 50 Milligramm täglich.

Wenn jemand Diclofenac rezeptfrei in der Apotheke kauft, dann meistens als Gel. Dabei nehmen die Kunden an, dass sie die schmerzende Stelle mit dem Gel gezielt behandeln können, ohne den gesamten Körper mit dem Wirkstoff belasten zu müssen. Und sie haben recht. Es gibt tatsächlich gute Belege dafür, dass Diclofenac-Gel bei akuten Muskel- und Gelenkschmerzen sowie bei Arthrose hilft. Bei äußerlicher Anwendung ist die Wirkstoffmenge im Blut deutlich geringer als nach Tabletten. Das ist für viele Menschen von Vorteil.

Ob Tabletten oder Gel – es gibt bei diesem Wirkstoff allerdings ein Problem: Diclofenac hat eine schädliche Wirkung auf die Umwelt. Gelangt Diclofenac nämlich ins Abwasser, landet es schließlich in Flüssen und Seen, da es in Kläranlagen oft nicht vollständig entfernt werden kann. Bei Fischen führt das dann zu Nierenschäden und im Extremfall sogar zum Tod. Für den Alltag gilt also: so viel wie nötig und so wenig wie möglich. Weil ein kleiner Teil des eingenommenen Diclofenacs unverändert mit dem Urin ausgeschieden wird, lässt sich die umweltschädliche Wirkung mindern, indem man, wann immer möglich, auf andere Wirkstoffe ausweicht.

Wer das Gel verwenden und trotzdem die Umwelt so gut es geht schonen möchte, sollte nach dem Auftragen seine Hände mit einem Tuch abreiben, es wegwerfen und dann erst seine Hände waschen.

17

Warum Naproxen bei Regelschmerzen besser ist als Ibuprofen

Naproxen gehört ebenfalls zu den NSAR mit den für diese Wirkstoffgruppe typischen Wirkungen und Einsatzgebieten. Es wird häufig bei krampfartigen Menstruationsbeschwerden eingesetzt – wenn auch seltener als das bekanntere Ibuprofen.

Regelschmerzen werden vor allem durch Prostaglandine ausgelöst, die in der Gebärmutter krampfartige Kontraktionen verursachen.

Naproxen ist da die bessere Wahl, weil seine Wirkung bis zu zwölf Stunden anhält, während Ibuprofen in der Regel und auch sonst nur vier bis sechs Stunden lang wirkt.

Das hat nicht nur nachts Vorteile, wenn man nicht von Schmerzen geweckt werden möchte, sondern auch tagsüber, wenn die Einnahme einer weiteren Tablette nicht möglich sein sollte.

In Deutschland ist Naproxen bis 250 Milligramm pro Einzeldosis rezeptfrei in der Apotheke erhältlich.

Bei Menstruationsbeschwerden werden ab zwölf Jahren 500 Milligramm Naproxen als Einzeldosis eingenommen. Acht bis zwölf

Stunden später können, falls nötig, weitere 250 Milligramm Naproxen geschluckt werden.

750 Milligramm pro Tag gelten bei Erwachsenen in der Selbstmedikation, egal, warum sie es einnehmen, als Tageshöchstdosis. Wurde es ärztlich verordnet, beträgt die Tageshöchstdosis 1250 Milligramm, bei einer maximalen Einzeldosis von 1000 Milligramm.

Naproxen kann wie Ibuprofen die Wirkung von ASS 100 abschwächen, deshalb sollte man einen zeitlichen Abstand einhalten. Am besten verzichtet man auf die Kombination. Wenn sie nötig ist, nimmt man zuerst ASS und Naproxen frühestens zwei Stunden später.

Naproxen hat im Vergleich zu anderen NSAR ein geringeres Risiko für Herzinfarkt und Schlaganfall. Allerdings erhöht es dank seiner längeren Wirkdauer das Risiko für Blutungen stärker als Ibuprofen.

Bei einer längerfristigen Einnahme sollte man bei Naproxen, wie bei anderen NSAR auch, einen Protonenpumpenhemmer wie Pantoprazol oder Omeprazol einnehmen, um das Risiko von Magenblutungen zu reduzieren. Siehe Kapitel 86.

Es gibt aber auch NSAR, die dieses Risiko nicht aufweisen, mehr dazu im übernächsten Kapitel. Zuerst beschäftigen wir uns mit einem weiteren Wirkstoff, der empfehlenswert bei Regelschmerzen ist.

18

Warum auch Butylscopolamin bei Regelschmerzen zu empfehlen ist

Eine weitere Option bei Regelschmerzen ist Butylscopolamin. Es wirkt hauptsächlich im Magen-Darm-Trakt. Weniger als ein Prozent des Wirkstoffs gelangt ins Blut.

Butylscopolamin blockiert die sogenannten muskarinischen Acetylcholinrezeptoren außerhalb des ZNS. Der kleine Teil, der ins Blut gelangt, kann aufgrund seiner Struktur die Blut-Hirn-Schranke – also die Barriere zwischen Blut und zentralem Nervensystem – nicht überwinden. Dadurch sind Nebenwirkungen wie Verwirrtheit oder Halluzinationen unter normaler Dosierung nicht zu erwarten.

Butylscopolamin entspannt die glatte Muskulatur, vor allem die im Verdauungstrakt, in den Gallenwegen, in den ableitenden Harnwegen sowie in der Gebärmutter, wodurch es krampflösend wirkt. Die Periodenschmerzen nehmen folglich ab.

Typische Nebenwirkungen sind ein trockener Mund, Schwindel, ein Absinken des Blutdrucks, Herzrasen und Probleme beim Nahsehen.

19

Hilft Mönchspfeffer bei PMS?

Manche Frauen versuchen es bei Regelbeschwerden, bei einem unregelmäßigen Zyklus, bei Schmerzen und Spannen in der Brust (Mastodynie) oder beim prämenstruellen Syndrom (PMS) erst mal mit etwas Pflanzlichem. Und zwar mit einer Pflanze, die auch als Mönchspfeffer oder als Agnus castus bekannt ist.

Für die medizinische Wirkung werden die Früchte der Pflanze genutzt. Sie enthalten eine Mischung aus verschiedenen pflanzlichen Wirkstoffen, darunter bestimmte Bitterstoffe, Flavonoide und ätherische Öle.

Die Herkunft der Bezeichnungen Mönchspfeffer und Agnus castus, was »keusches Lamm« heißt, ist interessant: Früher ging man davon aus, dass diese Pflanze das sexuelle Verlangen verringert. Zu diesem Zweck wurde sie wohl auch von Mönchen eingesetzt. Gesichert ist diese Überlieferung allerdings nicht.

Mönchspfeffer bindet an D2-Dopaminrezeptoren und kann dadurch den Prolaktinspiegel senken. Dieses Hormon sorgt bei Frauen nach einer Geburt für die Milchbildung, kann aber auch den Eisprung unterdrücken. Ein erhöhter Prolaktinspiegel kann daher den Zyklus stören und möglicherweise auch PMS-Beschwerden verstärken.

Beim prämenstruellen Syndrom kommt es in den letzten Tagen bis rund zwei Wochen vor der Menstruation zu psychischen und körperlichen Beschwerden. Typische Symptome sind Brustspannen, Kopfschmerzen, Hautunreinheiten sowie Stimmungsschwankungen.

Eine Wirkung bei PMS ist durch Studien belegt. Die Studien sind jedoch klein und nicht gut miteinander vergleichbar. Die Aussagekraft ist daher etwas eingeschränkt.

Ob Mönchspfeffer jedoch bei klassischen Regelschmerzen hilft, ist bisher nicht ausreichend belegt. Zugelassen sind Fertigarzneimittel für prämenstruelle Beschwerden, Mastodynie und für Rhythmusstörungen der Regelblutung.

Die Einnahme erfolgt einmal täglich über mindestens drei Monate, auch während der Periode. Bei der Behandlung kann es zu Nebenwirkungen wie Kopfschmerzen, Hautreaktionen oder Zyklusstörungen kommen.

20

Warum es unter dem NSAR Celecoxib kaum zu Magenblutungen kommt

Schon mal von Coxiben gehört? Coxibe gehören zu den NSAR, haben aber eine Besonderheit: Im Gegensatz zu den anderen NSAR wie Ibuprofen hemmen sie vor allem COX-2 und COX-1 nur minimal. Daher ist das Risiko für Magen-Darm-Blutungen geringer.

Das am häufigsten verwendete Coxib ist Celecoxib. Man setzt es zum Beispiel bei der rheumatoiden Arthritis und der Arthrose ein.

Leider hat die selektive COX-2-Hemmung auch Nachteile – das Risiko für Herz-Kreislauf-Erkrankungen wie Herzinfarkt und Schlaganfall ist erhöht. Aus diesem Grund sollte Celecoxib immer in der niedrigsten wirksamen Dosis und nur so kurz wie nötig angewendet werden.

Celecoxib kann ein- bis zweimal täglich unabhängig von den Mahlzeiten eingenommen werden. Ein weiteres Schmerzmittel, das nicht auf den Magen schlägt und wesentlich öfter als Celecoxib eingesetzt wird, ist Metamizol.

21

Warum Metamizol in seltenen Fällen lebensgefährlich ist

Metamizol sagt den meisten wahrscheinlich nichts. Aber das ist der korrekte Wirkstoffname für die Substanz, die gegen akute und chronisch starke Schmerzen eingesetzt wird und unter dem Namen Novaminsulfon deutlich bekannter ist.

Außer gegen Schmerzen kann Metamizol auch bei Fieber und Krämpfen genommen werden. Wie genau es wirkt, konnte bisher noch nicht herausgefunden werden. Man vermutet, dass auch die Wirkung von Metamizol durch die Hemmung der COX-Enzyme zustande kommt.

Eingesetzt wird es vor allem bei viszeralen Schmerzen, also schlecht lokalisierbaren Schmerzen, die von den inneren Organen ausgehen. Dazu gehören Koliken, das sind intensive, krampfartige Schmerzen, und Tumorschmerzen. Auch nach Verletzungen oder Operationen wird Metamizol verwendet.

Ab 15 Jahren und einem Körpergewicht von über 53 Kilogramm werden 1000 Milligramm als Einzeldosis eingenommen, was zwei Tabletten entspricht. Das kann alle sechs Stunden wiederholt werden, was 4000 Milligramm zur Tageshöchstdosis macht. Acht Tabletten also.

Muss die Höchstdosis in Form von Tropfen eingenommen werden, entspricht das alle sechs Stunden 40 Tropfen. Es ist dabei besonders wichtig, dass man sich die Zeit nimmt, die Tropfen aus der Flasche heraustropfen zu lassen. Hat man keine Geduld und schüttelt die Flasche, vergrößert sich die Größe der Tropfen und damit auch die Menge des Wirkstoffs darin. In anderen Worten: Man dosiert über.

Profis rechnen die Tropfen übrigens in Milliliter um und ziehen das benötigte Volumen elegant mit einer Spritze auf.

Metamizol gilt insgesamt als verträglicher als viele NSAR und wäre vermutlich in Deutschland auch nicht verschreibungspflichtig, wenn es da nicht diese eine Nebenwirkung mit diesem sperrigen Namen gäbe: Die Agranulozytose.

Eine Agranulozytose ist ziemlich selten, aber auch ziemlich gefährlich. Lebensgefährlich sogar.

Es kommt dabei zu einem starken Abfall der Anzahl der Granulozyten – einem Bestandteil der weißen Blutkörperchen. Da die Granulozyten unter anderem für die Abwehr von Mikroorganismen und weiteren Krankheitserregern verantwortlich sind, wird das Immunsystem durch die Agranulozytose erheblich geschwächt. Die Folge kann zum Beispiel ein bakterieller Befall mit Fieber sein. Im schlimmsten Fall kann eine Agranulozytose aber auch tödlich enden. Dabei ist es völlig egal, wie viel man von dem Wirkstoff einnimmt und ob man ihn bisher immer vertragen hat. Eine Agranulozytose kann plötzlich auftreten. Regelmäßige Blutbildkontrollen, wie sie noch vor kurzer Zeit üblich waren, werden nicht mehr empfohlen.

Während der Anwendung sollte man daher immer auf Warnzeichen wie Halsschmerzen, Fieber, Entzündungen im Mund oder starke Erschöpfung achten. Sie könnten ein Hinweis auf die seltene, aber schwerwiegende Nebenwirkung sein.

22

Wenn die Muskeln Entspannung brauchen: Methocarbamol

Ein weiterer häufig verordneter Wirkstoff gegen Schmerzen ist Methocarbamol. Es ist nicht direkt ein Schmerzmittel, sondern gehört zu den zentral wirksamen Muskelrelaxanzien.

Man setzt es bei schmerzhaften Muskelverspannungen, wie dem Hexenschuss, ein.

Was Methocarbamol mit Metamizol gemein hat, ist, dass man bis heute nicht genau weiß, wie die Wirkung zustande kommt. Vermutlich wirkt es im Rückenmark und im Gehirn und hemmt dort die Weiterleitung von Reflexen, wodurch sich die Muskeln entspannen.

Methocarbamol wirkt gezielt dort, wo sich die Verspannung befindet, und das ohne die normalen Muskelfunktionen oder die Bewegung von Organen wie dem Darm oder den Blutgefäßen zu stören.

Methocarbamol ist allerdings nur für Erwachsene zugelassen, da keine ausreichenden Daten zur Sicherheit bei Kindern und Jugendlichen vorliegen.

Nebenwirkungen sind in der Regel selten. Am häufigsten führt Methocarbamol zu Kopfschmerzen. Aber auch Schwindel, Übelkeit,

Hautausschläge, verschwommenes Sehen und Schläfrigkeit können auftreten.

Methocarbamol sollte nicht mit Alkohol oder anderen zentral dämpfenden Arzneimitteln wie Benzodiazepinen (Kapitel 72) oder Opioiden, mehr dazu ab dem übernächsten Kapitel, eingenommen werden, da sich die Wirkungen gegenseitig verstärken können.

23

Wenn die Nervenschmerzen nerven: Pregabalin

Leidet man unter Nervenschmerzen, kommt häufig das Antiepileptikum Pregabalin zum Einsatz.

Diese sogenannten neuropathischen Schmerzen entstehen durch Schädigungen oder Funktionsstörungen der Nerven, die Signale an das Gehirn weiterleiten. Dabei kommt es zu intensiven brennenden oder stechenden Schmerzen, die oft chronisch und schwer zu behandeln sind.

Häufige Ursachen sind Diabetes mellitus (Kapitel 149), was in manchen Fällen zur diabetischen Neuropathie führt, Verletzungen des Nervensystems und die Gürtelrose, die die postherpetische Neuralgie verursacht.

Pregabalin wird in Form von Hartkapseln, Retardtabletten oder als Lösung eingenommen. Es reduziert die Erregbarkeit überaktiver Nervenzellen, indem es verhindert, dass sie Botenstoffe wie Glutamat, Noradrenalin und Substanz P freisetzen, was die Schmerzen lindert.

Typische Nebenwirkungen sind Benommenheit, Schläfrigkeit und Kopfschmerzen. Ebenso kann es zu Schwindel, Sehstörungen, Gewichtszunahme, Mundtrockenheit, Magen-Darm-Beschwerden sowie zu allergischen Reaktionen kommen.

Aber das ist nicht alles. Problematisch ist vor allem, dass bei manchen Patienten Suizidgedanken und -verhalten auftreten.

Einer meiner Kunden, der Pregabalin nehmen musste, klagte bei jedem Apothekenbesuch, wie schlimm dieses Zeug sei. Einmal berichtete er, er habe es einfach abgesetzt, aber jetzt gehe es ihm noch mieser.

Das abrupte Absetzen war keine gute Idee, da es so zu Entzugserscheinungen kommen kann. Neben Schlafstörungen, Depressionen, Nervosität, Schmerzen wie Kopfschmerzen und Angst können auch Durchfall, Übelkeit und grippeähnliche Symptome auftreten.

Die Pregabalin-Dosis muss beim Absetzen schrittweise über mindestens eine Woche reduziert werden. Dadurch kann sich der Körper langsam an den Wegfall des Arzneimittels gewöhnen, was unerwünschte Effekte minimiert.

Trotz der Nebenwirkungen und Absetzungssymptome kommen manche auf die Idee, Pregabalin missbräuchlich zu verwenden, da in höheren Dosen vermehrt eine entspannende und euphorisierende Wirkung auftritt, was das Risiko einer Abhängigkeit erhöht.

In Großbritannien kam es zu Todesfällen im Zusammenhang mit Pregabalin. Sie traten vor allem deshalb auf, weil es in Kombination mit Opioiden (ab dem nächsten Kapitel) oder Benzodiazepinen (Kapitel 72) eingenommen wurde, wodurch das Risiko einer Atemdepression erhöht wird. Kommt es zu einer Atemdepression, atmet man weniger tief und häufig ein und aus. Das führt dazu, dass der Körper nicht ausreichend mit Sauerstoff versorgt wird und der Kohlenstoffdioxidgehalt im Blut ansteigt. Eine Atemdepression kann einen Atemstillstand auslösen und zum Tod führen.

Da Pregabalin auch in Deutschland immer häufiger missbraucht wird, gibt es Diskussionen, ob man es als Betäubungsmittel einstufen sollte.

24

Warum Morphin Schmerzen nimmt, aber zu Erstickung führen kann

Haben Patienten trotz der bisher vorgestellten Arzneimittel weiterhin Schmerzen, brauchen sie etwas Stärkeres. Willkommen bei den Opioiden.

Unter Opioiden versteht man alle Substanzen, die an die Opioidrezeptoren binden und sie aktivieren. Zu ihnen gehören auch Opiate, die natürlicherweise im Milchsaft des Schlafmohns vorkommen. Der getrocknete Milchsaft aus den unreifen Samenkapseln wird als Opium bezeichnet.

Opioidrezeptoren befinden sich im ZNS, aber auch außerhalb. Sie werden mit den griechischen Buchstaben μ (My), κ (Kappa) und δ (Delta) bezeichnet.

Der wichtigste ist der μ-Opioidrezeptor – kurz MOR. Wird er durch ein Opioid aktiviert, werden starke Schmerzen durch eine Unterdrückung der Schmerzwahrnehmung und Schmerzweiterleitung gehemmt, der Herzschlag verlangsamt, die Körpertemperatur gesenkt, der Hustenreflex gehemmt und die Pupillen verengt. Zusätzlich kommt es zu Harnverhalt und Verstopfung. Man kann dann also weder die Blase noch den Darm richtig entleeren.

Der Grund für die Verstopfung ist die Aktivierung der Opioidrezeptoren im Dickdarm. Sie verlangsamt die Darmbewegungen. Der Speisebrei bleibt länger im Darm, ihm wird mehr Wasser entzogen, wodurch er härter wird. Da das vor allem dann problematisch ist, wenn man längerfristig auf Opioide angewiesen ist, wird in der Regel zusätzlich noch ein Abführmittel verordnet.

Opioide werden oft missbräuchlich verwendet, da sie über den MOR auch Euphorie auslösen können. Das wiederum kann durch den wiederholten Missbrauch zu Abhängigkeit führen, da man die euphorisierende Wirkung erneut erleben und Entzugserscheinungen vermeiden möchte.

Die Wahrscheinlichkeit, dass ein Opioid abhängig macht, ist in der Regel umso größer, je schneller es im ZNS anflutet. Das hängt wiederum davon ab, wie gut sich ein Wirkstoff in Fetten auflöst. Je lipophiler ein Opioid nämlich ist, desto schneller passiert es die Blut-Hirn-Schranke und desto schneller wirkt es.

Ihr erinnert euch noch an Hoffmanns Acetylierung aus Kapitel 1? Dasselbe, was er mit der Salicylsäure gemacht hat, hat er elf Tage später auch mit Morphin gemacht. Im Gegensatz zur Salicylsäure nahm Morphin aber gleich zwei Acetylgruppen auf. Es entstand Diacetylmorphin. Eine Verbindung, die man besser unter dem Namen Heroin kennt.

Heroin wurde ein voller Erfolg. Zumindest bis man erkannte, dass dieser »nicht süchtig machende Morphin-Ersatz«, von dem man glaubte, er habe alle Vorteile von Morphin, aber kaum Nebenwirkungen, eben doch süchtig macht. Und zwar mehr als Morphin, da es durch die beiden Acetylgruppen lipophiler wurde.

Wichtig: Je schneller ein Opioid anflutet, desto größer ist auch das Risiko für eine plötzliche schwere Atemdepression.

Eine Atemdepression ist oft auch der Grund, warum Menschen an Opioiden sterben. Vor allem dann, wenn sie aufgrund einer Abhängigkeit gerade einen Entzug gemacht haben und danach wieder rückfällig werden. Sie greifen dann oft auf ihre alte, gewohnte Dosis zurück, die nach dem Entzug aber nun viel zu hoch ist.

Bei Opioiden kommt es bei einer längerfristigen Anwendung zu einer Toleranzentwicklung. Das heißt, dass die gewohnte Dosis dann nicht mehr dieselbe Wirkung auslöst, weshalb man sie erhöhen muss. Bei einem Entzug bildet sich diese Toleranz zurück. Dann reicht eine niedrigere Dosis wieder aus. Eine höhere kann tödlich enden.

25

Warum man mit einer kleinen Dosis Codein starten sollte

Wird statt zwei Acetylgruppen eine Methylgruppe ($-CH_3$) an Morphin angehängt, erhält man 3-Methylmorphin – besser bekannt als Codein. Nimmt man Codein ein, entfernt der Körper die Methylgruppe wieder mithilfe von CYP2D6-Enzymen. Es entsteht die eigentliche Wirksubstanz Morphin. Das macht Codein zu einem sogenannten Prodrug.

Codein wirkt durch diesen Wirkmechanismus langsamer und kontrollierter. Das Risiko einer Abhängigkeit und einer Atemdepression ist wesentlich geringer als bei der direkten Einnahme von Morphin.

Eingesetzt wird Codein vor allem bei trockenem Husten. Es dämpft im Gehirn das Hustenzentrum und reduziert so die Häufigkeit und die Intensität des Hustens.

Erwachsene und Jugendliche ab 12 Jahren nehmen zwei- bis dreimal täglich 15 bis 44 Milligramm Codein ein. In Einzelfällen sogar bis zu 100 Milligramm. Die Tageshöchstdosis beträgt 200 Milligramm und sollte nicht überschritten werden.

Bei schleimigem Husten wird es ebenfalls verordnet. Es soll dann aber nur zur Nacht eingenommen werden, damit man besser schlafen kann. Würde man Codein bei einem schleimigen Husten mehrmals täglich einnehmen, könnte es zu einem Sekretstau kommen: Der Schleim kann dann nicht mehr effektiv abtransportiert werden, was einen idealen Nährboden für Bakterien bildet, die sich dann oft ungestört vermehren. Ein Antibiotikum könnte notwendig werden.

Gelegentlich wird Codein auch gegen Schmerzen verordnet. Allerdings immer in Kombination mit Paracetamol, da Codein allein

ein schwach wirksames Opioid ist. Die Wirkung kommt, wie bei allen Opioiden, durch Unterdrückung der Schmerzwahrnehmung und Hemmung der Schmerzweiterleitung zustande.

Die Tageshöchstdosis beträgt hier sogar 240 Milligramm für Kinder ab 12 Jahren und Erwachsene bei einer Einzeldosis von 30 bis 60 Milligramm bis zu viermal täglich. Das entspricht dann auch der normalen Dosierung von Paracetamol, weil pro 30 Milligramm Codein auch 500 Milligramm Paracetamol eingenommen werden.

Problematisch ist, dass manchen Menschen aufgrund einer genetischen Veranlagung mehr CYP2D6-Enzyme zur Verfügung stehen als anderen. Man nennt sie ultrarapid metabolizer – ultraschnelle Metabolisierer. Nehmen sie Codein ein, wandeln sie es schneller und in größerer Menge in Morphin um. Die Wirkung tritt zwar rascher ein, doch die erhöhte Morphindosis steigert das Risiko einer Atemdepression.

Auch Arzneimittel, die CYP2D6 hemmen, wie zum Beispiel die Antidepressiva Paroxetin, Bupropion (Kapitel 67) oder Fluoxetin, sowie Amiodaron, das zur Behandlung von Herzrhythmusstörungen eingesetzt wird, können den Abbau verlangsamen, worauf man achten sollte.

Vor einer Weile hatte ich eine junge Frau in der Apotheke, der Codein-Tropfen verordnet wurden. Sie sollte vor dem Schlafengehen vier Tropfen einnehmen. Üblich sind bei einer Konzentration von einem Milligramm Codein pro Tropfen 15 bis 44 Tropfen. Mein erster Gedanke war, dass der Arzt die Dosierung falsch angegeben hatte.

Als sie aber erzählte, dass sie beim letzten Mal die normale Dosis eingenommen hatte, davon umkippte und Atemprobleme bekam, war klar, dass sie zu den ultrarapid metabolizern gehört.

Was mir allerdings nicht klar war: Warum verordnete der Arzt nicht einfach etwas anderes gegen den Husten?

Wie dem auch sei, nimmt man Codein zum ersten Mal ein, sollte man sicherheitshalber zuerst mit einer geringen Dosis starten, wenn man nicht möchte, dass es einem wie der jungen Frau ergeht oder noch schlimmer.

Ultrarapid metabolizer gibt es zwar in allen Altersgruppen, die Gefahr einer Atemdepression ist aber vor allem bei Kindern unter zwölf Jahren besonders schwer vorhersehbar. Bei ihnen gab es mehrere Meldungen über schwere Komplikationen bis hin zu Todesfällen. Deshalb darf Codein Kindern unter zwölf Jahren nicht mehr verordnet werden.

Was ich von meinen Kunden auch öfter höre, ist der Satz, dass Codein bei ihnen überhaupt nicht wirkt. Das kann daran liegen, dass es sich bei der Person, wie bei etwa zehn Prozent der Bevölkerung, um einen poor metabolizer, also einen schwachen Metabolisierer, handelt. Ihnen stehen weniger CYP2D6-Enzyme zur Verfügung, weshalb sie das Codein nur langsam in Morphin umwandeln. Die Dosis reicht daher nicht aus, um den gewünschten Effekt zu erzielen.

Auch Codein hat ein hohes Missbrauchspotenzial. Häufig wird es als lilafarbenes Getränk konsumiert. Eine Mischung aus Codein, dem Antihistaminikum Promethazin, süßen Bonbons und einem Softdrink, meist Sprite. Diese Mischung wird Lean genannt.

Wer Codein nicht verträgt, kann sich auch mal Noscapin verordnen lassen. Ein verschreibungspflichtiger Hustenstiller, der aus Opium gewonnen wird, aber keine Opioidrezeptoren beeinflusst. Wie Codein hemmt es zentral das Hustenzentrum. Vorteilhaft ist, dass zumindest kein Risiko einer Atemdepression besteht.

26

Welche rezeptfreien Alternativen es bei trockenem Husten gibt

Wer etwas gegen trockenen Husten braucht, aber keine Zeit oder Lust hat, zum Arzt zu gehen, kann aus pflanzlichen Hustensäften wählen, die beruhigend wirken, oder aus Dextromethorphan, Pentoxyverin und Levodropropizin.

Dextromethorphan hemmt die Weiterleitung von Hustenreizen.

Obwohl es eine ähnliche chemische Struktur wie Morphin besitzt, bindet es nicht oder nur sehr schwach an Opioidrezeptoren, weshalb es auch nicht zu den Opioiden zählt. Die hustenreizlindernde Wirkung tritt etwa 15 bis 30 Minuten nach der Einnahme ein und hält für ungefähr vier bis acht Stunden an.

Interessant ist, dass es auch die Wiederaufnahme von Serotonin, Noradrenalin und Dopamin hemmt, weshalb es sogar stimmungsaufhellend wirken und depressive Symptome lindern kann.

Die Gefahr einer Atemdepression oder einer starken psychotropen Wirkung ist bei Dextromethorphan gering. In höheren Dosen kann es allerdings zu Halluzinationen, Angstzuständen, Euphorie, Unruhe oder Verwirrtheit kommen.

Auch Pentoxyverin gehört nicht zu den Opioiden. Es hemmt wie Dextromethorphan die Weiterleitung von Hustenreizen. Wie genau es das aber macht, ist nicht vollständig geklärt.

Seit 2022 gibt es in Deutschland einen weiteren rezeptfreien Hustenstiller: Levodropropizin. Als man diesen Wirkstoff entwickelte, wollte man unbedingt einen ohne zentrale dämpfende Wirkung, was dann auch gelungen ist.

Wie genau Levodropropizin wirkt, ist auch noch nicht vollständig geklärt. Man geht davon aus, dass Levodropropizin die Weiterleitung von Hustenreizen zum Gehirn hemmt.

Außerdem hemmt es die Wirkung von Histamin (Kapitel 34), reduziert Entzündungen und entspannt die Bronchialmuskulatur, was den Hustenreiz weiter lindern kann. Auch Levodropropizin macht nicht abhängig und verursacht keine Atemdepression.

27

Warum das Opioid Tilidin ein relativ geringes Abhängigkeitspotenzial hat

Tilidin gehört wie Codein und Tramadol zu den schwach wirksamen Opioiden. Dabei ist Tilidin das stärkste der drei. Man setzt es zur Behandlung von starken und sehr starken Schmerzen ein, wenn andere, nicht-opioide Schmerzmittel nicht mehr wirken.

Opioide Schmerzmittel werden immer mit Morphin, dem Standard, verglichen, das etwa fünfmal so stark gegen Schmerzen wirkt wie Tilidin.

Tilidin wird im Körper in seine aktive Form, das Nortilidin, umgewandelt. Wie alle Opioide aktiviert es die Opioidrezeptoren.

Eingesetzt wird Tilidin entweder in Form der verschreibungspflichtigen Retardtabletten oder als schnell wirkende Tropfen, für die aufgrund des hohen Missbrauchspotenzials ein Betäubungsmittelrezept benötigt wird.

Um den Missbrauch zu verhindern, ist Tilidin nur in Kombination mit Naloxon erhältlich. Dabei handelt es sich um einen Wirkstoff, der Opioidrezeptoren blockiert und andere Opioide vom Rezeptor verdrängen kann. Deshalb wird Naloxon auch zur Neutralisierung bei Opioid-Überdosierungen eingesetzt.

Das klingt erst mal widersprüchlich: Warum sollte man einen Wirkstoff zusetzen, der die gegenteilige Wirkung von Tilidin hat? Die Antwort: Spritzt man die Tilidin-/Naloxon-Tropfen, wie manche Abhängige es machen würden, verhindert das Naloxon die Wirkung des Tilidins. Es kommt nicht zur Euphorie.

Nimmt man die Tropfen oder die Retardtabletten aber wie vorgesehen ein, wird das Naloxon in der Leber zum großen Teil abgebaut und das Tilidin zu Nortilidin umgewandelt. Das heißt, die Wirkung wird nicht beeinträchtigt. Bei einer sehr hohen Dosis gelangt das Naloxon aber doch noch in den Blutkreislauf, da es die Leber nicht schafft, alles auf einmal abzubauen. Die Wirkung des Nortilidins wird folglich abgeschwächt.

Tilidin wird nicht nur wegen des Rausches missbraucht, sondern zum Beispiel auch, um sich danach schmerzfreier prügeln zu können. Tilidin enthemmt, euphorisiert und macht einen zudem angstfrei und risikobereiter.

28

Warum dir von Tramadol anfangs ziemlich übel werden kann

Auch Tramadol zählt zu den schwach wirksamen Opioiden. Es ist etwa halb so wirksam wie Tilidin. Man setzt es daher bei mäßig starken bis starken Schmerzen ein. Tramadol gibt es in retardierter und in unretardierter Form. Beide fallen nicht unter das Betäubungsmittelgesetz, was es leichter macht, sie zu verordnen.

Da auch Tramadol abhängig machen kann und zunehmend missbraucht wird, erhob der *Spiegel* im März 2025 Vorwürfe gegen den Hersteller und das Bundesinstitut für Arzneimittel und Medizinprodukte (BfArM), weil Tramadol nicht der Betäubungsmittelpflicht unterliegt.

Ich habe ehrlich gesagt bisher noch keinen Missbrauch von Tramadol erlebt. Während ich schon zahlreiche gefälschte Tilidin-Rezepte in der Hand hatte, bekam ich nie ein gefälschtes Tramadol-Rezept. Auch scheinen die Ärzte in der Umgebung der Apotheke, in der ich arbeite, ohnehin kaum noch Tramadol zu verordnen – bei mir wurde schon lange kein entsprechendes Rezept mehr eingelöst.

Was Tramadol aber durchaus interessant macht, ist, dass es zusätzlich Serotonin-Transporter hemmt, wodurch die Serotoninkonzentration erhöht wird. Das hat Einfluss auf die Stimmung, das Verhalten, den Schlaf, die Körpertemperatur, das Schmerzempfinden, das Zusammenlagern der Thrombozyten und die Verdauung.

Die erhöhte Serotoninkonzentration ist auch für die beiden häufig auftretenden Nebenwirkungen Übelkeit und Erbrechen verantwortlich, die aber hauptsächlich zu Beginn der Einnahme auftreten. Sie kann aber auch das Risiko eines Serotoninsyndroms erhöhen – mehr dazu in Kapitel 47.

Tramadol blockiert zudem den Noradrenalin-Transporter, wodurch die Noradrenalin-Konzentration steigt (mehr dazu in Kapitel 51). Das trägt zur Schmerzlinderung bei – und steigert zusätzlich Wachsamkeit, Aufmerksamkeit und Konzentrationsfähigkeit.

Weitere typische Nebenwirkungen, die unter der Tramadol-Einnahme auftreten können, sind Schwitzen, Schüttelfrost, ein erhöhter Puls, hoher Blutdruck und Durchfall. Auch Muskelzuckungen und psychische Symptome wie Unruhe, Angst und Halluzinationen können auftreten.

29

Warum man bei der Anwendung von Fentanyl besonders vorsichtig sein muss

Wenn du glaubst, dass Morphin stark wirkt, dann halt dich fest: Das synthetische Opioid Fentanyl wirkt etwa hundertmal so stark gegen Schmerzen wie Morphin.

Seine chemische Struktur hat nichts mehr mit der der klassischen Opiate zu tun. Es wurde mit dem Ziel einer möglichst großen schmerzlindernden Wirkung entwickelt. Man setzt es daher bei starken bis sehr starken Schmerzen ein.

In der Regel wird Fentanyl in Form eines Wirkstoffpflasters auf die Haut geklebt, das den Wirkstoff nach und nach über einen längeren Zeitraum abgibt. Neben den Pflastern sind auch noch Lutschtabletten und Nasensprays im Handel. Sie wirken sehr schnell, da das Fentanyl entweder über die Mund- oder über die Nasenschleimhaut aufgenommen wird, was bei starken, akuten Schmerzen von großem Vorteil ist.

Ein großes Problem mit Fentanyl ist der mögliche Missbrauch und die Gefahr einer Überdosierung. Dadurch, dass es so stark wirkt, benötigt man nur geringe Mengen.

Da es relativ billig in der Herstellung ist, wird Fentanyl zum Teil Drogen beigemischt. Allerdings nicht als klassisches Streckmittel, um das Volumen der Droge zu erhöhen, sondern um teurere Substanzen wie Heroin oder Kokain zu ersetzen und so Kosten zu sparen.

Dem Drogenkonsumenten ist in der Regel nicht bewusst, dass er gerade zusätzlich Fentanyl konsumiert. Eine zu hohe Dosis kann daher schnell zum Tod durch Atemdepression führen. Es wurden schon mehrere Todesfälle durch Fentanyl registriert. Vor allem in den USA.

30

Was hilft bei Migräne?

Damit haken wir die klassischen Schmerzmittel ab und kommen zu der ersten Krankheit in diesem Buch. Zeit wird's.

Wir beginnen mit der Migräne, bei der es sich vereinfacht ausgedrückt um anfallsartige Kopfschmerzen handelt, die mit weiteren Symptomen einhergehen können.

Bei etwa 60 bis 80 Prozent der Migränepatienten treten bis zu 48 Stunden vor der Kopfschmerzattacke sogenannte Vorbotensymptome auf. Zum Beispiel Müdigkeit, Schlafstörungen, Stimmungsschwankungen, Konzentrationsstörungen, Heißhunger, Übelkeit, Nackensteifigkeit oder eine Geräuschempfindlichkeit.

Etwa ein Drittel von ihnen erlebt im Anschluss eine sogenannte Aura. Dabei handelt es sich um eine Phase mit vorübergehenden Wahrnehmungsstörungen. Die Aura kann sich durch Sehbeeinträchtigungen und Lichterscheinungen wie Funkensehen oder Flimmern äußern. Auch Sprach- und motorische Störungen, etwa Lähmungserscheinungen, können im Rahmen der Aura auftreten.

Diese Störungen treten nach und nach auf und halten etwa eine Stunde an. Im Anschluss an die Aura kommt es zur Kopfschmerzphase. Diese kann 4 bis 72 Stunden dauern. Die Kopfschmerzen treten auf einer Seite des Kopfes pulsierend-pochend auf. Sie können aber mit jeder Attacke die Kopfseite wechseln.

Etwa 80 Prozent der Betroffenen leiden zudem unter Übelkeit und Appetitlosigkeit. 60 Prozent klagen über Lichtscheu, 50 Prozent reagieren empfindlich auf Lärm, 40 bis 50 Prozent müssen sich übergeben, und etwa 10 Prozent sind stark geruchsempfindlich. Nach dem Ende der Kopfschmerzphase fühlen sich viele müde und erschöpft.

Ausgelöst werden kann eine Migräne durch mehrere Faktoren, darunter hormonelle Änderungen, etwa wenn bei Frauen vor der

Periode der Östrogenspiegel abfällt oder wenn sie die letzte Antibabypille im Blister eingenommen haben und nun mit der Pillenpause beginnen. Auch der Eisprung löst bei manchen Frauen eine Migräne aus. Wetterumschwünge, bestimmte Lebensmittel (z. B. Käse, Schokolade oder Rotwein) und psychischer Stress können ebenfalls Auslöser sein.

Was aber die genaue Ursache ist, warum die eine Person Migräne bekommt und die andere nicht, das ist noch immer nicht vollständig geklärt. Lange Zeit glaubte man, dass die Schmerzattacken durch eine Erweiterung der Blutgefäße im Kopf entstehen. Neuere Studien zeigen jedoch, dass sie oft schon beginnen, bevor sich die Gefäße überhaupt erst weiten. Die Gefäßerweiterung scheint die Schmerzen aber zumindest zu verstärken.

Ein wichtiger Botenstoff bei der Migräne ist das Calcitonin Gene-Related Peptide (CGRP), das bei Anfällen in erhöhten Mengen freigesetzt wird und die Blutgefäße erweitert sowie Entzündungen fördert, was die Schmerzen weiter verstärken kann.

Zur Behandlung einer akuten Migräneattacke sollte man schnellstmöglich NSAR wie Ibuprofen einnehmen. Am besten kombiniert mit Koffein. Hier können eventuell auch mehr als 400 Milligramm Ibuprofen, nach Rücksprache mit dem Arzt, helfen, da es in höheren Dosen zur Linderung der Entzündungskomponente beiträgt, die mit der Migräne verbunden ist.

Bei schwereren Anfällen kommen dann Triptane zum Einsatz, die wir im nächsten Kapitel besprechen. Gegen Übelkeit kann Metoclopramid (MCP) helfen (Kapitel 50).

Neuere Arzneimittel wie Ditane (Kapitel 32) oder CGRP-Rezeptorantagonisten (Kapitel 33) stehen seit Kurzem zur Verfügung. Zur Vorbeugung kann man es zudem mit Betablockern wie Metoprolol oder Propranolol (Kapitel 55) versuchen.

Monoklonale Antikörper gegen CGRP oder seinen Rezeptor sind ebenfalls eine Möglichkeit zur Behandlung der Migräne. Diese Wirkstoffe, etwa Erenumab oder Galcanezumab, gelten als gut verträglich und müssen monatlich gespritzt werden. Da sie teuer sind, werden sie nur dann eingesetzt, wenn mindestens zwei andere Arzneimittel nicht ausreichend wirken oder nicht vertragen werden.

Bei chronischer Migräne kann auch Botox injiziert werden, was bei vielen Betroffenen Wirkung zeigt.

Ansonsten können nicht medikamentöse Maßnahmen wie regelmäßiger Ausdauersport und Entspannungstechniken wie progressive Muskelentspannung helfen. Sie sollten unbedingt ausprobiert werden, wenn man öfter mit Migräne zu tun hat.

31

Wie Triptane bei Migräne wirken und welche es ohne Rezept gibt

Bei leichten Attacken sollte man es zunächst mit NSAR probieren, etwa Ibuprofen. Am besten in Kombination mit Koffein. In vielen Fällen reicht das schon aus. Leiden Patienten jedoch häufig unter schwereren Migräneanfällen, verschreiben Ärzte als nächste Stufe ein Triptan.

Wichtig bei der Einnahme: Triptane werden erst dann eingesetzt, wenn die Kopfschmerzphase beginnt, nicht bereits während der Aura.

Sie wirken, indem sie bestimmte Serotoninrezeptoren aktivieren – genauer gesagt $5\text{-HT}_1\text{B}$- und $5\text{-HT}_1\text{D}$-Rezeptoren. Das führt unter anderem dazu, dass sich die zuvor geweiteten Blutgefäße im Kopf wieder verengen. Gleichzeitig hemmen sie die Freisetzung von CGRP und anderen entzündungsfördernden Botenstoffen und blockieren die Weiterleitung von Schmerzsignalen im Hirnstamm. Also dort, wo die Reize verarbeitet werden.

Im Gegensatz zu den NSAR wirken die Triptane auch gegen die Übelkeit sowie die Empfindlichkeit gegenüber Licht und Lärm.

Das erste verfügbare Triptan war das Sumatriptan, das noch immer eingesetzt wird. Durch Veränderungen am Sumatriptanmolekül entstanden weitere Triptane wie Zolmitriptan, Naratriptan, Rizatriptan, Eletriptan, Almotriptan und Frovatriptan. Sie unterscheiden sich vor allem in Wirkeintritt und Wirkdauer.

Wurde die Migräne diagnostiziert, und laut Anlage 1 der Arzneimittelverschreibungsverordnung auch nur dann, dürfen mittlerweile vier Triptane in Packungen mit je zwei Tabletten ohne Rezept abgegeben werden. Wir fragen dann in der Regel, ob die Migräne diagnostiziert wurde, und wenn uns die Antwort gefällt, rücken wir das gute Zeug raus. Ansonsten müssen wir die Abgabe verweigern. Spaß beiseite: Uns reicht ein Ja als Antwort, egal ob es letztendlich die Wahrheit ist oder nicht.

Ohne Rezept erhältlich sind Naratriptan, Almotriptan, Sumatriptan und theoretisch auch Rizatriptan seit dem 9. Mai 2024. Allerdings gibt es – Stand Juli 2025 – noch keine rezeptfreie Packung Rizatriptan im Handel. Jedes dieser vier Triptane hat seine Vor- und Nachteile.

Naratriptan wirkt oft bereits nach etwa einer Stunde, aber die stärkste Wirkung wird erst nach rund vier Stunden erreicht. Almotriptan wirkt nach circa 45 bis 60 Minuten, Sumatriptan nach rund 30 bis 60 Minuten und Rizatriptan bereits nach etwa 30 Minuten.

Im Vergleich mit den drei anderen Triptanen wirkt Naratriptan allerdings etwas schwächer. Almotriptan, Sumatriptan und Rizatriptan wirken ähnlich stark.

Der Vorteil von Naratriptan ist jedoch, dass es aufgrund seiner Halbwertszeit von sechs Stunden am längsten wirkt. Die Halbwertszeit von Almotriptan beträgt 3,5 Stunden, die von Sumatriptan nur zwei Stunden und die von Rizatriptan zwei bis drei Stunden.

Leidet man unter lang anhaltenden Migräneanfällen, sollte man folglich ein Triptan mit einer langen Halbwertszeit wie Naratriptan wählen. Allerdings tritt bei diesen die Wirkung eben erst spät ein.

Wichtig zu wissen ist, dass man während einer Attacke innerhalb von 24 Stunden nur dann eine weitere Tablette des Triptans einnehmen darf, wenn die Kopfschmerzen nach der ersten Dosis verschwanden, dann aber wiedergekommen sind. Wurden die Kopfschmerzen nicht besser, darf keine zweite Tablette nachgeworfen werden. Das würde auch keinen Sinn ergeben, weil die erste ja schon nicht gewirkt hat. Man würde lediglich die Nebenwirkungen erhöhen.

Auch ein Mindestabstand zwischen der ersten und der zweiten Einnahme muss eingehalten werden, der von Triptan zu Triptan unterschiedlich ist. Bei Naratriptan darf nach vier Stunden eine weitere Dosis eingenommen werden, bei Almotriptan, Sumatriptan und Rizatriptan hingegen schon nach zwei Stunden.

Die Nebenwirkungen sind bei allen Triptanen ähnlich. Neben Müdigkeit können sie auch zu Schwindel und Benommenheit führen. Auch ein Engegefühl in der Brust tritt manchmal auf, was bei Sumatriptan häufiger ist als bei Naratriptan, Almotriptan und Rizatriptan.

Als am besten verträglich gelten Almotriptan und Naratriptan, während Sumatriptan und Rizatriptan etwas häufiger Nebenwirkungen verursachen. Das verschreibungspflichtige Eletriptan zeigt laut Leitlinien ein ähnlich gutes Nebenwirkungsprofil wie Almotriptan.

32

Wer Lasmiditan bei Migräne ausprobieren sollte

Problematisch bei den Triptanen ist, dass sie nicht nur die Blutgefäße im Gehirn verengen, sondern auch die im restlichen Körper. Das kann für Personen mit Herz-Kreislauf-Erkrankungen ein gesundheitliches Risiko darstellen. Eine Lösung könnte Lasmiditan sein.

Lasmiditan ist ein neues Arzneimittel zur Behandlung der Kopfschmerzen bei Migräne. Es wurde im August 2022 in Deutschland zugelassen und gehört zur Gruppe der Ditane. Im Unterschied zu den Triptanen aktiviert es ausschließlich den 5-HT_1F-Rezeptor. Da die anderen beiden Serotonin-Rezeptoren nicht aktiviert werden, verengt es keine Blutgefäße außerhalb des Gehirns. Es kann deshalb auch von Personen mit Herz-Kreislauf-Erkrankungen verwendet werden.

Wie die Triptane hemmt Lasmiditan zusätzlich die Freisetzung von Botenstoffen, insbesondere des CGRP, das wie gesagt eine wichtige Funktion bei der Entstehung von Migräne spielt.

Zu den häufigen Nebenwirkungen, insbesondere bei höheren Dosen, zählen Benommenheit, Schläfrigkeit, Erschöpfung, Parästhesien (Kribbeln), Übelkeit, Schwindel, Muskelschwäche und Hypästhesien – also eine herabgesetzte Empfindlichkeit gegenüber Sinnesreizen wie Berührungen.

Da Lasmiditan noch relativ neu ist, ist es dementsprechend etwas teuer. Am 15. Juli 2025 kosteten sechs Tabletten Lasmiditan mit 100 Milligramm Wirkstoff 64,41 Euro – immerhin nur noch rund die Hälfte im Vergleich zu Oktober 2023 (121,31 Euro), als ich zuletzt nachgesehen hatte. Zum Vergleich: Zwei Tabletten Naratriptan kosten weniger als fünf Euro.

Lasmiditan stellt einen Fortschritt in der Migränetherapie dar, da es für Migränepatienten eine zusätzliche Behandlungsoption bietet, vor allem wenn sie Herz-Kreislauf-Erkrankungen haben oder auf Triptane nicht ansprechen. Laut Studien sprechen jedoch nur rund 30 bis 40 Prozent der Migränepatienten auf Lasmiditan an. Die Mehrheit also nicht ausreichend.

Die Wirkung ist folglich nicht ganz überzeugend. Und das Institut für Qualität und Wirtschaftlichkeit im Gesundheitswesen (IQWiG) sieht einen Zusatznutzen auch nicht als belegt an, da noch vergleichende Studien mit den Triptanen fehlen.

33

Was es mit den neuen Wirkstoffen Atogepant und Rimegepant auf sich hat

Ein neuer Wirkstoff, um Migräne vorzubeugen, ist Atogepant. Es gehört zu den Gepanten, einer Gruppe von CGRP-Rezeptor-Antagonisten.

Der Botenstoff CGRP kann wie beschrieben Migräneanfälle verursachen. Atogepant blockiert nun die CGRP-Rezeptoren, sodass CGRP nicht mehr daran binden kann. Dadurch wird, wie bei den Antikörpern, die gefäßerweiternde und entzündungsvermittelnde Wirkung von CGRP abgeschwächt, was die Wahrscheinlichkeit von Migräneattacken verringert.

Atogepant wird als Tablette eingenommen und ist in Deutschland seit dem 1. März 2025 auf dem Markt. Die empfohlene Dosierung beträgt in der Regel einmal täglich 60 Milligramm. Atogepant kann in Deutschland bei Erwachsenen mit mindestens vier Migränetagen pro Monat verordnet und erstattet werden. Es kostet etwas weniger als die Antikörper, ist jedoch teurer als andere vorbeugende Therapien. Häufig kann es bei der Einnahme zu Übelkeit, Verstopfung und Müdigkeit kommen.

Ebenfalls zu den Gepanten gehört Rimegepant, das auch den CGRP-Rezeptor hemmt und als Schmelztablette in einer Dosierung von 75 Milligramm verfügbar ist.

Rimegepant ist erst seit Juni 2025 in Deutschland erhältlich. Es ist das erste und einzige Arzneimittel in der EU, das sowohl zur Akutbehandlung als auch zur Vorbeugung von Migräneanfällen mit oder ohne Aura bei Erwachsenen zugelassen ist.

Bei einem akuten Migräneanfall wird eine Schmelztablette eingenommen. Man legt sie entweder auf oder unter die Zunge, wo sie sich auch ohne zusätzliches Wasser auflöst. Zur Vorbeugung wird Rimegepant jeden zweiten Tag eingenommen – vorausgesetzt, es treten mindestens vier Migräneanfälle pro Monat auf. Rimegepant kann viele Wechselwirkungen mit anderen Arzneimitteln eingehen. Es wird, wie Atogepant, vor allem über CYP3A4, in geringerem Ausmaß aber auch über CYP2C9 abgebaut.

Zu den häufigsten Nebenwirkungen zählen Übelkeit, allergische Reaktionen, Atemnot und Hautausschläge.

Teil 2
Allergien und Antihistaminika

Von Histamin bis Hydrocortison

34

Welche Bedeutung Histamin bei Allergien hat

Histamin kommt in unserem Organismus in jedem Gewebe vor. Die höchsten Konzentrationen befinden sich in der Lunge, der Haut und im Magen-Darm-Trakt.

Es gibt mehrere Wege, wie der Körper Histamin freisetzt. Der wichtigste und häufigste ist die IgE-vermittelte Allergie. Sie wird auch als Typ-1-Allergie, Soforttyp oder anaphylaktischer Typ bezeichnet. Dazu zählen die Hausstaubmilbenallergie, die Nahrungsmittelallergie und die pollenbedingte allergische Rhinitis – besser bekannt als Heuschnupfen.

IgE steht für das Immunglobulin E, einen Antikörper. Das sind spezielle Eiweißmoleküle des Immunsystems, die fremde Stoffe, sogenannte Antigene, wie Viren, Bakterien oder Allergene erkennen und binden, um sie unschädlich zu machen.

Bei einer Hausstaubmilbenallergie stellen bestimmte Eiweiße im Kot der Hausstaubmilben das Antigen dar. Bei der Nahrungsmittelallergie sind es Eiweiße in Lebensmitteln, etwa in Milch, Eiern, Nüssen oder Fisch. Und beim Heuschnupfen stammen die allergieauslösenden Eiweiße meist aus den Pollen von Bäumen, Gräsern oder Kräutern. Die wichtigsten sind Birken-, Hasel- und Erlenpollen.

Kommt es nun zu einem Kontakt mit einem Antigen, lösen die vom Immunsystem gebildeten IgE-Antikörper innerhalb von Minuten allergische Reaktionen aus – allerdings noch nicht beim ersten Mal. Beim Erstkontakt wird das Antigen zunächst erst mal von B-Lymphozyten erkannt, die zu den weißen Blutkörperchen gehören. Mithilfe der T-Helferzellen werden die B-Zellen dann aktiviert und entwickeln sich über Plasmablasten zu Plasmazellen weiter. Beide setzen IgE-Antikörper frei, die sich bevorzugt an die Oberfläche von Mastzellen heften, meist direkt in den Schleimhäuten.

Beim zweiten Kontakt mit demselben Allergen erkennen die auf den Mastzellen sitzenden IgE-Antikörper das Antigen wieder und binden es. Das führt schließlich dazu, dass die Mastzelle aktiviert wird und unter anderem Histamin freisetzt. Das Histamin aktiviert in der Folge den H1-Rezeptor, der für allergische Reaktionen verantwortlich ist.

Welche Symptome bei den Betroffenen genau auftreten, hängt vor allem davon ab, wo die Mastzellen aktiviert werden. Und das wiederum ist abhängig davon, auf welchem Weg das Allergen in den Körper gelangt. Erfolgt die Aktivierung in der Haut, kann es zu Juckreiz, Rötungen und Quaddeln kommen. Quaddeln sind Zeichen einer Urtikaria, einer auch als Nesselsucht bezeichneten Hauterkrankung, bei der plötzlich juckende Pusteln auf Haut oder Schleimhaut auftreten.

Werden die Mastzellen in den Atemwegen aktiviert, wie durch eingeatmete Pollen, kommt es zu Heuschnupfen oder schlimmer: zu allergischem Asthma. Sind der Magen und der Darm betroffen, wie bei einer Nahrungsmittelallergie, treten häufig Übelkeit und Durchfall auf. Und wenn das Histamin im ganzen Körper freigesetzt wird, kann es im schlimmsten Fall zu einem anaphylaktischen Schock kommen, einer lebensgefährlichen allergischen Sofortreaktion.

Histamin wirkt allerdings nicht nur bei Allergien: Im ZNS spielt es ebenfalls eine Rolle. Bindet es dort an die H1-Rezeptoren, hält es wach, steigert die Aufmerksamkeit, kann aber auch Übelkeit und Erbrechen auslösen.

35

Gibt es die Histaminintoleranz wirklich?

Abgebaut wird Histamin vor allem über das Enzym Diaminoxidase (DAO) im Darm. Körpereigenes Histamin wird in vielen Geweben zusätzlich über die Histamin-N-Methyltransferase (HNMT) verstoffwechselt. Diese Prozesse können gestört sein.

Liegt etwa eine verminderte DAO-Aktivität vor, wird weniger Histamin abgebaut. Dadurch reichert es sich lokal mehr an. Ist mehr Histamin vorhanden, können jedoch auch mehr Rezeptoren besetzt werden, was zu verstärkten Wirkungen führt: darunter Kopfschmerzen, Durchfall, Schwindel, niedriger Blutdruck, Urtikaria oder Juckreiz. In diesem Zusammenhang wird oft von einer »Histaminintoleranz« gesprochen.

Empfohlen wird dann, histaminhaltige Lebensmittel wie Hartkäse, Salami oder Rotwein zu meiden. Oder – wenn man sich doch mal etwas gönnen möchte – einfach vorher DAO in Form von Tabletten oder Kapseln einzunehmen. Das klingt plausibel, hat allerdings einen Haken: Die Wirksamkeit von oral eingenommener DAO ist nicht ausreichend belegt. Wahrscheinlich wird das Enzym sogar bereits im Magen, zumindest teilweise, zerstört und kommt nur zum Teil dorthin, wo es überhaupt wirken müsste – in den Dünndarm.

Aber es kommt noch schlimmer: Nicht einmal die Existenz der Histaminintoleranz ist als klar definierte, einheitliche Erkrankung eindeutig belegt. Keine Frage, es gibt Menschen, die tatsächlich auf histaminreiche Lebensmittel mit Beschwerden reagieren. Ob das allerdings daran liegt, dass zu wenig DAO vorhanden ist, ist genauso unklar wie die Frage, ob es wirklich das Histamin aus der Nahrung ist, das die Symptome verursacht.

Was man aber sicher sagen kann: Bei wem Histamin, warum auch immer, zu Problemen führt, der ist mit einem Antihistaminikum gut beraten. Das blockiert dann gezielt die H1-Rezeptoren und damit auch die Wirkung des Histamins.

36

Warum man die Ursachen einer Allergie bekämpfen sollte: SLIT und SCIT

Leidet man unter einer IgE-vermittelten Allergie und wird von Histamin belästigt, kann man die Symptome entweder mit Antihistaminika bekämpfen oder man versucht die Ursache direkt zu beseitigen. Das kann mit einer spezifischen Immuntherapie (SIT) gelingen, die meist auch als Hyposensibilisierung bezeichnet wird, weil nur sie verhindern kann, dass es zu einem Etagenwechsel kommt und sich die Allergie zu einem allergischen Asthma entwickelt. Außerdem kann man natürlich jede Menge Geld sparen, wenn man seine Allergie endlich los ist und nicht ständig Antihistaminika kaufen muss.

Bei der Immuntherapie startet man mit der Aufbauphase, die dann in die Erhaltungsphase übergeht. Während der Aufbauphase, die mehrere Wochen bis Monate dauern kann, erhöht man die Dosis des Allergens schrittweise, was dem Körper ermöglicht, sich langsam an die Substanz zu gewöhnen, ohne dass schwere allergische Reaktionen ausgelöst werden.

Nach dem Verabreichen der maximal verträglichen Dosis beginnt die Erhaltungsphase, in der diese Dosis über etwa drei bis fünf Jahre in regelmäßigen Abständen verabreicht wird. Langfristig sinkt dadurch der Spiegel der IgE-Antikörper. Gleichzeitig entstehen bei der SIT vermehrt schützende IgG4-Antikörper, die das Allergen blockieren. Auch regulatorische T-Zellen, die eine übermäßige Immunreaktionen dämpfen, werden aktiviert. Die Folge ist, dass der

Körper nach und nach weniger stark auf das Allergen reagiert und damit seltener Histamin freisetzt.

Angewendet wird die SIT häufig bei Pollenallergien, Hausstaubmilbenallergien, Insektengiftallergien, wie zum Beispiel Bienen- und Wespengift, sowie bei allergischem Asthma bronchiale.

Sie erfolgt entweder durch Injektionen unter die Haut, man spricht dann von der subkutanen Immuntherapie (SCIT), oder durch Tropfen beziehungsweise Tabletten unter die Zunge, die als sublinguale Immuntherapie (SLIT) bezeichnet werden.

Trotz der geringen Dosis, die bei der subkutanen Immuntherapie injiziert wird, besteht das Risiko allergischer Reaktionen. Im schlimmsten Fall droht sogar eine Anaphylaxie, also eine schwere, potenziell lebensbedrohliche Überreaktion auf das Allergen. Dabei kommt es im gesamten Körper zu einer Erweiterung der Blutgefäße und zum Austritt von Flüssigkeit ins umliegende Gewebe. Wird sie nicht schnell behandelt, kann sie in einen Kreislaufstillstand übergehen und tödlich enden. Um das zu verhindern und den Patienten zu überwachen, wird die SCIT in der Arztpraxis durchgeführt.

Bei der sublingualen Immuntherapie ist die Gefahr jedoch deutlich geringer, weshalb sie zu Hause durchgeführt werden kann. Außerdem ist sie auch einfacher in der Anwendung. Um die Verträglichkeit zu überprüfen, wird die erste Dosis allerdings unter ärztlicher Aufsicht verabreicht.

Die SLIT ist derzeit für verschiedene Allergene zugelassen, darunter Gräserpollen, Baumpollen (z. B. Birke, Erle, Hasel), Hausstaubmilben und Beifuß-Ambrosie. Die Behandlung erfolgt meist über einen Zeitraum von etwa drei Jahren.

Die sublinguale Immuntherapie gilt als weniger effektiv als die subkutane Immuntherapie.

37

Mit Cromoglicinsäure Allergien rechtzeitig vorbeugen

Entzündungsmediatoren wie Histamin werden freigesetzt, wenn eine Mastzelle aktiviert wird. Mit Cromoglicinsäure steht ein Wirkstoff zur Verfügung, der diese Aktivierung unterbinden kann, sodass allergiebedingtes Niesen oder brennende Augen gar nicht erst entstehen.

Cromoglicinsäure ist daher eine gute Option zur Vorbeugung der Heuschnupfensymptome. Da die volle Wirkung jedoch erst nach zwei bis vier Wochen regelmäßiger Anwendung eintritt, sollte frühzeitig mit der Einnahme begonnen werden.

Enthalten ist Cromoglicinsäure vor allem in Augentropfen und Nasensprays. In der Regel wird sie gut vertragen. Möglich sind bei der Anwendung des Nasensprays Reizungen der Nasenschleimhaut, Nasenbluten und gelegentlich Kopfschmerzen. Die Augentropfen können ein leichtes Brennen oder ein Fremdkörpergefühl im Auge verursachen.

Cromoglicinsäure ist auch in Kapselform erhältlich. Oral wird sie aber nicht bei Heuschnupfen verwendet, sondern vor allem zur Behandlung von Nahrungsmittelallergien. Da sie kaum in den Blutkreislauf gelangt, wirkt sie fast ausschließlich im Darm. Das kann jedoch häufig zu Durchfall führen.

Auch bei allergischem Asthma wird Cromoglicinsäure inhalativ eingesetzt. Sie hilft, allergische Reaktionen in den Atemwegen zu verhindern, indem sie direkt auf die Bronchialschleimhaut wirkt. Da die Wirkung in der Regel auch hier lokal begrenzt bleibt, treten systemische Nebenwirkungen nur selten auf. Es kann allerdings zu Husten, einer krampfartigen Verengung der Bronchien und zu Rachenreizungen kommen.

38

Worin unterscheiden sich Cetirizin und Levocetirizin?

Man kann aber nicht nur die Freisetzung von Histamin reduzieren, sondern auch dessen Wirkung. Hierzu eignen sich die sogenannten H1-Antihistaminika. Der bekannteste und am häufigsten eingesetzte Wirkstoff ist das Cetirizin, von dem es auch ein vermeintliches Upgrade gibt, das Levocetirizin. Was sollte man also über die beiden wissen?

Cetirizin ist nicht eine einzelne Substanz, sondern ein Gemisch aus zwei Verbindungen, von denen die eine kaum bis keine Wirkung auslöst und die andere, das Levocetirizin, so ziemlich die gesamte Wirkung verantwortet.

Im Körper dockt Levocetirizin dann an die H1-Rezeptoren an und blockiert sie. Ist der Rezeptor bereits besetzt, kann Histamin nicht mehr binden und seine Wirkungen folglich auch nicht mehr entfalten. Das heißt, die Symptome, die durch die Allergie ausgelöst wurden, gehen zurück.

Seit Anfang der 2000er-Jahre gibt es Levocetirizin isoliert. Verwendet werden aber vor allem die Tabletten mit fünf Milligramm Wirkstoff. Mit diesen Tabletten nimmt man also genauso viel Levocetirizin auf wie mit den zehn Milligramm Cetirizin-Tabletten. Allerdings sind sie teurer. Lohnt es sich, dafür mehr Geld auszugeben?

Das größte Problem bei Cetirizin ist, dass viele Menschen davon müde werden. Und das, obwohl es zu den H1-Antihistaminika der zweiten Generation gehört.

H1-Antihistaminika dieser Generation wurden nämlich extra so verändert, dass sie weniger leicht ins ZNS gelangen als die der ersten Generation – weshalb sie auch weniger müde machen sollen.

Während das für Loratadin zutrifft, ist das bei Cetirizin eher nicht der Fall, das scheint dennoch problemlos die Blut-Hirn-Schranke zu passieren. Die Blockade der H1-Histaminrezeptoren im ZNS sorgt nämlich dafür, dass die anregende, wach machende Wirkung des Histamins verhindert wird. Man wird also müde.

Meinen Erfahrungen aus der Apotheke nach schlägt die Müdigkeit bei den meisten, die Cetirizin nehmen, tatsächlich zu, weshalb sie es am besten vor dem Schlafengehen einnehmen sollten. Fühlt man sich allerdings auch am nächsten Tag davon wie gerädert, muss man sich auf die Suche nach einer Alternative machen.

Manche behaupten, dass Levocetirizin diese Alternative sei, weil sie davon weniger müde werden. Das kann gut möglich sein. Manche behaupten aber auch, dass sie von den Cetirizin-Tabletten des einen Anbieters weniger müde werden als von denen des anderen Anbieters.

Auch das ist möglich. Die Zulassung eines Generikums bezieht sich immer auf das Originalpräparat. Die Wirksamkeit und Sicherheit müssen mit dem Original übereinstimmen. Der Wirkstoff muss in ungefähr derselben Geschwindigkeit und Menge an den Wirkort gelangen und eine Bioverfügbarkeit zwischen 80 und 125 Prozent im Vergleich zum Originalpräparat aufweisen. Das heißt, das Cetirizinpräparat der einen Firma kann tatsächlich etwas besser wirken als das der anderen, da mehr davon im Blut und damit am Wirkort ankommt. Dementsprechend ist es ganz normal, dass manche Menschen sagen, dass bei ihnen Levocetirizin besser wirkt. Auch der Placeboeffekt kann an dieser Aussage seinen Anteil haben. Neuer und zudem teurer wird häufig mit einer besseren Wirkung gleichgesetzt.

Dennoch habe ich auch Kunden, die sagen, dass Levocetirizin bei ihnen schlechter wirkt als Cetirizin und dass sie nur davon müde werden. Auch das ist möglich und bestätigt meine Aussage.

Grundsätzlich ist meine Empfehlung immer, wenn man mit einem Antihistaminikum unzufrieden ist, sei es, weil es nicht ausreichend wirkt oder weil man müde davon wird, das nächstgünstigste auszuprobieren.

Alle Antihistaminika wirken nämlich im Großen und Ganzen gleich, aber bei dem einen hilft vielleicht das am besten, was dem Nächsten überhaupt nichts bringt.

Nach Cetirizin ist die nächste Empfehlung daher immer Loratadin.

39

Weniger müde: Der Vorteil von Loratadin gegenüber Cetirizin

Loratadin ist ebenfalls ein H1-Antihistaminikum der zweiten Generation. Da es weniger ins ZNS gelangt als Cetirizin, macht es entsprechend weniger müde. Allerdings hat Cetirizin in manchen Studien bei allergischen Symptomen etwas besser abgeschnitten. Vor allem bei Heuschnupfen.

Während man bei Cetirizin die Wahl zwischen Cetirizin und Levocetirizin hat, kann man bei diesem Antihistaminikum zwischen Loratadin und Desloratadin wählen. Loratadin ist im Gegensatz zu Cetirizin allerdings ein Prodrug.

Das heißt: Nimmt man Loratadin ein, wandelt der Körper es in Desloratadin um, das dann die H1-Rezeptoren blockiert. Dieser Umwandlungsschritt entfällt, wenn man Desloratadin direkt einnimmt. Die Folge: Es wirkt in der Regel schneller.

Dafür kostet es dann aber auch mehr. Der Aufpreis kann sich allerdings lohnen, wenn man das Antihistaminikum morgens einnehmen und eine schnellere Wirkung haben möchte.

Desloratadin wirkt nach 30 bis 60 Minuten. Loratadin hingegen braucht ein bis drei Stunden, bis die Wirkung eintritt.

Wie bei Cetirizin und Levocetirizin geben auch bei Desloratadin manche Kunden an, dass es bei ihnen besser helfe als Loratadin, und sie können recht haben.

Die normale Dosierung von Loratadin beträgt 10 Milligramm und die von Desloratadin 5 Milligramm. Nimmt man 10 Milligramm Loratadin ein, entstehen daraus je nach Stoffwechsel 2,5 bis 3 Milligramm Desloratadin, die dann ihre Wirkung entfalten können.

Schluckt man allerdings 5 Milligramm Desloratadin direkt, kommen davon etwa 3 bis 3,5 Milligramm im Körper an.

Desloratadin könnte also besser wirken – oder genauso. Jeder muss es selbst versuchen.

40

Warum das Antihistaminikum Bilastin nicht mit Fruchtsäften eingenommen werden sollte

Hat man weder mit Cetirizin noch mit Loratadin den gewünschten Effekt erzielt, empfehle ich, Bilastin, das ebenfalls ein Antihistaminikum der zweiten Generation ist, auszuprobieren. Es ist seit Januar 2023 ohne Rezept erhältlich.

Ab einem Alter von zwölf Jahren beträgt die empfohlene Dosis 20 Milligramm täglich auf leeren Magen.

Bilastin sollte nicht gleichzeitig mit Nahrungsmitteln oder Fruchtsäften eingenommen werden, vor allem nicht mit Grapefruit oder Grapefruitsaft. Die aufgenommene Menge des Wirkstoffs kann sich durch Fruchtsäfte und Nahrungsmittel um jeweils bis zu 30 Prozent verringern.

Der Grund dafür ist die Hemmung des Transportproteins OATP1A2 im Dünndarm, über das Bilastin normalerweise in den Blutkreislauf aufgenommen wird. Sie wird vermutlich durch pflanzliche

Inhaltsstoffe wie Flavonoide verursacht, die in vielen Fruchtsäften enthalten sind. In der Grapefruit ist vor allem das Flavonoid Naringin dafür verantwortlich, das CYP3A4-Enzyme hemmen kann, was für Bilastin aber irrelevant ist.

Bilastin wirkt nach etwa 30 bis 60 Minuten. Da es kaum die Blut-Hirn-Schranke passiert und der Teil, der durchkommt, zudem durch ein bestimmtes Protein wieder entfernt wird, macht es nur selten müde. Das ist ein Vorteil gegenüber Cetirizin. Nicht unbedingt gegenüber Loratadin, das ebenfalls selten müde macht.

41

Welche Optionen es noch gibt: Ebastin, Fexofenadin und Rupatadin

Wer mit den bisherigen Wirkstoffen keinen Erfolg erzielt hat oder diese wegen eventueller Nebenwirkungen absetzen musste, hat noch weitere Wirkstoffe zur Auswahl. Entweder Dimetinden, ein Antihistaminikum der 1. Generation, das so müde macht, dass es auch als Schlafmittel verwendet wird, oder die drei verschreibungspflichtigen H1-Antihistaminika der 2. Generation: Ebastin, Fexofenadin und Rupatadin.

Alle drei machen in der Regel nicht müde, da sie kaum ins ZNS gelangen. Zugelassen sind sie ab zwölf Jahren.

Ebastin wird im Körper in Carebastin umgewandelt, das dann die H1-Rezeptoren blockiert. Möglicherweise stabilisiert es zusätzlich noch die Mastzellmembran, sodass weniger Histamin freigesetzt wird. Ähnlich wie bei der Cromoglicinsäure. Ganz sicher ist das allerdings nicht. Häufige Nebenwirkungen sind Kopfschmerzen und Mundtrockenheit. Bei hohen Konzentrationen kann die QT-Zeit, also der Zeitraum von der elektrischen Erregung der Herzkammern bis hin zur Rückkehr in den Ruhezustand, verlängert werden. Je höher die Dosis und je mehr Arzneimittel man gleichzeitig einnimmt, die ebenfalls die QT-Zeit verlängern, wie Citalopram und Domperidon, desto höher das Risiko. Falls die Kombination unumgänglich ist, sollte regelmäßig ein EKG gemacht und auf unregelmäßige Herzschläge geachtet werden. Im schlimmsten Fall kann es zu Herzrhythmusstörungen kommen, die auch tödlich enden können.

Fexofenadin ist der aktive Metabolit von Terfenadin, einem Wirkstoff, der wegen der QT-Zeit-Verlängerung vom Markt genommen wurde. Fexofenadin hat diesen Nachteil nicht. Die Wirkung tritt nach etwa einer Stunde ein. Bei allergischer Rhinitis reichen 120 Milligramm täglich, bei chronischer Urtikaria braucht man meist 180 Milligramm. Wichtig ist auch, Fexofenadin nüchtern und nur mit Wasser einzunehmen, da auch hier ein Transportprotein, dieses Mal OATP2B1, gehemmt werden kann, weshalb weniger Wirkstoff ins Blut aufgenommen werden würde.

In Kombination mit Fruchtsäften wie Apfel-, Orangen- oder Grapefruitsaft könnte die Bioverfügbarkeit aufgrund der enthaltenen Flavonoide um bis zu 70 Prozent sinken.

Antazida mit Aluminium oder Magnesium sollten ebenfalls mit zwei Stunden Abstand eingenommen werden. Die Metallionen bilden mit Fexofenadin im Magen-Darm-Trakt schwer lösliche Komplexe – wodurch die Aufnahme reduziert wird. Ein Abstand von zwei Stunden sollte eingehalten werden.

Rupatadin wirkt zusätzlich zu seiner antihistaminischen Wirkung entzündungshemmend. Theoretisch ist das ein Vorteil, praktisch macht das allerdings kaum einen Unterschied. Die empfohlene Dosis liegt bei zehn Milligramm täglich.

42

Warum man Dimetinden erst nutzen sollte, wenn alle anderen Antihistaminika versagen

Dimetinden gehört zu den Antihistaminika der ersten Generation. Es kann bei verschiedenen allergischen Erkrankungen wie Nesselsucht, Insektenstichen, aber auch Heuschnupfen eingesetzt werden. Allerdings macht es sehr müde. Es bei Heuschnupfen zu verwenden, ergibt nur Sinn, wenn man alle anderen üblichen Mittel schon ausprobiert hat, sie aber nicht infrage kommen.

Dimetinden ist in Form von Tabletten und Tropfen auf dem Markt. Zu beachten sind die anticholinergen Nebenwirkungen des Arzneimittels. Es kann unter anderem einen trockenen Mund, Verstopfung, Harnverhalt oder Sehstörungen verursachen, weil es neben den Histaminrezeptoren auch muskarinische Acetylcholinrezeptoren blockiert, was man als anticholinerg bezeichnet. Mehr dazu bei Doxylamin in Kapitel 81.

Dimetinden wird in Gelform neben allergischen Hautreaktionen zum Beispiel auch bei Insektenstichen oder Sonnenbrand verwendet. Ob dabei aber tatsächlich Dimetinden eine große Rolle spielt, ist umstritten. Laut Fachinformation dringt der Wirkstoff nach dem Auftragen schnell in die Haut ein und blockiert dort die H1-Rezeptoren. Von der Stiftung Warentest wird das jedoch angezweifelt: Ihrer Einschätzung nach dringt Dimetinden nicht tief und schnell genug in die Haut ein, um eine nennenswerte pharmakologische Wirkung zu entfalten. Sie führen den juckreizstillenden Effekt in erster Linie auf den kühlenden Effekt des Gels zurück. Ein Gel kühlt, weil das Wasser zum Verdunsten Energie benötigt. Diese Energie zieht es sich in Form von Wärmeenergie aus der Haut, die daraufhin abkühlt und damit den Juckreiz lindern kann.

Neben Dimetinden werden auch noch Bamipin und Tripelennamin zur Anwendung auf der Haut eingesetzt – ebenfalls mit fragwürdigem Nutzen und daher eher nicht zu empfehlen.

43

Warum bei Allergien oft auch Augentropfen oder ein Nasenspray reichen

Wer bei Heuschnupfen oder anderen Allergien nicht gleich Tabletten einnehmen möchte, kann auch erst mal Antihistaminika ausprobieren, die man rezeptfrei in Form von Augentropfen oder Nasensprays bekommt. Eine Kombination mit Tabletten ist bei nicht ausreichender Wirkung möglich.

Zum Einsatz kommen Azelastin, Levocabastin, Ketotifen und seit Kurzem auch Olopatadin. Sie gehören alle zu den H1-Antihistaminika der zweiten Generation und wirken wie immer über die Blockade der H1-Rezeptoren – diesmal aber direkt in den Augen oder eben in der Nasenschleimhaut.

Azelastin wird dabei am häufigsten eingesetzt, weil es Vorteile gegenüber den anderen Optionen bietet. Das Nasenspray wird ein- bis zweimal täglich verwendet und wirkt jeweils innerhalb von 15 bis 30 Minuten. Häufig kommt es zu einem bitteren Geschmack, der durch das Zurückfließen des Wirkstoffs in den Rachen entstehen kann. Um ihn zu vermeiden, kann es bereits helfen, den Kopf während der Anwendung leicht nach vorne zu neigen. Ansonsten kann es auch zu einem Brennen oder Kribbeln in der Nase kommen. Die Wirkung hält dabei bis zu zwölf Stunden an.

Die Augentropfen desselben Wirkstoffs wirken nach 3 bis 15 Minuten und lindern Symptome wie Juckreiz oder Tränenfluss. Häufig kommt es direkt nach der Anwendung zu leichten, vorübergehenden Reizungen am Auge wie Brennen oder Stechen. Systemische Beschwerden wie Müdigkeit oder Schwindel treten nur selten auf – ein Vorteil gegenüber Antihistaminika in Tablettenform.

Azelastin hat noch ein weiteres Ass im Ärmel: Es kann zusätzlich die Mastzellmembran stabilisieren. Das heißt, es wirkt nicht nur gegen Histamin, sondern sorgt auch gleich noch dafür, dass weniger davon freigesetzt wird.

Levocabastin kommt ebenfalls als Nasenspray oder Augentropfen zum Einsatz. Es wirkt nach 10 bis 15 Minuten und hält bis zu zwölf Stunden an. Da Levocabastin als Suspension vorliegt, die Wirkstoffteilchen also nicht vollständig gelöst sind, muss das Fläschchen vor jeder Anwendung geschüttelt werden, laut Fachinformation die Augentropfen zehnmal und das Nasenspray fünfmal. Bei einer Suspension kann kein Filtersystem verwendet werden, weshalb es Benzalkoniumchlorid enthält. Nicht gut.

Ein Vorteil allerdings: Levocabastin eignet sich im Gegensatz zu Azelastin auch für Kinder ab einem Jahr und verursacht keinen bitteren Geschmack.

Trotz der lokalen Anwendung gelangt Levocabastin in den Blutkreislauf, bei nasaler Anwendung zu etwa 60 bis 80 Prozent, bei Anwendung am Auge zu etwa 30 bis 60 Prozent. Es entstehen dabei allerdings keine Wirkstoffspiegel im Blut, die systemische Effekte hervorrufen würden. Daher sind die Nebenwirkungen in der Regel lokal begrenzt. Die Augentropfen können Augenreizungen, verschwommenes Sehen, Brennen, Rötung und Schwellungen der Augenlider auslösen. Die Anwendung des Nasensprays kann durch die kurzfristige Reizung der Nasenschleimhaut und damit des Trigeminusnervs gelegentlich Kopfschmerzen auslösen.

Deutlich seltener als die zuvor genannten Wirkstoffe wird Ketotifen verwendet. Und dazu ausschließlich als Augentropfen. Wie Azelastin blockiert es nicht nur die Wirkung von Histamin an den H1-Rezeptoren, sondern hemmt auch dessen Freisetzung sowie die

Ausschüttung weiterer Entzündungsmediatoren. Die Wirkung setzt spätestens nach 15 Minuten ein.

Die Anwendung kann in manchen Fällen lokale Reaktionen hervorrufen, zum Beispiel Augenbrennen, punktuelle Hornhautschäden oder Lichtempfindlichkeit. Da Ketotifen auch ohne Benzalkoniumchlorid erhältlich ist, sollte man diese Variante bevorzugen.

Seit April 2025 ist mit Olopatadin ein weiteres Antihistaminikum erhältlich – rezeptfrei bisher allerdings nur als Augentropfen für Erwachsene. Auf Rezept erhält man zumindest ein Nasenspray, das Olopatadin mit dem Glucocorticoid Mometason (Kapitel 44) vereint. Es wird zweimal täglich im Abstand von acht Stunden angewendet. Bei Bedarf kann die Behandlung bis zu vier Monate fortgesetzt werden. Leider gibt es die Augentropfen aktuell nur mit Benzalkoniumchlorid, weshalb eine längerfristige Anwendung ohnehin entfällt.

Häufige Nebenwirkungen sind Augenschmerzen, Augenreizungen, trockene Augen, ein Fremdkörpergefühl und Juckreiz. Außerdem können Kopfschmerzen, Müdigkeit, Geschmacksstörungen und eine trockene Nasenschleimhaut auftreten.

44

Wie wäre es mit Cortison für die Nase?

Wenn ein Nasenspray mit einem Antihistaminikum nicht ausreichen sollte, hat man noch die Möglichkeit, eines mit einem Glucocorticoid zu wählen. Das sind Steroidhormone, die umgangssprachlich als »Cortison« bezeichnet werden. Sie wirken über einen Rezeptor im Inneren der Zelle. Da es bis dahin ein weiter Weg ist, tritt ihre Wirkung auch nur verzögert ein. Es kann mehrere Stunden bis Tage dauern, bis der Effekt spürbar ist. Sobald der Rezeptor erreicht ist, können sie das Immunsystem unterdrücken und Entzündungen lindern. Zusätzlich wirken sie antiallergisch.

Mometason gehört zu den stark wirksamen, künstlich hergestellten Glucocorticoiden und wird in Form von Nasensprays vor allem bei Heuschnupfen eingesetzt. Es lindert Symptome wie Juckreiz, Niesen und eine laufende Nase, indem es die Schleimhautschwellung verringert und die Reaktion der Schleimhäute auf Allergene wie Pollen oder Hausstaubmilben abschwächt. Dadurch kann die Verstopfung der Nase reduziert werden, was sowohl die Atmung als auch den Geruchssinn verbessert.

Mometason reduziert sogar Rötungen der Augen, Juckreiz und Tränenfluss. Diese Wirkung ist auf den nasookulären Reflex zurückzuführen. Indem die Entzündung der Nasenschleimhaut reduziert wird, verbessern sich auch die Symptome an den Augen.

Problematisch ist allerdings, dass Mometason als Suspension vorliegt. Es muss daher vor jeder Anwendung geschüttelt werden und kommt zudem nicht ohne Benzalkoniumchlorid aus. Die Filter der Applikationssysteme, die für konservierungsmittelfreie Nasensprays verwendet werden, würden durch die Mometason-Mikrokristalle verstopfen, weshalb sie hierfür nicht geeignet sind.

Bei der Anwendung von Mometason-Nasensprays kann es zu Nasenbluten, Reizungen der Nasenschleimhaut oder Infektionen der oberen Atemwege kommen.

Man bekommt Mometason-Nasensprays mit und ohne Rezept in der Apotheke. Grundsätzlich ist der Wirkstoff zwar verschreibungspflichtig. Die Anwendung in der Nase bei Erwachsenen zur symptomatischen Behandlung der saisonalen allergischen Rhinitis (Heuschnupfen) wurde jedoch 2015 aus der Verschreibungspflicht ausgenommen. Es gibt allerdings einen Haken: Mometason-Nasenspray darf nur ohne Rezept abgegeben werden, wenn der Heuschnupfen zuvor durch eine Ärztin oder einen Arzt diagnostiziert wurde – siehe Anlage 1 der Arzneimittelverschreibungsverordnung.

Zwischen den rezeptfreien und den verschreibungspflichtigen Sprays gibt es übrigens keinen Unterschied.

Mit Fluticason ist ein weiteres Glucocorticoid rezeptfrei im Handel, das in Nasensprays zur Verfügung steht und nur nach ärztlicher Erstdiagnose abgegeben werden darf. Es gibt den Wirkstoff verschreibungspflichtig als Fluticasonfuroat, das bereits von Kindern ab sechs Jahren verwendet werden kann, und rezeptfrei als Fluticasonpropionat, das erst ab 18 Jahren benutzt werden darf und für das ebenfalls eine ärztliche Diagnose erforderlich ist.

Fluticason hat dieselben Wirkungen wie Mometason, wirkt jedoch etwas schneller: Eine spürbare Besserung der Symptome kann bereits nach mehreren Stunden eintreten, bei manchen Personen aber auch erst nach ein bis drei Tagen.

Da es sich auch beim Fluticason-Nasenspray um eine Suspension handelt, ist es nur mit Benzalkoniumchlorid verfügbar. Vor der Anwendung muss das Fläschchen gut geschüttelt werden. Seit Februar 2025 ist die Kombination aus Fluticasonpropionat und Azelastin rezeptfrei als Nasenspray erhältlich – zumindest theoretisch, denn Stand Juli 2025 sind noch keine entsprechenden Produkte im Handel.

Die Nebenwirkungen von Fluticason als Nasenspray unterscheiden sich nicht von denen, die bei der Anwendung von Mometason auftreten können.

Obwohl Fluticason schneller wirkt, wird Mometason eher bevorzugt, weil es besonders gut verträglich ist und kaum vom Körper aufgenommen wird. Das Risiko für systemische Nebenwirkungen ist daher geringer.

Das dritte, nach ärztlicher Erstdiagnose, rezeptfreie Glucocorticoid gegen Heuschnupfen ist Beclometason, das im Vergleich zu Mometason und Fluticason zwar schwächer wirkt, dafür aber mehr systemische Nebenwirkungen aufweist. Wenn möglich, sollten die anderen beiden bevorzugt werden.

Darüber hinaus gibt es weitere Glucocorticoide wie Budesonid,

Triamcinolonacetonid oder Dexamethason in Nasensprays, die jedoch ausschließlich auf Rezept erhältlich sind. Sie unterscheiden sich hinsichtlich Zulassung, Dosierung und Darreichungsform, nicht aber grundsätzlich in ihrer Wirksamkeit.

45

Hydrocortison für die Haut nur kurz verwenden

Glucocorticoide werden auch auf der Haut eingesetzt. Es gibt verschiedene, die sich in ihrer Wirkstärke unterscheiden. Ohne Rezept ist nur das schwach wirksame Hydrocortison erhältlich. In einer Konzentration von 0,25 oder 0,5 Prozent.

Bei Hydrocortison handelt es sich um die künstlich hergestellte Form des körpereigenen Hormons Cortisol. Wie die Glucocorticoide für die Nase lindert es Allergien, wirkt entzündungshemmend und unterdrückt zusätzlich noch das Immunsystem.

Auf die Haut aufgetragen, wird es zur Behandlung entzündlicher Hauterkrankungen wie Ekzemen, Schuppenflechte, Insektenstichen und gelegentlich auch bei kleinflächigem Sonnenbrand eingesetzt, obwohl eine Wirkung dort nicht eindeutig belegt ist.

Das Wort kleinflächig ist aber grundsätzlich wichtig, denn großflächig sollten Cortisoncremes nicht angewendet werden, da sonst zu viel Wirkstoff in den Blutkreislauf gelangen und systemische Nebenwirkungen auslösen kann.

Eine der Nebenwirkungen, weshalb viele Menschen kein »Cortison« verwenden möchten, ist die sogenannte Hautatrophie. Dabei kommt es zu einer Verdünnung der Haut, wodurch sie empfindlicher wird und leichter verletzt werden kann.

Aus diesem Grund sollte man in der Selbstmedikation Hydrocortison nicht länger als zwei Wochen verwenden.

Teil 3
Neurotransmitter, Hormone und ihr Ungleichgewicht

Von Serotonin bis Dimenhydrinat

46

Was man über Serotonin wissen sollte

Willkommen im dritten Oberkapitel, zu einer wilden Reise von Serotonin bis Melatonin. Wir werden auf dem Weg dorthin so einiges mitnehmen, was man in einem Kapitel über Serotonin vielleicht nicht erwarten würde, aber unbedingt wissen sollte. Let's go.

Von Serotonin hat bestimmt schon jeder mal gehört. Dabei handelt es sich um einen wichtigen Neurotransmitter, der im Körper aus der essenziellen Aminosäure Tryptophan gebildet wird, also einer Aminosäure, die der Körper nicht selbst herstellen kann und deshalb über die Nahrung aufnehmen muss.

Neurotransmitter sind körpereigene Verbindungen, die Informationen auf chemischem Weg von einer Nervenzelle zur nächsten übertragen. Gebildet werden sie in den sogenannten Nervenendigungen, wo sie in kleinen Bläschen, den Vesikeln, auch gespeichert werden. Erreicht ein Nervenimpuls nun so eine Nervenendigung, werden die Neurotransmitter in den synaptischen Spalt freigesetzt, also in den Raum, der sich zwischen zwei Nervenzellen befindet. Von dort aus gelangen sie an den passenden Rezeptor der nächsten Zelle und lösen dadurch eine Reaktion aus.

Serotonin entsteht vor allem im Darm und zu einem kleineren Teil auch im Gehirn. Es kommt also sowohl im ZNS als auch außerhalb vor. Im ZNS spielt es eine wichtige Rolle bei der Regulation der Stimmung, des Schlaf-Wach-Rhythmus, der Schmerzempfindung und des Appetits. Außerhalb wirkt es als Gewebshormon und kann die Blutgefäße, den Darm sowie die Thrombozyten beeinflussen.

Gewebshormone können in einzelnen Zellen oder Geweben gebildet werden. Sie wirken ausschließlich lokal. Ein »normales« Hormon wie etwa Thyroxin oder Östrogen wird hingegen von einer endokrinen Drüse wie der Schilddrüse oder den Eierstöcken gebildet und wirkt dann im ganzen Körper.

Ein Mangel an Serotonin wird unter anderem mit der Entstehung von Depressionen in Verbindung gebracht, eine durch anhaltende Niedergeschlagenheit, den Verlust von Interesse und Freude sowie durch Antriebslosigkeit gekennzeichnete Erkrankung, die auch körperliche Symptome wie Schlafstörungen, Appetitveränderungen und Erschöpfung hervorrufen kann.

Allerdings, und das ist vor allem bei der Wahl des richtigen Arzneimittels wichtig, gehen nicht alle Depressionen auf einen Mangel an Serotonin zurück. Man nimmt an, dass es nicht die Depression gibt, sondern verschiedene Varianten mit unterschiedlichen Auslösern. Ein Serotoninmangel kann außerdem bei Angststörungen, Zwangsstörungen und der posttraumatischen Belastungsstörung eine Rolle spielen.

In allen Fällen kommen aber auch nicht medikamentöse Maßnahmen, wie Therapien, zum Einsatz.

47

Warum zu viel Serotonin lebensgefährlich ist – das Serotoninsyndrom

Bevor wir zum ersten Arzneimittel kommen, hier noch die Grundlagen zum Serotoninsyndrom, das zwar nur selten vorkommt, aber tödlich enden kann. Ausgelöst wird es, wenn zu viel Serotonin vorhanden ist, sodass die Serotoninrezeptoren verstärkt aktiviert werden und als Folge das Nervensystem überstimuliert wird.

Mehr Serotonin ist dann vorhanden, wenn man Arzneimittel oder illegale Substanzen einnimmt, die den Serotoninspiegel erhöhen. Je mehr davon gleichzeitig angewendet werden, desto größer ist das Risiko, dass es zu viel ist und ein Serotoninsyndrom auslöst.

Zu den Arzneimitteln gehören Serotonin-Wiederaufnahmehemmer wie Citalopram und Escitalopram (Kapitel 48), MAO-Hemmer (Kapitel 62), trizyklische Antidepressiva wie Amitriptylin (Kapitel 63), Opioide wie Tramadol (Kapitel 28), Triptane (Kapitel 31) sowie illegale Substanzen wie MDMA – Ecstasy – oder Kokain. Mehr dazu in meinem Buch *Die Wahrheit über unsere Drogen*, das ich mit Dr. Carsten Schleh geschrieben habe.

Typisch für das Serotoninsyndrom ist eine Kombination verschiedener Symptome, die als Trias bezeichnet wird, bestehend aus autonomen, neuromuskulären und psychischen Beschwerden. Sie treten meist innerhalb von 6 bis 24 Stunden nach der Einnahme mehrerer Substanzen oder einer Dosiserhöhung auf, bei MAO-Hemmern möglicherweise auch verzögert.

Zu den autonomen Symptomen, also Störungen unwillkürlicher Körperfunktionen, zählen Schwitzen, Schüttelfrost, erhöhter Puls, hoher Blutdruck, Übelkeit, Erbrechen und Durchfall. Zu den neuromuskulären, also Nerven und Muskeln betreffenden Symptomen zählen Muskelzuckungen, übersteigerte Reflexe (Hyperreflexie), Zittern, plötzliche unkontrollierte Muskelkontraktionen (Myoklonien) und eine erhöhte Muskelspannung. Zu den psychischen Symptomen zählen Unruhe, Angst, Verwirrung, Halluzinationen und Bewusstseinsstörungen.

Das ist aber noch nicht alles, denn in schweren Fällen kann es auch noch zu Krampfanfällen, Bewusstlosigkeit, Rhabdomyolyse, Nierenversagen oder Gerinnungsstörungen kommen.

Tritt das Serotoninsyndrom auf, müssen die eingenommenen Substanzen sofort abgesetzt werden. Ein Arztbesuch ist zu empfehlen. Milde Fälle klingen meist innerhalb von ein bis drei Tagen von selbst wieder ab. Ganz leichte Fälle bemerkt man häufig noch nicht mal, da die Symptome auch andere Ursachen haben könnten.

Ist eine Behandlung nötig, wird der Körper gekühlt, um die Temperatur zu senken. Benzodiazepine (Kapitel 72) können zur Beruhigung eingesetzt werden. Fiebersenkende Mittel wie Paracetamol (Kapitel 14) oder Ibuprofen (Kapitel 7 und 11) helfen bei einem Serotoninsyndrom nicht, da die erhöhte Temperatur nicht durch eine Entzündung, sondern durch die Muskelaktivität und eine gestörte Temperaturregulation entsteht.

In schweren Fällen ist das Serotoninsyndrom aber ein Fall für die Intensivstation, wo die Atmung kontrolliert, der Kreislauf stabilisiert und einem Organversagen vorgebeugt wird. Wird einem nicht schnell geholfen, kann das Serotoninsyndrom auch tödlich enden.

48

Warum Citalopram Zeit zum Wirken braucht – und man es ausschleichen sollte

Ein Wirkstoff, der den Serotoninspiegel erhöht und häufig bei Depressionen eingesetzt wird, ist Citalopram, ein selektiver Serotonin-Wiederaufnahme-Hemmer (SSRI).

Citalopram ist ein Gemisch aus zwei Wirkstoffen. Einer davon ist Escitalopram, von dem so ziemlich die gesamte Wirkung ausgeht. Ob man Citalopram oder Escitalopram einnimmt, macht daher kaum einen Unterschied. Letzteres soll, wie man mittlerweile weiß, etwas besser wirken, wenn man es isoliert einnimmt.

Escitalopram erhöht die Serotoninkonzentration, indem es verhindert, dass das Serotonin, das in den synaptischen Spalt abgegeben wurde, wieder zurück in die Nervenzellen transportiert wird.

Es kann bei Depressionen helfen, vor allem dann, wenn eine Beteiligung des serotonergen Systems eine Rolle spielt.

Die Wirkung von Citalopram tritt in der Regel erst nach zwei bis vier Wochen ein. Erste leichte Verbesserungen können aber bereits in der ersten Woche auftreten. Auch wegen des Placeboeffektes, der die Wirkung unterstützt. Da die antriebssteigernde Wirkung aber oft schneller einsetzt als die stimmungsaufhellende, ist in dieser Zeit das Suizidrisiko erhöht, besonders bei Menschen unter 25 Jahren. In anderen Worten: Man hat suizidale Gedanken und dank des Arzneimittels plötzlich mehr Energie, um sie in die Tat umzusetzen, bevor es zu einer Linderung der Depressionen kommt.

Deshalb wird empfohlen, das Antidepressivum langsam einzuschleichen. Auf diese Weise wird das Risiko möglicher Nebenwirkungen wie Übelkeit, Schwindel oder Schlafstörungen zu Beginn der Behandlung reduziert. Falls diese Nebenwirkungen auftreten, ist es wichtig zu wissen, dass sie mit Fortschreiten der Therapie in der Regel wieder verschwinden.

Noch wichtiger ist aber das schrittweise Ausschleichen, falls es wieder abgesetzt werden muss: Das abrupte Absetzen kann zu Unruhe, Reizbarkeit, Schlafproblemen, Schwindel oder elektrischen Missempfindungen im Kopf führen. Damit sind kurze, blitzartige Zuckungen oder Stromstöße gemeint, die viele als äußerst unangenehm empfinden.

Hier hat die direkte Einnahme von Escitalopram einen entscheidenden Vorteil: Es ist, im Gegensatz zu Citalopram, auch in Tropfenform verfügbar. Das erleichtert das Aus- und Einschleichen ungemein, da man es wesentlich genauer dosieren kann und so das Auftreten der Absetzsymptome entscheidend reduzieren kann. Deshalb empfiehlt es sich, vor allem zum Absetzen immer die Escitalopram-Tropfen zu verwenden, egal ob man vorher Citalopram oder Escitalopram alleine eingenommen hat.

Die Einnahme der Wirkstoffe kann zu Mundtrockenheit, Übelkeit, Schlafstörungen und Schwitzen führen. Auch sexuelle Funktionsstörungen wie verminderte Libido oder Ejakulationsprobleme sind möglich. Sie bestehen möglicherweise sogar noch nach dem Absetzen des Arzneimittels fort.

Eine wichtige Nebenwirkung ist, dass Citalopram die QT-Zeit verlängern kann, was das Risiko für Herzrhythmusstörungen erhöht. Also Vorsicht bei der Kombination mit anderen QT-Zeit-verlängernden Arzneimitteln.

Citalopram wird hauptsächlich von den Enzymen CYP2C19, CYP3A4 und CYP2D6 abgebaut, weshalb man auf Arzneimittel achten sollte, die diese Enzyme hemmen oder induzieren.

Ein häufiger Hemmer ist Omeprazol (CYP2C19), das gegen Sodbrennen eingesetzt werden kann, und ein typischer Induktor ist Johanniskraut (CYP3A4), das ebenfalls bei Depressionen zum Einsatz kommt.

Außerdem kann Citalopram, wie erwähnt, das Risiko für Blutungen erhöhen, vor allem in Kombination mit NSAR. In Verbindung mit anderen Substanzen, die den Serotoninspiegel erhöhen, steigt zudem das Risiko für ein Serotoninsyndrom.

49

Bei welchen Krankheiten Dopamin eine Rolle spielt

Ein weiterer Neurotransmitter ist Dopamin, das vielen als »Glückshormon« ein Begriff sein dürfte, auch wenn es das eigentlich gar nicht ist. Dopamin löst nämlich nicht direkt Glück aus, sondern steigert vielmehr die Erwartung und Motivation auf eine Belohnung. Mit anderen Worten: Man empfindet etwas als lohnend und möchte es deshalb wiederholen. Genau das erklärt, warum Dopamin eine wichtige Rolle bei Suchterkrankungen spielt.

Im Körper übt Dopamin viele verschiedene Funktionen aus. Das liegt daran, dass es nicht nur ein Neurotransmitter, sondern auch ein körpereigenes Katecholamin ist – wie Noradrenalin und Adrenalin – und sogar deren Ausgangsstoff sein kann.

Dopamin kann an fünf verschiedenen Dopaminrezeptoren (D1 bis D5) binden und diese aktivieren. Sowohl im ZNS als auch außerhalb. Je nach Ort und Rezeptor kann es dann ganz unterschiedliche Effekte hervorrufen. Im Brechzentrum des Hirnstamms kann es zum Beispiel Übelkeit und Erbrechen auslösen.

Zu viel Dopamin kann, ebenso wie ein Mangel, negative Auswirkungen haben. Zu wenig Dopamin liegt zum Beispiel bei der Parkinson-Krankheit vor – einer Erkrankung, bei der es zum fortschreitenden Verlust von Nervenzellen kommt, die für die Bildung und Freisetzung von Dopamin verantwortlich sind. Durch den Dopaminmangel im Gehirn kommt es zu den typischen Bewegungsstörungen: Zittern, Muskelsteifheit und verlangsamte Bewegungen.

Bei der Schizophrenie hingegen ist das Dopamin-Gleichgewicht im Gehirn gestört: In manchen Bereichen kommt es zu einem Überschuss, was mit Halluzinationen und Wahnvorstellungen in Verbindung gebracht wird. In anderen Bereichen ist die Dopaminaktivität verringert, was sich durch Rückzug oder Antriebslosigkeit bemerkbar machen kann. Mit Arzneimitteln versucht man, diese Balance wiederherzustellen.

Im Hypothalamus, einem Bereich im Zwischenhirn, der viele Körperfunktionen steuert, hemmt Dopamin die Freisetzung von Prolaktin. Bei einem Mangel an Dopamin steigt der Prolaktinspiegel, was in manchen Fällen zu Zyklusstörungen, Milchfluss oder Fruchtbarkeitsproblemen führt.

Auch regelmäßige körperliche Aktivität, vor allem aber Ausdauersport, kann den Dopaminspiegel erhöhen. Ebenso wirken ausreichend Schlaf und eine ausgewogene Ernährung, die reich an Tyrosin, dem Ausgangsstoff für Dopamin, ist, unterstützend.

50

Wie MCP und Domperidon gegen Übelkeit helfen

Ein Arzneimittel, das bei bestimmten Arten von Übelkeit helfen kann, ist Metoclopramid, besser bekannt als MCP. Allerdings wirkt es nicht bei jeder Art von Übelkeit gleich gut. MCP hilft besonders dann gegen Übelkeit, wenn diese durch Dopamin ausgelöst worden ist. Das ist etwa bei Migräne oder bei bestimmten Arzneimitteln der Fall. Für die Reiseübelkeit ist hingegen das Antihistaminikum Dimenhydrinat die richtige Wahl – siehe Kapitel 82.

Die Wirkung von MCP kommt vor allem durch die Blockade der D2-Rezeptoren in der Area postrema zustande, einem Teil des Hirnstamms, der zwar zum ZNS gehört, aber außerhalb der Blut-Hirn-Schranke liegt.

MCP hat aber noch einen weiteren wichtigen Effekt: Es kann die Magenentleerung sowie die Dünndarmpassage beschleunigen. Es wirkt also auch, wenn einem aufgrund eines Völlegefühls übel ist. Das macht es, indem es 5-HT4-Rezeptoren im Darm aktiviert, was wiederum die Freisetzung von Acetylcholin anregt, einem Botenstoff, der die Bewegungen des Magen-Darm-Trakts fördert.

Die Wirkung von MCP kann bei Parkinson-Patienten zum Problem werden. Zur Behandlung ihrer Erkrankung wird unter anderem L-Dopa eingesetzt. Dabei handelt es sich um eine Vorstufe von Dopamin, die im Gehirn zu Dopamin umgewandelt wird. Das so entstehende Dopamin bessert die Symptome, kann jedoch auch Übelkeit und Erbrechen auslösen.

Ein Parkinson-Patient, der vor Jahren bei mir in der Apotheke war, bekam wegen der durch L-Dopa verursachten Übelkeit MCP verordnet. Das MCP verdrängte das Dopamin von den Rezeptoren, wodurch die Übelkeit besser, aber die Parkinson-Symptome natürlich wieder schlechter wurden. Daraufhin sollte der Patient wieder die Dosis des L-Dopas erhöhen. Die Parkinson-Symptome besserten sich im gleichen Ausmaß, wie die Übelkeit wieder zunahm. Die Lösung war der Wechsel auf Domperidon, eine Substanz, die wie MCP wirkt, die Blut-Hirn-Schranke jedoch kaum überwindet. Das heißt, es lindert die Übelkeit, ohne die Wirkung von L-Dopa im Gehirn zu reduzieren.

Aus demselben Grund verursacht Domperidon im Vergleich zu MCP auch seltener extrapyramidale Symptome, also Bewegungsstörungen wie Zittern, Muskelsteifheit oder unwillkürliche Zuckungen, die durch eine Blockade der D2-Dopaminrezeptoren in Teilen des Gehirns entstehen können.

Domperidon hat aber auch Nachteile. Es kann Kopfschmerzen, Schwindel, Verwirrtheit, Krämpfe, Durchfall, allergische Reaktionen sowie hormonelle Veränderungen wie Brustvergrößerung bei Männern (Gynäkomastie) und Milchfluss aus der Brust (Galaktorrhoe) verursachen. Es wird daher in der Regel vor allem dann verwendet, wenn die Anwendung von MCP ausgeschlossen ist.

Auch Domperidon kann die QT-Zeit verlängern und potenziell gefährliche Herzrhythmusstörungen auslösen, vor allem in Kombination mit weiteren die QT-Zeit verlängernden Arzneimitteln.

51

Was Adrenalin und Noradrenalin mit Kampf oder Flucht zu tun haben

Bestimmt hast du schon mal von der »fight-or-flight«-Reaktion gehört? Oder wie man auf Deutsch sagt: die »Kampf-oder-Flucht«-Reaktion? Verantwortlich für diesen Reflex sind die beiden Neurotransmitter Adrenalin und Noradrenalin. Sie werden hauptsächlich im Nebennierenmark sowie im zentralen Nervensystem gebildet.

In gefährlichen Situationen bereiten sie den Körper darauf vor, schnell reagieren zu können. Alles, was in diesem Moment nicht dringend gebraucht wird, wird heruntergefahren – etwa die Verdauung, das Wachstum oder Immunreaktionen. Gleichzeitig werden überlebenswichtige Funktionen hochgefahren: Die Herzfrequenz steigt, die Atemwege erweitern sich, die Muskeln werden besser durchblutet, und die Freisetzung von Energiereserven wird angekurbelt.

Adrenalin wirkt dabei vor allem über die Aktivierung von Alpha- und Beta-Rezeptoren des sympathischen Nervensystems. Noradrenalin wirkt ebenfalls an diesen Rezeptoren, aktiviert jedoch bevorzugt die Alpha-Rezeptoren. Dadurch verengt es die Blutgefäße stärker, was den Blutdruck ansteigen lässt. Außerdem stimuliert Noradrenalin die Beta-1-Rezeptoren am Herzen, was die Kontraktionskraft erhöht. Das Herz schlägt kräftiger und pumpt mehr Blut in den Kreislauf.

52

Warum man besser auf Erkältungsmittel mit Pseudoephedrin verzichtet

Eine Substanz, die dafür sorgt, dass Noradrenalin freigesetzt wird, ist Pseudoephedrin. Da es nicht direkt wirkt, wird es als indirektes Sympathomimetikum bezeichnet. Es ist vor allem in Erkältungspräparaten erhalten, die die Nasenschleimhaut abschwellen sollen, damit man wieder Luft bekommt.

Das freigesetzte Noradrenalin bindet dazu direkt an die Alpha-Rezeptoren der Nasenschleimhaut und verengt die Blutgefäße. Es kommt zu einer Abschwellung der Schleimhaut. Gleichzeitig wird aber auch weniger Sekret produziert. Es kann also nicht nur die verstopfte, sondern auch die laufende Nase lindern.

Nicht zu verachten ist der aufputschende Effekt des Pseudoephedrins, das für viele der Grund ist, ein derartiges Kombipräparat überhaupt zu kaufen – da sie funktionieren müssen und sich keine Zeit nehmen können, um sich auszukurieren. Hilfreich ist der Effekt natürlich nicht, wenn man schlafen will.

Eine Kombination des Antiallergikums Cetirizin (siehe Kapitel 38) mit Pseudoephedrin soll ebenfalls bei einer verstopften Nase helfen. Allerdings bei einer, die durch eine Allergie bedingt ist, wobei der aufputschende Effekt hier natürlich auch gern mitgenommen wird, da Cetirizin viele Anwender müde macht.

Im Gegensatz zu einem Nasenspray schadet Pseudoephedrin nicht der Nasenschleimhaut. Zusätzlich sorgt es noch dafür, dass die Schleimhäute der Nasennebenhöhlen abschwellen. Der Nachteil ist allerdings, dass Pseudoephedrin die Gefäße der Nasenschleimhaut nur deshalb verengt, weil es eben alle Gefäße im Körper verengt, was einen erhöhten Blutdruck zur Folge haben kann.

Nutzt man Pseudoephedrin, sollte man unbedingt auf ein abschwellendes Nasenspray verzichten, da die doppelte gefäßverengende Wirkung den Blutdruck gefährlich stark ansteigen lassen kann. Am besten verzichtet man aber komplett auf Kombipräparate, da man mit ihnen oft Wirkstoffe für Symptome einnimmt, die man gar nicht hat, was den Körper nur unnötig belastet.

Ein weiteres, größeres Problem mit Pseudoephedrin sind zwei neurologische Krankheiten, die mit der Einnahme in Verbindung stehen: das posteriore reversible Enzephalopathie-Syndrom (PRES) sowie das reversible zerebrale Vasokonstriktionssyndrom (RCVS).

Bei PRES handelt es sich um eine plötzlich auftretende Erkrankung des Gehirns, bei der es zu Kopfschmerzen, Sehstörungen, Krampfanfällen und Verwirrtheit kommt. RCVS ist eine ebenso akut einsetzende Störung, bei der sich die Blutgefäße im Gehirn vorübergehend verengen und die starke Kopfschmerzen, Übelkeit, Krampfanfälle oder Sehstörungen auslösen kann. Die Europäische Arzneimittelagentur (EMA) empfiehlt daher, pseudoephedrinhaltige Arzneimittel bei Symptomen eines PRES oder RCVS sofort abzusetzen.

Pseudoephedrin wird zudem für die Herstellung von Methamphetamin, auch als Crystal Meth bekannt, verwendet. Um den Missbrauch zu erschweren, dürfen in Deutschland nur Packungen mit weniger als 720 Milligramm des Wirkstoffs ohne Rezept abgegeben werden. Verschreibungspflichtige gibt es ohnehin nicht.

In Frankreich bekommt man Pseudoephedrin wegen des Missbrauchspotenzials und des Risikos für PRES und RCVS seit Dezember 2024 grundsätzlich nur noch auf Rezept.

53

Warum auch Kombipräparate mit Phenylephrin nicht besser wirken als ein Placebo

Neben Pseudoephedrin gibt es mit Phenylephrin eine weitere Substanz, die in Kombipräparaten eingesetzt wird, um die Nasenschleimhaut abschwellen zu lassen. Im Gegensatz zu Pseudoephedrin wirkt Phenylephrin direkt. Durch die Aktivierung der Alpha-1-Rezeptoren verengen sich die Blutgefäße – allerdings im ganzen Körper.

Nach der Einnahme des Kombipräparates gelangt Phenylephrin über den Dünndarm nach der ersten Leberpassage ins Blut. Bis vor einer Weile ging man noch davon aus, dass die Bioverfügbarkeit bei 38 Prozent liegt. Allerdings bezieht sich diese Zahl auch auf inaktive Abbauprodukte. Neuere Studien aus den USA legen nahe, dass tatsächlich nur etwa ein Prozent des Phenylephrins im Blut ankommt.

In anderen Worten: Die Beschwerden einer verstopften Nase werden nach der Einnahme von Phenylephrin oft nicht besser gelindert als mit einem Placebo.

Obwohl es also kaum bis gar nicht wirken kann, nennen die Fachinformationen mögliche Nebenwirkungen wie Zittern, Kopfschmerzen, innere Unruhe, Herzklopfen oder einen Anstieg des Blutdrucks.

Wie bei Pseudoephedrin wird auch bei der Anwendung von Phenylephrin dazu geraten, dass man nicht zusätzlich noch ein abschwellendes Nasenspray verwendet.

54

Wann bei Nasensprays eine schwierig loszuwerdende Abhängigkeit droht

Nasensprays wirken im Gegensatz zu den Wirkstoffen aus Kombipräparaten direkt in der Nase. Eingesetzt werden Xylometazolin, Oxymetazolin, Naphazolin und Tramazolin. Sie alle aktivieren die Alpha-1-Rezeptoren, was die Nasenschleimhaut abschwellen lässt. Da die Gefäßverengung nur in der Nasenschleimhaut und nicht im ganzen Körper stattfindet, eine normale Dosierung vorausgesetzt, bringen Nasensprays in der Regel auch keine Erhöhung des Blutdrucks mit sich, wodurch sie zu bevorzugen sind.

Die Wirkung der vier Wirkstoffe tritt relativ schnell ein. Meist innerhalb weniger Minuten. Xylometazolin und Oxymetazolin, die am häufigsten verkauft werden, wirken mit bis zu zwölf Stunden am längsten. Anwenden sollte man ein Nasenspray in einer altersgerechten Dosierung und nicht öfter als dreimal am Tag.

Für Säuglinge sind nur Xylometazolin und Oxymetazolin verfügbar. Bei ihnen muss besonders aufgepasst werden, dass man nicht überdosiert. Selbst geringe Mengen des Wirkstoffs können relativ schnell in den Blutkreislauf gelangen und das Risiko für gefährliche Nebenwirkungen wie Atemstillstand, Krampfanfälle oder eine starke Sedierung erhöhen.

Abschwellende Nasensprays sollten nicht länger als etwa eine Woche angewendet werden, da es sonst zu einem Rebound-Effekt kommt. Das heißt, eine verstärkte Schwellung der Nasenschleimhaut tritt ein, sobald die Wirkung des Nasensprays nachlässt, und führt unweigerlich zur weiteren Anwendung des Nasensprays – sodass aus einer Woche schnell mal zwanzig Jahre werden.

Bei einer zu langen Anwendung kann es jedoch zu einer Rhinitis medicamentosa kommen, einer durch den Wirkstoff selbst ausgelösten chronischen Entzündung und Schwellung der Nasenschleimhaut. Sie kann austrocknen und verkrusten. Auch eine Atrophie der Nasenschleimhaut ist möglich, bei der das Gewebe dauerhaft geschädigt wird, weshalb es seine Funktionen nicht mehr vollständig ausüben kann.

Ein abschwellendes Nasenspray mal ein paar Tage länger anzuwenden ist in der Regel kein Problem, allerdings muss man sich dann meistens von dem Wirkstoff entwöhnen. Das kann man durch den schrittweisen Entzug machen, bei dem das Nasenspray zunächst nur noch in einem Nasenloch angewendet wird. Im anderen reduziert man die Dosis sukzessive, indem man erst auf das Kindernasenspray, dann, falls nötig, auf die Säuglingsnasentropfen umsteigt, die jeweils immer nur noch die halbe Dosis enthalten. Danach entwöhnt man das zweite Nasenloch auf dieselbe Weise.

Natürlich ist auch der kalte Entzug eine Option. Man verzichtet auf das Nasenspray und wartet einfach, bis die Nase von selbst wieder frei ist. Eine weitere Möglichkeit ist, auf ein Nasenspray mit Mometason umzusteigen, das antientzündlich und abschwellend wirkt. Mehr dazu in Kapitel 44.

Wie lange der Entzug dauert, ist von Person zu Person unterschiedlich und kann auch davon abhängen, wie lange und wie häufig zuvor das Nasenspray verwendet wurde. Zur Unterstützung eines Entzugs kann man immer ein hypertonisches Meerwasserspray verwenden, das mehr als 0,9 Prozent Natriumchlorid enthält und aufgrund osmotischer Effekte einen leicht abschwellenden Effekt hat.

Für alle abschwellenden Nasensprays und Nasentropfen, vor allem für Säuglinge, gilt: immer die konservierungsmittelfreie Variante wählen! Das häufig eingesetzte Konservierungsmittel Benzalkoniumchlorid kann die Nasenschleimhaut zusätzlich reizen und ihr bei längerer Anwendung dauerhaft schaden. Es wird verwendet, weil es Keime abtötet und dadurch die Haltbarkeit des Nasensprays verlängert.

Allerdings beeinträchtigt Benzalkoniumchlorid in der Nase auch die Bewegung der Flimmerhärchen, die für die Selbstreinigung der Nasenschleimhaut nötig sind. Zum Teil so stark, dass sie vollständig zum Erliegen kommt. Da auch Applikationssysteme verfügbar sind, die keine Keime ins Innere der Flasche lassen, kann man durch sie auf Benzalkoniumchlorid verzichten. Nach Anbruch ist die Anwendung, mit oder ohne Konservierungsmittel, in der Regel sechs Monate lang möglich.

55

Wie man sich gegen Adrenalin und Noradrenalin wehrt – Betablocker

Um der blutdruckerhöhenden Wirkung von Adrenalin und Noradrenalin entgegenzuwirken, werden Betablocker eingesetzt. Sie blockieren, wie der Name schon verrät, die Betarezeptoren und damit auch die Wirkung der beiden Botenstoffe. Die Folge? Sie können den Blutdruck weniger stark erhöhen. Er sinkt.

Es gibt Betablocker, die nur am Herzen Beta-1-Rezeptoren blockieren, wie Metoprolol und Bisoprolol, und welche, die auch auf die Beta-2-Rezeptoren der Bronchien wirken, wie Propranolol und Carvedilol.

Letztere können bei Patienten mit Asthma oder COPD problematisch werden, da sie zu einer Verengung der Atemwege führen. Bei ihnen sollte daher auf die Wahl eines Betablockers geachtet werden, der nur am Herzen wirkt.

Betablocker sollten niemals abrupt abgesetzt werden. Man muss sie langsam ausschleichen. Das heißt, die Dosis muss entweder schrittweise verringert oder die Intervalle zwischen den Einnahmen verlängert werden.

Während der Behandlung mit einem Betablocker passt sich der Körper an, indem er die Anzahl der Betarezeptoren erhöht. Er möchte schließlich die Wirkung von Adrenalin und Noradrenalin aufrechterhalten. Würde man einen Betablocker nun plötzlich absetzen, wären übermäßig viele Betarezeptoren verfügbar – es käme zum Rebound-Effekt; Adrenalin und Noradrenalin könnten viel stärker wirken, was bei manchen Menschen einen starken Anstieg des Blutdrucks verursachen würde. Auch Herzrhythmusstörungen oder sogar ein Herzinfarkt sind möglich. Das erste sichtliche Zeichen sind zitternde Hände.

Die Wahl des richtigen Betablockers ist vor allem für Diabetiker wichtig. Bei einer Unterzuckerung schüttet der Körper Adrenalin und Noradrenalin aus. Über die Aktivierung von Beta-2-Rezeptoren in der Leber helfen sie, den Blutzuckerspiegel zu erhöhen, indem sie gespeicherte Glucose freisetzen und zusätzlich neue bilden. Ein Betablocker, der auch Beta-2-Rezeptoren blockiert, würde die Unterzuckerung verlängern.

Allerdings reagiert der Körper bei einer Unterzuckerung mit Symptomen wie Herzklopfen, Zittern und Unruhe, und zwar über die Aktivierung der Beta-1-Rezeptoren am Herzen. Werden diese also blockiert, bleiben nur noch Hunger und Schwitzen als Warnsignale.

Bevor es gleich mit Salbutamol weitergeht, das Beta-2-Rezeptoren in den Bronchien aktivieren kann, gehen wir noch auf die wichtigsten Blutdrucksenker und Cholesterinsenker ein.

56

Warum ein Blutdrucksenker wie Ramipril Husten auslöst und wie das Problem zu lösen ist

Ein weiterer relativ häufig eingesetzter Blutdrucksenker ist Ramipril, ein sogenannter ACE-Hemmer.

Durch die Hemmung von ACE wird weniger von einer Substanz gebildet, die normalerweise die Blutgefäße verengt. Der Blutdruck sinkt.

Außerdem wird mehr Wasser ausgeschieden, was den Blutdruck zusätzlich senkt und zudem das Herz entlastet. Gleichzeitig wird aber mehr Kalium im Körper zurückgehalten, was zu einem Problem werden kann: Zu viel Kalium im Körper kann nämlich die elektrische Erregbarkeit des Herzens stören, was im schlimmsten Fall zu Herzrhythmusstörungen bis hin zum Herzstillstand führt.

Kommt es zu Muskelschwäche, Missempfindungen oder sogar zu Lähmungen, kann das ebenfalls an einem zu hohen Kaliumspiegel liegen.

Nebenwirkungen wie Kopfschmerzen, Schwindel und Müdigkeit kommen hingegen relativ häufig vor und sind normal.

Ein Grund, warum ACE-Hemmer wie Ramipril aber oft abgesetzt werden müssen, ist, dass sie auch den Abbau eines gefäßerweiternden Gewebshormons hemmen. Das trägt zwar zur blutdrucksenkenden Wirkung bei, allerdings kann die erhöhte Konzentration auch zu einem trockenen Husten führen, der bei 5 bis 20 Prozent der Patienten auftritt. Je höher die Dosis, desto höher das Risiko.

In diesem Fall weicht man häufig auf ein Sartan wie Candesartan aus, das eine vergleichbare Wirkung wie ACE-Hemmer aufweist, aber weniger des gefäßerweiternden Gewebshormons bildet, sodass ein trockener Husten eher selten auftritt.

Es erhöht allerdings ebenfalls den Kaliumspiegel, was beachtet werden sollte.

57

Warum man bei der Einnahme von HCT ständig Wasser lassen und die Sonne meiden muss

Ein anderer ebenfalls oft eingesetzter Blutdrucksenker und das am häufigsten verwendete Diuretikum ist Hydrochlorothiazid, kurz HCT oder umgangssprachlich als »meine Wassertabletten« bezeichnet.

Diuretika wie HCT sorgen dafür, dass mehr Wasser ausgeschieden wird. Weniger Wasser heißt weniger Druck auf die Gefäße. Der Blutdruck sinkt. Der Nachteil: Man rennt ständig auf Toilette.

HCT senkt aber nicht nur den Blutdruck, es kann auch gegen »Wasser in den Beinen« oder sonstige Flüssigkeitsansammlungen im Gewebe, Ödeme genannt, eingesetzt werden.

Zusätzlich kommt es zu einer vermehrten Ausscheidung von Kalium, Magnesium und Hydrogencarbonat, während Calcium vermehrt im Körper zurückgehalten wird. Die Verschiebung des Gleichgewichts dieser Ionen kann Beschwerden wie Müdigkeit, Appetitlosigkeit, Verstopfung oder Herzrhythmusstörungen auslösen und in schweren Fällen auch zu Nierensteinen oder einer eingeschränkten Nierenfunktion führen.

Problematisch bei der HCT-Einnahme ist, dass die Haut empfindlicher gegenüber Sonnenlicht wird. Das Risiko, an bestimmten Formen von Hautkrebs zu erkranken, steigt. Je länger und je höher HCT dosiert wird, desto größer ist das Erkrankungsrisiko. Vor allem dann, wenn es über einen langen Zeitraum hinweg eingenommen wird.

Wer also HCT einnimmt, sollte sich immer konsequent vor Sonnenstrahlen schützen – mit Kleidung sowie Sonnenschutz mit hohem LSF. Auch sollte ein Hautarzt die Haut regelmäßig auf auffällige Veränderungen untersuchen.

Da es unter der Einnahme von HCT auch zu einem Anstieg des Blutzuckers, der Harnsäure und der Blutfette kommen kann, sind häufige Blutkontrollen notwendig.

58

Wie Amlodipin das Herz entlastet

Zum Abschluss der blutdrucksenkenden Arzneimittel schauen wir uns noch Amlodipin an. Einen Calciumkanalblocker. Amlodipin hemmt den Einstrom von Calciumionen in die Muskelzellen der Gefäße und des Herzens. Dadurch erweitern sich die Gefäße und der Blutdruck sinkt. Da dem Herzen nun weniger Widerstand entgegengesetzt wird, muss es nicht mehr so stark pumpen. Es benötigt weniger Sauerstoff, um seine Arbeit zu verrichten.

Aus diesem Grund wird Amlodipin auch zur Vorbeugung von Angina-pectoris-Anfällen eingesetzt – einem plötzlich auftretenden Engegefühl in der Brust, das durch eine unzureichende Sauerstoffversorgung des Herzens verursacht wird.

Zu Beginn der Einnahme treten häufig Schwindel, Kopfschmerzen und Müdigkeit auf, die sich mit der Zeit meist wieder legen. Ebenfalls häufig sind Magen-Darm-Beschwerden wie Übelkeit oder

Bauchschmerzen, die sich oft ebenfalls bessern. Ödeme treten dagegen vor allem in den Beinen und Knöcheln auf und bleiben in der Regel bestehen, solange Amlodipin eingenommen wird.

Da Amlodipin über CYP3A4 abgebaut wird, muss die gleichzeitige Einnahme mit Induktoren wie Johanniskraut und Hemmern wie Grapefruitsaft beachtet werden. Muss Amlodipin zusammen mit Simvastatin eingenommen werden, darf die Simvastatin-Dosis 20 Milligramm am Tag nicht überschreiten, da Amlodipin dessen Wirkung verstärken und im schlimmsten Fall zu einer Rhabdomyolyse führen kann.

59

Wie Simvastatin und Atorvastatin das »schlechte« Cholesterin reduzieren

Schon mal vom »guten« und vom »schlechten« Cholesterin gehört?

Das schlechte Cholesterin LDL kann zu Ablagerungen in den Blutgefäßen führen, was als Risikofaktor für Gefäßerkrankungen wie Herzinfarkt und Schlaganfall gilt. Das gute Cholesterin HDL hilft, das Risiko zu reduzieren.

Reicht das gute Cholesterin nicht aus, versuchen viele, ihre Ernährung anzupassen, was allein jedoch meist nur einen begrenzten Einfluss hat. Für einen zu hohen Cholesterinspiegel ist vor allem das Cholesterin verantwortlich, das der Körper selbst bildet. Durch die Einnahme von Statinen wie Simvastatin oder Atorvastatin wird die Herstellung reduziert. Da diese meistens nachts stattfindet, ist es wichtig, dass Simvastatin abends eingenommen wird. Atorvastatin, das bei gleicher Dosierung etwa zwei- bis dreimal so stark wirkt wie Simvastatin, kann hingegen auch morgens eingenommen werden, da es länger wirkt.

Abgebaut werden beide Wirkstoffe hauptsächlich durch das Enzym CYP3A4 in der Darmwand und in der Leber. Simvastatin fast vollständig, Atorvastatin zum größten Teil.

CYP3A4-Hemmer und -Induktoren haben daher einen großen Einfluss auf die Wirkung der Statine. Vor allem aber auf Simvastatin, da von ihm ohnehin nur rund fünf Prozent im Blut ankommen.

Wird etwa Grapefruit konsumiert, kann die Simvastatinmenge im Blut bis auf das Siebenfache ansteigen. Aber Vorsicht: Das gehemmte CYP-Enzym fällt dauerhaft aus. Es muss zum Ausgleich erst wieder ein Neues hergestellt werden. Das heißt, ein Glas Grapefruitsaft kann den Abbau von Simvastatin für mehrere Tage reduzieren und somit seine Wirkung verstärken.

Eine erhöhte Statin-Konzentration kann das Risiko von Nebenwirkungen wie Muskelschmerzen verstärken, die durch eine verringerte körpereigene Bildung von Coenzym Q10 verursacht werden könnten. Die Einnahme von Coenzym-Q10-Präparaten ist daher zwar naheliegend, allerdings ist deren Wirksamkeit zur Linderung nicht eindeutig belegt.

In seltenen Fällen kann eine erhöhte Statin-Konzentration auch das Risiko einer Rhabdomyolyse erhöhen. Dabei kommt es zum Zerfall von Muskelfasern, wodurch die Nieren geschädigt werden können, was zu akutem Nierenversagen und im schlimmsten Fall sogar zum Tod führen kann.

Weitere Nebenwirkungen, die relativ häufig unter diesen Statinen auftreten können, sind Kopfschmerzen, Übelkeit und Verdauungsstörungen.

60

Warum Salbutamol für mehr Platz in den Bronchien sorgt

So, wir sind nach dem kurzen, aber wichtigen Ausflug wieder zurück bei den Betarezeptoren und machen nun mit Salbutamol weiter. Wie Adrenalin und Noradrenalin aktiviert es den Beta-2-Rezeptor und führt dadurch zur Entspannung der glatten Muskulatur. Dadurch erweitern sich die Bronchien und es kann mehr Luft hindurchströmen, was das Atmen erleichtert. Zusätzlich wird der Bronchospasmus, also das krampfhafte Zusammenziehen der Atemwege, gelindert.

Verengte Bronchien und Bronchospasmen treten vor allem bei Asthma bronchiale und bei COPD auf.

Bei Asthma bronchiale handelt es sich um eine chronische Entzündung der Atemwege, die durch eine Überempfindlichkeit des Bronchialsystems und einer anfallsweise auftretenden Atemnot gekennzeichnet ist. Sie kann allergisch oder nicht allergisch bedingt oder eine Mischform von beiden sein.

COPD, kurz für chronic obstructive pulmonary disease, ist eine fortschreitende Erkrankung der Bronchien und der Lunge, für die es noch keine Heilung gibt. Diese Krankheit entwickelt sich meist über viele Jahre hinweg und wird meistens durch Rauchen verursacht. Sie gilt als die vierthäufigste Todesursache weltweit, Tendenz steigend.

Beide Erkrankungen profitieren von einer Erweiterung der Bronchien durch Salbutamol. Auch weil das Mittel zusätzlich die Funktion der Flimmerhärchen in den Atemwegen anregt, wodurch Schleim und Fremdstoffe besser aus den Atemwegen abtransportiert werden können.

Salbutamol wird aber vor allem akut eingesetzt. Weitere Arzneimittel wie langwirksame Beta-2-Sympathomimetika und entzündungshemmende Glucocorticoide kommen eher bei der Dauertherapie zur Anwendung.

Salbutamol wird meist inhaliert, kann aber auch in Form von Tropfen eingenommen werden, hauptsächlich von Säuglingen und Kindern. Während die Wirkung beim Inhalieren bereits nach fünf bis fünfzehn Minuten eintritt, brauchen die Tropfen etwa dreißig Minuten, da Salbutamol erst über den Magen-Darm-Trakt aufgenommen werden muss.

61

Wie Johanniskraut zu einer ungewollten Schwangerschaft führen kann

Nachdem wir also Serotonin, Dopamin, Adrenalin und Noradrenalin sowie Arzneimittel besprochen haben, die jeweils auf einen dieser Neurotransmitter Einfluss nehmen, sind wir fürs Erste wieder bei den Antidepressiva gelandet. Warum? Weil sie nicht nur auf einen dieser Botenstoffe wirken, sondern gleich auf mehrere.

Den Anfang macht Johanniskraut, das bei leichten bis mittelschweren Depressionen Anwendung findet. Verantwortlich dafür ist das in den Triebspitzen und Blüten enthaltene Hyperforin. Wie man heute weiß, geht die Hauptwirkung gegen Depressionen von dieser Substanz aus und nicht, wie man früher glaubte, vom Hypericin.

Hyperforin hemmt die Wiederaufnahme von Serotonin, Noradrenalin und Dopamin im synaptischen Spalt, was stimmungsaufhellend wirken kann. Aber Hyperforin wirkt nicht allein, sonst könnte man es isoliert verwenden. Auch weitere Substanzen aus dem Johanniskraut, wie Flavonoide, ätherische Öle und Gerbstoffe, tragen zur Gesamtwirkung bei.

Um diese Wirkstoffe aus der Pflanze zu lösen und sie konzentriert einsetzen zu können, benötigt man ein geeignetes Lösungsmittel. Die richtige Wahl ist entscheidend, da die Löslichkeit der Substanzen vom Lösungsmittel abhängig ist. Wechselt man die Präparate zwischendurch und wurden bei den Produkten unterschiedliche Lösungsmittel eingesetzt, kann sich die Wirkung unterscheiden, was bedacht werden sollte, wenn man lieber für drei Euro ein Johanniskrautpräparat aus dem Drogeriemarkt kauft statt ein wesentlich teureres Arzneimittel aus der Apotheke.

Bis die antidepressive Wirkung von Johanniskraut eintritt, dauert es meist zwei bis vier Wochen.

Zu den möglichen Nebenwirkungen gehören Verdauungsstörungen und allergische Reaktionen. Johanniskraut erhöht zudem die Lichtempfindlichkeit der Haut. Allerdings betrifft das vor allem sehr hellhäutige Typen und Menschen, die sehr hohe Dosen einnehmen.

Ein viel größeres Problem ist in der Regel, dass das enthaltene Hyperforin die Wirksamkeit anderer Arzneimittel beeinflusst. So kann es die Aktivität von Enzymen wie CYP3A4, CYP2C9 und CYP2C19 steigern, weshalb Arzneimittel, die über diese Enzyme verstoffwechselt werden, weniger effektiv wirken. Eines von vielen Beispielen ist ein Kombinationspräparat zur Verhütung (Kapitel 5). Durch Johanniskraut wird also das Risiko einer ungewollten Schwangerschaft erhöht.

Johanniskraut kann, vor allem in Kombination mit anderen serotonerg wirkenden Arzneimitteln, ein Serotoninsyndrom auslösen.

62

Was MAO-Hemmer mit Depressionen, reifem Käse, Sauerkraut und Rotwein zu tun haben

Die Monoaminoxidase, kurz: MAO, baut Serotonin, Dopamin, Noradrenalin, Adrenalin, aber auch Tyramin ab.

Man unterscheidet zwei verschiedene Formen: MAO-A und MAO-B. MAO-A baut vor allem Serotonin und Noradrenalin ab, MAO-B hauptsächlich Dopamin. Hemmt man also diese Enzyme, steht logischerweise mehr von diesen Neurotransmittern zur Verfügung.

Man kann beide Enzyme hemmen, und zwar getrennt, mit MAO-A- und MAO-B-Hemmern. MAO-A-Hemmer wie Moclobemid kommen bei Depressionen und sozialer Phobie zum Einsatz. MAO-B-Hemmer wie Selegilin oder Rasagilin werden dagegen vor allem bei der Parkinson-Krankheit verwendet, sie sollen den Dopaminspiegel im Gehirn erhöhen und so die Symptome der Erkrankung lindern.

Weil MAO-A-Hemmer zahlreiche Neben- und Wechselwirkungen haben, werden sie meist nur dann verordnet, wenn andere Antidepressiva nicht ausreichend wirksam sind. Es kann ein bis zwei Wochen dauern, bis sich eine antidepressive Wirkung zeigt. Manchmal auch länger.

Besondere Vorsicht ist bei Kombinationen mit anderen Arzneimitteln geboten, vor allem mit solchen, die ebenfalls den Serotonin- oder Noradrenalinspiegel beeinflussen.

Aber nicht nur Arzneimittel können zum Problem werden, auch bestimmte Lebensmittel wie reifer Käse, Sauerkraut oder Rotwein. Sie enthalten nämlich größere Mengen an Tyramin. Wird der Abbau von Tyramin durch einen MAO-Hemmer gehemmt, kann es sich im Körper anreichern. Das Problem: Tyramin fördert die Ausschüttung von Noradrenalin aus den Nervenzellen, was zu einem plötzlichen Blutdruckanstieg führen kann. Es kann zur sogenannten hypertensiven Krise kommen, mit Symptomen wie Kopfschmerzen, Übelkeit und im schlimmsten Fall lebensbedrohlichen Komplikationen wie Schlaganfall oder Herzinfarkt.

63

Weshalb das Antidepressivum Amitriptylin auch Spannungskopfschmerz lindert

Eine weitere Substanz, die bei Depressionen eingesetzt wird, ist Amitriptylin. Es gehört zu den trizyklischen Antidepressiva und hemmt die Wiederaufnahme von Serotonin und Noradrenalin. Trizyklisch bedeutet, dass das Molekül drei Ringe enthält.

Wie bei den meisten Antidepressiva tritt auch die stimmungsaufhellende Wirkung von Amitriptylin erst nach zwei bis vier Wochen ein. Trizyklische Antidepressiva haben aber eine Besonderheit. Sie wirken zusätzlich noch auf muskarinische Acetylcholinrezeptoren, Histaminrezeptoren und Alpha-Rezeptoren ein. Dadurch lässt sich die beruhigende und schlaffördernde Wirkung erklären, aber eben auch Nebenwirkungen wie Müdigkeit, Mundtrockenheit, Schwindel oder Gewichtszunahme.

Amitriptylin kann auch bei chronischen Schmerzen, zur Migräneprophylaxe und bei Spannungskopfschmerzen eingesetzt werden. Der Grund: Weil es die Wiederaufnahme von Serotonin und Noradrenalin hemmt und so die schmerzhemmenden Bahnen im Gehirn aktiviert. Ebenso kann es bei Kindern gegen nächtliches Einnässen verwendet werden, wenn andere Mittel nicht helfen. Wie genau diese Wirkung zustande kommt, ist allerdings noch unklar.

Wie alle Substanzen, die den Serotoninspiegel erhöhen, kann auch Amitriptylin ein Serotoninsyndrom auslösen. Außerdem verlängert es die QT-Zeit. Abgebaut wird es hauptsächlich über die Enzyme CYP2D6 und CYP2C19. Deshalb sollte die gleichzeitige Einnahme von Arzneimitteln vermieden werden, die diese Enzyme hemmen oder verstärken.

64

Warum Trimipramin nicht mit Kaffee oder Tee kombiniert werden darf

Auch Trimipramin gehört zu den trizyklischen Antidepressiva. Es hemmt die Wiederaufnahme von Serotonin und Noradrenalin, allerdings nur sehr schwach. Stattdessen bindet es an verschiedene Rezeptoren im Gehirn und blockiert diese. Durch die Blockade der Histaminrezeptoren wirkt es antiallergisch, macht aber auch müde.

Trimipramin wird deswegen vor allem bei depressiven Erkrankungen eingesetzt, die mit Symptomen wie Schlafstörungen, Angst und innerer Unruhe einhergehen. Im Gegensatz zu vielen Schlafmitteln hat Trimipramin keinen negativen Einfluss auf den natürlichen Schlafrhythmus. Es unterdrückt nicht den REM-Schlaf, also die Phase, in der die meisten Träume auftreten und die durch schnelle Augenbewegungen (Rapid Eye Movements) gekennzeichnet ist.

Wegen der schlaffördernden Wirkung wird Trimipramin auch außerhalb seiner Zulassung bei Schlafstörungen verwendet, die nicht durch Depressionen bedingt sind. Die sedierende Wirkung ist jedoch auch ein möglicher Grund für eine Gewichtszunahme bei längerer Anwendung.

Wie bei anderen Antidepressiva tritt auch bei Trimipramin die volle antidepressive Wirkung nicht sofort ein. Die Behandlung sollte mindestens über einen Zeitraum von vier bis sechs Wochen erfolgen.

Die Nebenwirkungen betreffen unter anderem das ZNS, den Magen-Darm-Trakt und das Herz-Kreislauf-System. Häufig sind Mundtrockenheit, Müdigkeit, Schwindel, Gewichtszunahme und eine orthostatische Hypotonie, also ein Blutdruckabfall beim plötzlichen Aufstehen. Trimipramin kann ebenfalls die QT-Zeit verlängern und zu einem Serotoninsyndrom führen.

Eine gleichzeitige Einnahme mit schwarzem oder grünem Tee, Kaffee oder bestimmten Fruchtsäften sollte vermieden werden. Diese enthalten unter anderem Gerbstoffe und andere Substanzen, die möglicherweise schwer lösliche Komplexe mit Trimipramin bilden und so dessen Aufnahme aus dem Darm verringern könnten. Ein zeitlicher Abstand von etwa 30 Minuten zwischen der Einnahme und solchen Getränken ist daher empfehlenswert, um die Wirksamkeit nicht zu beeinträchtigen.

65

Warum das Antidepressivum Mirtazapin gern als Schlafmittel verwendet wird

Mirtazapin gehört zu den sogenannten tetrazyklischen Antidepressiva. Es hat nicht nur drei, sondern gleich vier Ringe im Molekül. Das Arzneimittel blockiert Alpha-2-Rezeptoren, was dazu führt, dass mehr Noradrenalin und Serotonin ausgeschüttet werden. Zusätzlich hemmt es 5-HT2- und 5-HT3-Rezeptoren, was für weniger Angst und Magen-Darm-Beschwerden sorgen kann.

Dass es außerdem Histamin-H1-Rezeptoren blockiert, erklärt die dämpfende Wirkung: Mirtazapin macht müde, viele Patienten sogar sehr müde. Deshalb wird es auch oft als Schlafmittel verordnet, ohne dass eine Depression vorliegt, was die meisten meiner Kunden extra erwähnen, wenn sie ihr Rezept einlösen.

Im Gegensatz zu den Z-Substanzen Zolpidem oder Zopiclon (Kapitel 73) wirkt Mirtazapin aber nicht sofort, sondern muss über mehrere Tage oder Wochen eingenommen werden, bis sich der schlaffördernde Effekt zuverlässig zeigt. Mirtazapin sollte nach längerer Einnahme nicht abrupt abgesetzt werden. Nicht, weil es körperlich abhängig macht, sondern um mögliche Absetzsymptome wie Unruhe, Schlafstörungen, Angst, Reizbarkeit oder grippeähnliche Beschwerden zu vermeiden.

Eine psychische Abhängigkeit kann jedoch bei der Einnahme jedes Schlafmittels entstehen – auch bei als Schlafmittel eingesetzten Antidepressiva.

Wegen der sedierenden Wirkung wird Mirtazapin in der Regel abends eingenommen. Die Wirkung tritt oft schon nach ein bis zwei Wochen ein, spätestens nach vier Wochen sollte man aber wissen, ob es hilft. Anfangs ist, wie bei Citalopram (Kapitel 48), das Suizidrisiko erhöht.

Typische Nebenwirkungen von Mirtazapin sind Schläfrigkeit, die aber meistens gewünscht ist, Gewichtszunahme, gesteigerter Appetit und Mundtrockenheit. Die Gewichtszunahme hängt mit der appetitsteigernden Wirkung zusammen und wird vermutlich auch durch die Blockade der Histamin- und Serotoninrezeptoren begünstigt, die den Stoffwechsel beeinflussen. Außerdem können Schwindel, Kopfschmerzen, lebhafte Träume oder Verwirrtheit auftreten.

Mirtazapin wird in der Leber über verschiedene Enzyme abgebaut, darunter CYP1A2, CYP2D6 und vor allem CYP3A4. Dementsprechend kommt es zu Wechselwirkungen. Wie bei anderen Wirkstoffen, die den Serotoninspiegel erhöhen, kann auch hier ein Serotoninsyndrom auftreten. Alkohol verstärkt zudem die sedierende Wirkung. Wer Mirtazapin einnimmt, sollte daher besser darauf verzichten.

66

Warum Duloxetin nicht nur bei der Depression, sondern auch bei Schmerzen wirkt

Duloxetin ist ein weiterer Wirkstoff, der häufig bei Depressionen, aber auch bei Angststörungen eingesetzt wird. Es gehört zu den selektiven Serotonin-Noradrenalin-Wiederaufnahmehemmern (SSNRI), also zu den Wirkstoffen, die die Konzentration beider Botenstoffe erhöhen.

Bis bei Depressionen und Angststörungen die volle Wirkung eintritt, können mehrere Wochen vergehen. Auch bei Duloxetin ist in den ersten Wochen der Behandlung das Suizidrisiko erhöht.

Da Noradrenalin die Schmerzverarbeitung im zentralen Nervensystem beeinflusst, hat Duloxetin zudem eine schmerzlindernde Wirkung. Aus diesem Grund setzt man es auch bei chronischen Schmerzsyndromen wie der diabetischen Polyneuropathie ein.

Ein weiteres Einsatzgebiet von Duloxetin ist die Belastungsinkontinenz bei Frauen. Das ist eine Form der Harninkontinenz, bei der es durch körperliche Beanspruchung, etwa beim Husten, Niesen oder Heben schwerer Gegenstände, ungewollt zum Urinverlust kommt. Es erhöht den Tonus der Harnröhre, also die Muskelspannung, die für den Verschluss der Harnröhre wichtig ist.

Zu den häufigsten Nebenwirkungen gehören Übelkeit, Mundtrockenheit, Müdigkeit und Schwindel. Auch Appetitlosigkeit, Schlafstörungen, Kopfschmerzen und Magen-Darm-Beschwerden wie Durchfall oder Verstopfung können auftreten. Problematisch ist, dass Duloxetin die Libido vermindern und zu Orgasmusstörungen oder Erektionsproblemen führen kann.

Abgebaut wird Duloxetin hauptsächlich über die Enzyme CYP2 D6 und CYP1A2. Bei Rauchern wirkt es schlechter, da bestimmte Substanzen im Tabakrauch CYP1A2 aktivieren, wodurch Duloxetin schneller aus dem Körper verschwindet. Die Dosis kann angepasst werden.

Wenn Duloxetin abgesetzt wird, darf das nicht abrupt geschehen, da es sonst zu Absetzsymptomen wie Unruhe, Schwindel oder sensorischen Störungen wie Stromschlaggefühlen (»Brain Zaps«) kommen kann. Die Dosis muss daher langsam und schrittweise reduziert werden.

Und ja: Auch hier ist ein Serotoninsyndrom nicht ausgeschlossen.

67

Wie man durch das Antidepressivum Bupropion zum Nichtraucher wird

Eine Substanz, die sowohl die Noradrenalin- als auch die Dopamin-Konzentration erhöht, ist der selektive Noradrenalin-Dopamin-Wiederaufnahmehemmer (NDRI) Bupropion. Durch diesen Wirkmechanismus unterscheidet sich Bupropion von anderen Antidepressiva, die meist (auch) die Serotonin-Wiederaufnahme hemmen.

Bupropion kann nicht nur zur Behandlung von Depressionen eingesetzt werden, sondern auch zur Raucherentwöhnung. Allerdings ist das Präparat zur Raucherentwöhnung in Deutschland seit 2022 nicht mehr erhältlich. Es wurde aufgrund von krebserregenden Nitrosamin-Verunreinigungen vom Markt genommen. Die Präparate zur Behandlung von Depressionen sind nicht verunreinigt und daher weiterhin verfügbar, weswegen sie, außerhalb der Indikation, auch zur Raucherentwöhnung verwendet werden.

Vorteilhaft an Bupropion ist, dass es im Vergleich zu anderen Antidepressiva seltener zu Gewichtszunahme und sexuellen Funktionsstörungen kommt.

In den USA ist eine interessante Kombination auf dem Markt:

Bupropion wird dort mit dem Hustenstiller Dextromethorphan (Kapitel 26) kombiniert. Letzteres kann die Wiederaufnahme von Serotonin, Noradrenalin und Dopamin hemmen.

Dass Bupropion bei der Raucherentwöhnung hilft, liegt daran, dass es auch bestimmte nikotinische Acetylcholinrezeptoren im Gehirn blockiert, also die, die normalerweise von Nikotin aus Zigaretten und Co. aktiviert werden. Dadurch wird das Verlangen nach Zigaretten abgeschwächt und die Entzugssymptome werden gelindert. Da Bupropion erst nach ungefähr zwei Wochen seine volle Wirkung entfaltet, sollte man mit der Einnahme schon zwei Wochen vor dem Rauchstopp beginnen.

Off-label, also ohne offizielle Zulassung für diese Indikation, wird Bupropion auch zur Behandlung von ADHS eingesetzt.

Die Einnahme von Bupropion kann zu Schlaflosigkeit, Unruhe, Kopfschmerzen, Mundtrockenheit sowie Magen-Darm-Beschwerden wie Übelkeit oder Verstopfung führen. Um die Schlafprobleme zu reduzieren, sollte die Einnahme nicht am Abend erfolgen.

Bupropion hemmt das Enzym CYP2D6, was beachtet werden muss, wenn man weitere Arzneimittel benötigt.

68

Auslöser und Behandlung von ADHS

Kommen wir zu ADHS, einer neurobiologisch bedingten Entwicklungsstörung, die meist schon im Kindesalter auftritt. Das Akronym ADHS steht für Aufmerksamkeitsdefizit-/Hyperaktivitätsstörung.

Wer an ADHS leidet, hat meist Schwierigkeiten, sich auf Aufgaben zu konzentrieren, ist oft hyperaktiv und handelt impulsiv. Jungen sind offiziell häufiger betroffen als Mädchen. Mädchen fallen allerdings oft weniger auf, weil sie seltener zappeln oder stören, sondern eher vor sich hinträumen und sich in Gedanken verlieren. Das kann dementsprechend bei Mädchen fälschlicherweise seltener zu einer ADHS-Diagnose führen.

Die Symptome nehmen häufig bis ins junge Erwachsenenalter hinein ab. Bei jedem zweiten bis dritten Betroffenen bleiben sie jedoch auch im Erwachsenenalter bestehen.

Bisher konnte nicht vollständig geklärt werden, wodurch genau ADHS ausgelöst wird. Es gibt jedoch Hinweise darauf, dass genetische Faktoren eine Rolle spielen könnten. Auch Umweltfaktoren wie Komplikationen bei der Geburt oder das Ausgesetztsein gegenüber bestimmten Schadstoffen während der Schwangerschaft könnten zur Entwicklung von ADHS beitragen. Ebenso scheint eine veränderte Aktivität bestimmter Botenstoffe im Gehirn mitverantwortlich zu sein.

Damit die ADHS-Symptome das tägliche Leben sowie die sozialen Beziehungen weniger stark beeinträchtigen, wird es mit einer Kombination aus nicht medikamentösen Maßnahmen wie einer Verhaltenstherapie und medikamentösen Maßnahmen behandelt.

Zu den medikamentösen Maßnahmen gehört die Einnahme eines Arzneimittels, das auf das Neurotransmittersystem wirkt. Am häufigsten werden Methylphenidat, Lisdexamfetamin und Atomoxetin eingesetzt.

69

Warum Methylphenidat gegen ADHS mit Vorsicht eingenommen werden muss

Mit Abstand am häufigsten wird bei ADHS Methylphenidat eingesetzt – bei etwa 80 Prozent aller Verordnungen. Es handelt sich dabei um ein Psychostimulans, das strukturell den Amphetaminen ähnelt. Amphetamine sind eine Gruppe von Substanzen mit aufputschender und appetitzügelnder Wirkung, wie etwa Amphetamin (Speed) und Methamphetamin (Crystal Meth).

Methylphenidat erhöht die Konzentration von Dopamin und Noradrenalin im Gehirn, indem es den Dopamintransporter (DAT) und den Noradrenalintransporter (NAT) hemmt. Dadurch verbessert es bei Menschen mit ADHS die Konzentrationsfähigkeit, verringert die Impulsivität und wirkt zudem einer motorischen Unruhe entgegen. Man kann Methylphenidat als Saft und Tabletten erhalten sowie als Kapseln in retardierter Form, bei denen der Wirkstoff nach und nach abgegeben wird. Die retardierte Form ist in der Regel zu bevorzugen.

Bei Kindern erfordert die Langzeitanwendung eine regelmäßige Kontrolle von Größe und Gewicht, da beobachtet wurde, dass Methylphenidat das Wachstum und die Gewichtszunahme beeinträchtigen kann.

Aufgrund seines Missbrauchspotenzials bekommt man Methylphenidat nur mit einem Betäubungsmittelrezept, da es als stimulierender Wirkstoff zur Leistungssteigerung, zur Appetitzügelung und zur Erzeugung eines Rausches missbraucht werden kann. Der Missbrauch kann allerdings zu schweren Nebenwirkungen wie Herz-Kreislauf-Problemen, psychischen Störungen oder Abhängigkeit führen.

Neben ADHS wird Methylphenidat auch bei Narkolepsie eingesetzt, einer Erkrankung, die mit plötzlicher Tagesmüdigkeit und Schlafattacken einhergeht.

70

Welchen Vorteil Lisdexamfetamin gegenüber anderen Arzneimitteln bei ADHS hat

Auch Lisdexamfetamin gehört zu den Psychostimulanzien und wird bei ADHS eingesetzt. Der Vorteil gegenüber Methylphenidat: Es ist ein Prodrug.

Dabei ist es spannend zu verstehen, wie Lisdexamfetamin in seine aktive Form umgewandelt wird: Nach der Einnahme gelangt es über den Magen-Darm-Trakt ins Blut und wird dort von den Erythrozyten, den roten Blutkörperchen, aufgenommen. In den Erythrozyten spalten Enzyme die Aminosäure L-Lysin ab, wobei Dexamfetamin, die eigentliche Wirkform, entsteht.

Da von den Enzymen nur eine begrenzte Menge vorhanden ist, findet die Abspaltung langsam und gleichmäßig statt, was für eine kontinuierliche Wirkung sorgt, die bis zu 13 Stunden anhalten kann. Man erhält dadurch einen Retardeffekt. Und das ist ein entscheidender Vorteil.

Hat man ein Kind zu Hause, das weder Tabletten noch Kapseln schluckt, kann es Methylphenidat als Saft einnehmen. Allerdings hält die Wirkung nur für ein paar Stunden an. Der Lisdexamfetaminsaft hat hingegen die erwähnte retardierte Wirkung – und muss daher nur einmal am Tag gegeben werden.

Das entstandene Dexamfetamin wirkt vor allem im ZNS, wo es, wie Methylphenidat, die Konzentration an Dopamin und Noradrenalin im synaptischen Spalt erhöht.

Lisdexamfetamin ist für Kinder ab sechs Jahren und Jugendliche zugelassen, bei denen eine vorherige Behandlung mit Methylphenidat nicht ausreichend wirksam war. Da Lisdexamfetamin den Blutdruck und die Herzfrequenz erhöhen kann, sollten vor Beginn der Therapie sowohl der Blutdruck als auch der Puls gemessen werden. Typische Nebenwirkungen sind Appetitlosigkeit, Gewichtsverlust, Schlaflosigkeit, Nervosität und Kopfschmerzen.

Auch Lisdexamfetamin unterliegt in Deutschland dem Betäubungsmittelgesetz, weil es abhängig machen und missbraucht werden kann. Das Missbrauchspotenzial ist aufgrund der langsamen Freisetzung jedoch geringer als bei Methylphenidat.

71

Warum Atomoxetin ein Mittel gegen ADHS ohne Missbrauchspotenzial ist

Ein weiteres Arzneimittel, das gegen ADHS verordnet wird, ist Atomoxetin, ein selektiver Noradrenalin-Wiederaufnahmehemmer. Es kann aber nicht nur die Konzentration von Noradrenalin im synaptischen Spalt erhöhen, sondern auch die des Dopamins. Zwar nicht direkt, dafür indirekt: Die erhöhte Noradrenalin-Aktivität im Gehirn steigert auch die Dopamin-Aktivität und mildert so in vielen Fällen die ADHS-Symptome weiter.

Die Wirkung setzt nach etwa einer Woche ein, kann aber bis zu sechs Wochen brauchen, bis sie sich vollständig entfaltet.

Da Atomoxetin keine stimulierenden Effekte hat, besitzt es auch kein Missbrauchspotenzial. Es ist daher »nur« verschreibungspflichtig und unterliegt nicht dem Betäubungsmittelgesetz. Warum wird es also nicht öfter verordnet? Die Antwort ist einfach: Es ist nicht annähernd so effektiv wie Methylphenidat oder Lisdexamfetamin. Außerdem dauert es länger, bis die Wirkung eintritt.

Hinzu kommt, dass in seltenen Fällen bei Kindern und Jugendlichen, die Atomoxetin einnahmen, suizidales Verhalten beobachtet wurde, vor allem in den ersten Wochen der Behandlung oder bei einer Dosisänderung.

Man setzt Atomoxetin daher in der Regel nur dann ein, wenn eine Behandlung mit den beiden Psychostimulanzien nicht geeignet oder nicht ausreichend wirksam ist. Zu den häufigsten Nebenwirkungen zählen Kopfschmerzen, verminderter Appetit, Übelkeit, Schlafstörungen und Schwindel. Auch ein erhöhter Blutdruck und eine gesteigerte Herzfrequenz sind möglich.

72

Benzodiazepine – beliebte Beruhigungsmittel mit hoher Abhängigkeitsgefahr

Benzodiazepine entfalten ihre Wirkung, indem sie die Wirkung des körpereigenen Botenstoffs GABA im Gehirn am GABA-A-Rezeptor verstärken. Dadurch wirken sie angstlösend, beruhigend, muskelentspannend und krampflösend. Sie werden daher unter anderem zur kurzfristigen Behandlung von Angst-, Spannungs- und Erregungszuständen eingesetzt.

Man erkennt Benzodiazepine in der Regel daran, dass sie auf -azepam oder -zolam enden: Lorazepam, Alprazolam, Midazolam und so weiter. Das erste Benzodiazepin, das 1960 auf den Markt kam, hatte diese Endung noch nicht: Chlordiazepoxid. Das bekannteste Benzodiazepin ist eine Weiterentwicklung des Chlordiazepoxids und wurde als Valium weltberühmt: Diazepam.

Es war vielseitiger einsetzbar und wurde schnell eines der am häufigsten verordneten Beruhigungsmittel. 1977 wurde es sogar in die Liste der unentbehrlichen Arzneimittel der Weltgesundheitsorganisation (WHO) aufgenommen.

Problematisch ist, dass sich etwa nach vier Wochen bei rund einem Drittel, in manchen Studien sogar bei fast der Hälfte der Anwender, eine starke körperliche und psychische Abhängigkeit entwickeln kann. Bereits nach zwei Wochen kann die verwendete Dosis möglicherweise nicht mehr ausreichend stark wirken, sodass man sie erhöhen müsste, um die gewünschte Wirkung zu erhalten.

Der Entzug kann heftig sein und unter anderem mit Schlafproblemen und Angst einhergehen. Die Symptome können sogar über mehrere Monate anhalten.

Um das zu verhindern, sollten Benzodiazepine nur kurzfristig und in möglichst geringer Dosis eingesetzt werden.

Nimmt man Benzodiazepine länger als vier Wochen ein, muss ausgeschlichen werden, um das Risiko für Entzugssymptome zu reduzieren. Würde man sie abrupt absetzen, käme es verstärkt zu Schlaflosigkeit, Verwirrung und Angstzuständen. Ausschleichen kann man natürlich auch bereits früher, wenn man auf Nummer sicher gehen möchte.

Häufige Nebenwirkungen sind Müdigkeit, Schwindel, Benommenheit und Muskelschwäche. Bei längerer Einnahme können Gedächtnisstörungen, Depressionen und Gleichgewichtsprobleme hinzukommen.

Besonders bei älteren Menschen ist das Sturzrisiko erhöht, denn die muskelentspannende Wirkung kann ihr Gleichgewicht und ihre Reaktionsfähigkeit beeinträchtigen. Auch Verwirrtheitszustände treten häufiger auf, weil die dämpfende Wirkung auf das zentrale Nervensystem das Denken und die Aufmerksamkeit verlangsamt.

Benzodiazepine dürfen nicht mit anderen zentral dämpfenden Substanzen wie Alkohol, Opioiden oder bestimmten Antidepressiva kombiniert werden, da es sonst zu einer verstärkten Sedierung und im schlimmsten Fall zu einer Atemdepression kommen kann.

Zur Aufhebung der Benzodiazepin-Wirkung bei einer Überdosierung oder einer starken Sedierung kann das Antidot Flumazenil verabreicht werden, das die Wirkung am GABA-A-Rezeptor blockiert.

73

Warum man auch die Z-Substanzen bei Schlafproblemen nicht zu lange einnehmen sollte

Damit sind wir nun bei den Z-Substanzen gelandet, also Schlafmitteln, die mit dem Buchstaben Z beginnen: Zolpidem und Zopiclon. Früher gab es noch Zaleplon, das aber 2015 in der EU vom Markt genommen wurde.

Die Z-Substanzen wirken ähnlich wie die Benzodiazepine. Da sie aber gezielter an die GABA-A-Rezeptoren binden, lösen sie nicht alle deren Wirkungen aus: Die schlaffördernde Wirkung bleibt bei den Z-Substanzen erhalten, während die angstlösende und muskelentspannende Wirkung weitgehend entfällt.

Sie können ebenfalls abhängig machen, weshalb man sie nur kurzfristig einnehmen sollte. Allerdings werden Zolpidem und Zopiclon in der Praxis oft viel zu lange eingenommen. Meist über Jahre hinweg. Und besonders häufig von denen, die es auf gar keinen Fall länger anwenden sollten: ältere Menschen.

Obwohl Z-Substanzen nur einen geringen Hangover-Effekt haben, also am nächsten Tag eigentlich nicht mehr müde machen sollen, kommt es besonders bei älteren Menschen dennoch zu Tagesmüdigkeit und einer erhöhten Sturzgefahr. Bei Zopiclon ist das Risiko höher als bei Zolpidem. Im Alter sollte daher jeweils nur die halbe Dosis direkt vor dem Schlafengehen eingenommen werden.

Die Wirkung der Z-Substanzen setzt in der Regel innerhalb einer halben Stunde ein. Bereits dann kann es zu Gangstörungen und Schwindel kommen. Das ist auch bei jüngeren Menschen möglich, aber das Risiko eines Sturzes ist bei älteren natürlich deutlich höher.

Ein weiteres Problem ist, dass Zolpidem und Zopiclon zu einem Gedächtnisverlust für die Zeit vor und während des Schlafes führen können. Das kann harmlos sein, wenn man sich nachts am Kühlschrank bedient. Aber auch gefährlich, wenn man schlafend Auto fährt. Beides ist schon vorgekommen.

Auch Albträume, Halluzinationen und Depressionen können auftreten. Zolpidem kann zudem zu Magen-Darm-Problemen und Rückenschmerzen führen, während Zopiclon häufig eine Mundtrockenheit verursacht, was das Risiko für Karies erhöht.

Nach einer maximal zweiwöchigen Einnahmephase sollte man die Z-Substanz über zwei Wochen hinweg ausschleichen. Das abrupte Absetzen kann nicht nur zu verstärkter Schlaflosigkeit führen, sondern auch Halluzinationen, Gedächtnisstörungen und Schwindel auslösen.

74

Warum sich ein Versuch mit Lavendelöl bei Schlaflosigkeit oder Unruhe lohnt

Manche Menschen wollen weder Benzodiazepine noch Z-Substanzen einnehmen, sondern etwas Natürliches. Okay. Dann schauen wir uns mal ein paar pflanzliche Optionen zur Beruhigung und zum Schlafen an.

Den Anfang macht Lavendel, oder besser gesagt: Lavendelöl, ein ätherisches Öl, das aus den lilafarbenen Blüten des Lavendels gewonnen wird. Hauptsächlich wird dazu der Echte Lavendel (Lavandula angustifolia) verwendet, der ursprünglich aus dem Mittelmeerraum stammt.

Lavendelöl ist farblos bis gelblich und besteht aus vielen verschiedenen chemischen Verbindungen, von denen Linalool und Linalylacetat die wichtigsten sind. Eingesetzt wird ein spezieller Lavendelöl-Extrakt zur innerlichen Anwendung, wie das in Deutschland zugelassene Silexan. Man verwendet es zur Behandlung von Unruhezuständen und ängstlicher Verstimmung. Es gilt als besser verträglich als Benzodiazepine, da es nicht abhängig macht. Aber ist es auch genauso effektiv?

Lavendelöl reduziert unter anderem die Freisetzung von Glutamat und dämpft die von Noradrenalin ausgelösten Reaktionen, was die Erregbarkeit von Nervenzellen senkt und so eine beruhigende und angstlösende Wirkung entfalten kann.

Zudem gibt es Hinweise darauf, dass Lavendelöl am 5-HT1A-Rezeptor wirkt, der eine wichtige Rolle bei der Regulation von Angst spielt. Lavendelöl wirkt weder muskelentspannend noch sedierend, wie man es von Benzodiazepinen kennt.

Die Wirksamkeit von Lavendelöl konnte tatsächlich in Studien mit Menschen nachgewiesen werden, die unter einer generalisierten Angststörung oder unter leichteren Angstsymptomen litten. In einigen dieser Studien zeigte der standardisierte Lavendelöl-Extrakt sogar eine vergleichbare Wirksamkeit wie Lorazepam.

Bei Patienten, die an leichten bis moderaten Depressionen litten, kam es zudem zu einer leichten, aber erkennbaren Besserung der depressiven Symptome im Vergleich zu einem Placebo. Allerdings werden hier noch weitere Studien benötigt, bevor man das Lavendelöl bei Depressionen einsetzen könnte.

In einer Kohortenstudie, also einer Beobachtungsstudie, bei der zwei Gruppen über längere Zeit miteinander verglichen werden, zeigten Patienten unter Lavendelöl sogar seltener erneute Schlafprobleme als unter den Z-Substanzen. Die Wahrscheinlichkeit, dass der Arzt wegen erneut auftretender Schlafprobleme aufgesucht werden musste, war unter Lavendelöl um 44 Prozent geringer als unter den Z-Substanzen. Das klingt erst mal fantastisch, aber die Aussagekraft einer Kohortenstudie ist eingeschränkt, da im Gegensatz zu klinischen Studien die Behandlung nicht zufällig zugeteilt wird.

Weitere Studien zeigen außerdem, dass Lavendelöl auch bei psychischen Beschwerden sowie bei Magen-Darm-Störungen helfen kann, für die keine körperliche Ursache gefunden wurde, wie zum Beispiel beim Reizdarmsyndrom.

Die häufigsten Nebenwirkungen bei der innerlichen Anwendung sind Aufstoßen, man riecht dann wie ein Mottensäckchen, sowie Übelkeit und gelegentlich auch allergische Hautreaktionen. Lavendelöl ist nicht für Kinder und Jugendliche zugelassen, da die Sicherheit und Wirksamkeit bisher nur bei Erwachsenen untersucht wurden.

Außerdem spielt Lavendel eine wichtige Rolle in der Aromatherapie. Es gilt als beruhigend, schlaffördernd und stimmungsaufhellend.

75

Was die Aromatherapie wirklich bringt

In der Aromatherapie dreht sich alles um ätherische Öle, die das körperliche und seelische Wohlbefinden fördern sollen – nicht darum, Krankheiten zu heilen oder ihnen vorzubeugen, auch wenn manche Definitionen etwas anderes behaupten.

Die Öle werden dabei entweder über die Haut aufgenommen, meist in verdünnter Form, oder über die Atemwege, etwa durch Inhalation oder Duftlampen. Zum Einsatz kommen sie zum Beispiel in Bädern, Massagen, Inhalationen oder als Raumduft. Die innerliche Anwendung ist hingegen nicht Teil der klassischen Aromatherapie, aber auch da gibt es verschiedene Ansichten.

Die Grundlage der Aromatherapie basiert auf der Vorstellung, dass verschiedene Düfte durch die Inhalation der ätherischen Öle auf das limbische System, also den Teil des Gehirns, der Emotionen, Erinnerungen und Verhalten steuert, wirken können. Das Einatmen dieser Düfte soll bereits in niedrigen Dosierungen ausreichen, um zu Entspannung, Wohlbefinden oder Stimmungsaufhellung zu führen. Bei äußerlicher Anwendung, zum Beispiel als Massageöl, soll die Durchblutung gefördert und die Muskulatur entspannt werden. Dabei spielt der Duft keine Rolle.

Beliebte ätherische Öle sind zum Beispiel Eukalyptus, Pfefferminze, Lavendel und Zitrusöle. Die Inhalation von Lavendelöl soll eine beruhigende, schlaffördernde und stimmungsaufhellende Wirkung haben, wofür es sogar einige Hinweise aus kleineren Studien gibt. Es sind allerdings größere, gut kontrollierte Studien nötig, um diese Effekte endgültig zu belegen.

Eukalyptus wird bei Atemwegsinfektionen eingesetzt. Man glaubt, dass der Duft schleimlösende und erfrischende Effekte hat. Wissenschaftliche Nachweise in Form klinischer Studien sind allerdings begrenzt.

Pfefferminzöl wird bei Kopfschmerzen eingesetzt, indem man es auf die Schläfen aufträgt. Es soll durch seine kühlenden und entspannenden Eigenschaften Linderung verschaffen, die auf das enthaltene Menthol zurückzuführen sind. Und tatsächlich: Menthol aktiviert in der Haut Kälterezeptoren, was ein kühlendes Empfinden auslöst. Da es gleichzeitig auch die Gefäße erweitern und die Durchblutung fördern kann, werden zudem die Muskeln entspannt und die Schmerzwahrnehmung verringert. Einige Studien zeigen, dass die äußerliche Anwendung von Pfefferminzöl bei Spannungskopfschmerzen ähnlich wirksam sein kann wie ein NSAR, allerdings mit weniger Nebenwirkungen.

Auch Rosmarinöl wird für seine durchblutungsfördernden Eigenschaften geschätzt, weshalb es zum Beispiel bei Muskelschmerzen zum Einsatz kommt. Es soll durch seine anregenden und wärmenden Effekte die lokale Durchblutung verbessern und dadurch Verspannungen lindern können. Die Anwendung von Rosmarinöl basiert jedoch meist nur auf Erfahrung. Auch hier sind die wissenschaftlichen Nachweise begrenzt.

Viele der behaupteten Wirkungen können durch den Placeboeffekt erklärt werden. Die Evidenz für die Wirksamkeit der Aromatherapie ist daher uneindeutig, was auch daran liegt, dass keine doppelblinden Studien durchgeführt werden können, da die Teilnehmer der Studie logischerweise sofort am Geruch erkennen können, ob es sich um ein ätherisches Öl handelt oder nicht.

Ätherische Öle können allerdings zu Hautreizungen und allergischen Reaktionen führen. Das gilt auch für Naturkosmetik. Wenn man den Duft mag, spricht natürlich nichts dagegen, ätherische Öle zu Hause als Raumduft zu verwenden – solange man sie gut verträgt.

Wer Atemwegsprobleme hat, sollte jedoch vorsichtig sein, da bestimmte ätherische Öle, zusätzlich zu den allergischen Reaktionen, die Atemwege reizen können. Auch bei Kleinkindern unter zwei Jahren ist Vorsicht geboten. Einige stark riechende Öle wie Kampfer-, Eukalyptus-, Minze- oder Teebaumöl können bei ihnen einen Glottiskrampf auslösen. Das ist ein krampfartiges Zusammenziehen der Kehlkopfmuskulatur, was zu einer Verengung des Kehlkopfs und einem Verschluss der Stimmritze führen kann. Das führte in der Vergangenheit bereits zu Todesfällen.

Lavendel- und Teebaumöl zeigten in Einzelfällen hormonähnliche Wirkungen, etwa eine östrogene oder antiandrogene Aktivität. Ihre Verwendung sollte daher, vor allem bei Kindern, nur in Maßen erfolgen.

76

Warum Bach-Blüten Geldverschwendung sind

Was auch gern zur Beruhigung gekauft wird, sind sogenannte Rescue-Tropfen. Sie bestehen aus einer Kombination von fünf verschiedenen Blütenessenzen und sollen in Stresssituationen eingenommen werden.

Rescue-Tropfen gehören zu den Bach-Blüten. Das sind Blüten, die an einem friedlich vor sich hin plätschernden Bach wachsen – könnte man zumindest meinen. Der Name Bach wird allerdings Bätsch ausgesprochen, nach dem Entwickler dieses pseudomedizinischen Systems, dem britischen Arzt Edward Bach.

Es basiert auf der Idee, dass negative Emotionen wie Angst, Hass oder Intoleranz die Grundlage vieler Krankheiten bilden, die laut Bach durch Konflikte zwischen der unsterblichen Seele und der Persönlichkeit entstehen.

Daraus ableitend definierte Bach 38 seelische Zustände, die er als »disharmonisch« betrachtete, und ordnete ihnen jeweils eine bestimmte Blüte zu. Die passende fand er, indem er seine Hand über verschiedene Pflanzen hielt, sobald er eine negative Emotion verspürte. Besserte die sich seiner Meinung nach, schrieb er dieser Pflanze die Fähigkeit zu, die Emotion heilen zu können. Also, wenn das nicht seriös klingt, was dann?

Jetzt hatte er aber noch ein Problem: Er musste die heilende Kraft irgendwie aus den Blüten bekommen. Also beschloss er, dass sie in Form von Schwingungen in den Blüten enthalten sei und diese durch die morgendlichen Sonnenstrahlen aus den Blüten in die auf ihnen befindlichen Tautropfen übergehen würden.

Bach sammelte diese Tautropfen und konservierte sie mit derselben Menge an Weinbrand. Das ergab die Urtinktur. Da das viel zu viel Zeit kostete, entschied er, dass das auch funktionieren würde, wenn er die Blüten einfach in eine mit Wasser gefüllte Schale legte und diese für drei bis vier Stunden in die Sonne stellte. Diese Methode nannte er Sonnenmethode.

Es gab aber ein weiteres Problem. In good ol' England schien nicht immer die Sonne, weshalb er ebenso beschloss, dass das auch ohne ginge: Er gab die Pflanze dann einfach in einen mit Wasser gefüllten Topf und ließ das Ganze für 20 bis 30 Minuten kochen. Die Kochmethode wurde geboren.

Die Urtinktur wird dann wiederum in einem Verhältnis von 1:240 mit Alkohol gemischt, um daraus die Blütenessenzen herzustellen, die in sogenannte Stockbottles zu je 20 Milliliter abgefüllt werden. Eine Stockbottle kostet rund zehn Euro. Fünf Liter Lösung, die zu zehn Litern Urtinktur und dann zu 2400 Litern Blütenessenz werden, lassen sich also für 1,2 Millionen Euro verkaufen. Ein Bombengeschäft, seit rund 100 Jahren.

Bach-Blüten haben in Deutschland nicht den rechtlichen Status eines Arzneimittels. Deswegen werden sie nicht von den Krankenkassen bezahlt, dürfen aber auch außerhalb von Apotheken verkauft werden. Einzeln oder in Kombination von bis zu sieben Blüten, wie eben die Rescue-Tropfen.

Obwohl die Theorie dahinter so unsinnig ist, dass klar sein müsste, dass keine Wirkung erwartbar ist, die über den Placeboeffekt hinausgehen kann, führte man Studien durch. Ein systematisches Review von sechs hochwertigen Studien mit insgesamt 400 Testpersonen ergab – Trommelwirbel –, dass Bach-Blüten keine spezifische Wirksamkeit besitzen.

Ähnliche Ergebnisse erhielt man auch durch Untersuchungen, die zur Anwendung bei Prüfungsangst durchgeführt wurden. Drei randomisierte, kontrollierte Studien mit 272 Teilnehmern konnten keinen Unterschied zwischen Bach-Blüten und Placebo nachweisen. Na, so was.

77

Warum du dir bei Schlafproblemen auch das Geld für Baldrian sparen kannst

Ein Klassiker der pflanzlichen Beruhigungs- und Schlafmittel ist Baldrian. Für Baldrianpräparate wird die Wurzel verwendet, in der über 150 Inhaltsstoffe identifiziert wurden. Eine wahre Chemiebombe, die meist von Menschen gekauft wird, die eigentlich keine »Chemie« möchten.

Eine beruhigende Wirkung konnte für Baldrian wissenschaftlich nicht eindeutig belegt werden. Es gibt zwar Hinweise, allerdings konnten die Studien keine klare Überlegenheit gegenüber einem Placebo feststellen.

Dasselbe gilt für seine Wirkung als Schlafmittel. Die Studienergebnisse zum Thema sind oft widersprüchlich, und viele Untersuchungen leiden unter methodischen Schwächen. Mal sind die Teilnehmerzahlen zu klein, mal die Beobachtungszeiträume viel zu kurz. Ein weiteres Problem ist die mangelnde Standardisierung der verwendeten Extrakte: Wenn diese nicht immer dieselben chemischen Verbindungen in denselben Mengen enthalten, wie soll man sie dann ordentlich miteinander vergleichen?

Eine der bekanntesten Übersichtsarbeiten kommt aus Spanien und wurde 2010 durchgeführt. Sie fasste 18 randomisiert-kontrollierte Studien mit über 1300 Teilnehmern zusammen und fand keine überzeugenden Belege für die Wirksamkeit von Baldrian bei Schlafstörungen. Laut den Autoren würde Baldrian die Schlafdauer nicht verlängern, die Effizienz des Schlafs nicht erhöhen und die Einschlafzeit auch nicht signifikant verkürzen. Das ist doch mal eine Ansage.

Gerade dann, wenn es um Beruhigung und Schlaf geht, kann der Placeboeffekt sehr hilfreich sein. Wenn man aufgeregt ist und etwas einnimmt, das einen beruhigen soll, dann fühlt man sich automatisch ruhiger. Dasselbe gilt, wenn es ums Einschlafen geht. Man kann nicht schlafen, macht sich verrückt und nimmt dann etwas ein. Schon fühlt man sich entspannter und findet schneller in den Schlaf. Der Placeboeffekt kann daher eine pharmakologische Wirkung durch die Inhaltsstoffe vortäuschen.

78

Helfen Melisse oder Hopfen wenigstens mehr als ein Placebo?

Auch Melisse und Hopfen sind in pflanzlichen Präparaten enthalten, die zur Beruhigung eingenommen werden.

Verwendet werden bei der Melisse die Blätter, deren Inhaltsstoffe in Labor- und Tierversuchen antivirale, krampflösende, blähungstreibende und beruhigende Effekte durch Erhöhung von GABA gezeigt haben.

Beim Hopfen nutzt man die weiblichen Blütenstände, die Hopfenzapfen. Sie enthalten verschiedene chemische Verbindungen, die zumindest im Labor hemmend auf das ZNS wirken. Vermutlich kommt auch hier die Wirkung über das GABA-System zustande. Vollständig geklärt ist das allerdings nicht.

Ob die Melisse tatsächlich beim Einschlafen hilft, ist eher unwahrscheinlich. Vermutlich ist auch hier nur der Placeboeffekt am Werk.

Hopfen wirkt vermutlich nur in Form von Bier beruhigend und schlaffördernd. Dann allerdings vor allem wegen des enthaltenen Alkohols, der ebenfalls über GABA-Rezeptoren sedierend wirkt.

Obwohl der Hopfen bereits seit Jahrhunderten traditionell als beruhigendes und schlafförderndes Mittel eingesetzt wird, gibt es kaum aussagekräftige wissenschaftliche Nachweise.

In einer großen randomisierten kontrollierten Studie mit 140 Patienten zeigte eine Kombination aus Hopfen und Baldrian zwar eine leicht verkürzte Einschlafzeit im Vergleich zu Baldrian allein, aber keinen klaren Vorteil gegenüber einem Placebo.

In anderen Worten: Wer mehr als einen Placeboeffekt möchte, sollte auf Melisse und Hopfen verzichten und stattdessen etwas nachweislich Wirksames einnehmen.

79

Warum CBD-Öl bei Epilepsie, nicht aber bei Unruhe und Angst nachweislich wirkt

Dann gibt es noch Menschen, die auf CBD-Öl schwören. Angeblich hilft es gegen alles: zur Beruhigung, zum besseren Einschlafen, gegen Angstzustände, Regelbeschwerden, you name it.

CBD, kurz für Cannabidiol, ist neben THC, dem Tetrahydrocannabinol, eines der häufigsten Cannabinoide der Hanfpflanze. Im Gegensatz zu THC führt es allerdings zu keinem Rausch, obwohl es ebenfalls das ZNS beeinflussen kann.

Was genau im Körper nach der Einnahme von CBD passiert, ist noch nicht vollständig geklärt. Man weiß aber, dass es mehrere Wirkmechanismen gibt. Zum Beispiel kann CBD den CB1-Rezeptor so verändern, dass die Bindung und Wirkung anderer Stoffe wie THC abgeschwächt wird, vor allem die psychoaktiven Effekte. CBD wirkt auch am 5-HT1A-Rezeptor, was seine angstlösende Wirkung erklären könnte. Außerdem gibt es Hinweise auf eine beruhigende, nervenzellschützende, entzündungshemmende und entkrampfende Wirkung. Diese stammen jedoch vor allem aus Labor- und Tierversuchen. Auch eine Wirkung gegen Übelkeit wird diskutiert. Möglicherweise kann CBD sogar Symptome bei Psychosen wie Wahn oder Halluzinationen lindern.

Eindeutig belegt ist das alles aber nicht. Was jedoch wissenschaftlich nachgewiesen ist, ist die Wirkung bei bestimmten Epilepsieformen wie dem Dravet- oder Lennox-Gastaut-Syndrom, bei denen es auch als Arzneimittel eingesetzt wird.

CBD-Öle, die rechtlich noch nicht mal zur Einnahme gedacht sind, werden zu niedrig dosiert, als dass eine Wirkung, die über den Placeboeffekt hinausgeht, eintreten könnte – vorausgesetzt, es ist drin, was draufsteht. Überprüfungen ergaben nämlich, dass CBD-

Öle nicht immer die versprochenen Dosen an CBD enthalten. Dafür wurden aber nicht deklarierte Dosen an THC entdeckt, das gar nicht hätte enthalten sein dürfen. Spart euch also das Geld.

80

Warum das verschreibungspflichtige Hormon Melatonin im Supermarkt erhältlich ist

Was sich immer größerer Beliebtheit erfreut, ist Melatonin. Dabei handelt es sich um ein Hormon, das in der Zirbeldrüse aus Serotonin gebildet wird und dabei einem natürlichen Tag-Nacht-Rhythmus folgt. Es wird freigesetzt, wenn es dunkel wird und kein Licht mehr auf die Netzhaut fällt. Am meisten davon entsteht zwischen zwei und vier Uhr morgens. Damit liefert Melatonin das Signal, dass der Körper langsam herunterfahren soll. Morgens, wenn dann wieder Licht auf die Netzhaut trifft, wird die Produktion gestoppt.

Wird man älter, sinkt die körpereigene Melatoninproduktion. Das ist möglicherweise ein Grund dafür, warum viele ältere Menschen schlechter schlafen können.

In Deutschland ist Melatonin als Arzneimittel verschreibungspflichtig. Zugelassen ist es zur kurzfristigen Behandlung von Schlafstörungen bei Menschen ab 55 Jahren. Zwei Milligramm in retardierter Form für maximal 13 Wochen. Außerdem gibt es eine Zulassung für Kinder mit Autismus-Spektrum-Störungen oder dem Smith-Magenis-Syndrom. Für Jetlag hingegen ist Melatonin nicht zugelassen, auch wenn es tatsächlich dabei helfen könnte, die innere Uhr umzustellen.

Was Melatonin bei Menschen ohne nachgewiesenen Mangel genau bewirkt, ist unklar. Ein Mangel lässt sich auch nicht zuverlässig diagnostizieren, und ob schlechter Schlaf automatisch mit zu wenig Melatonin zu tun hat, ist fragwürdig. Die volle Wirkung tritt, wenn überhaupt, frühestens nach ein paar Tagen bis Wochen ein. Im Schnitt schläft man mit Melatonin aber auch nur rund zehn Minuten früher ein. Wem das reicht und wer mindestens 55 Jahre alt ist, kann sich Melatonin ruhig mal verschreiben lassen.

Da Melatonin nur eine Halbwertszeit von etwa 40 Minuten hat, handelt es sich bei den zugelassenen Arzneimitteln um Retardtabletten. Mit der zeitverzögerten Freisetzung soll die natürliche Ausschüttung der Zirbeldrüse imitiert werden.

Bei Rauchern wird Melatonin übrigens schneller abgebaut, wodurch es schlechter wirkt. Alkohol und Benzodiazepine hingegen verstärken die Wirkung.

Zu den Nebenwirkungen, die auftreten können, gehören Kopfschmerzen, Reizbarkeit, Stimmungsschwankungen, Albträume und Schlafattacken, vor allem bei längerer Anwendung.

Im Winter, wenn es weniger Sonnenlicht gibt, ist der Melatoninspiegel bei manchen dauerhaft erhöht. Das wiederum wird mit Winterdepressionen in Verbindung gebracht. Würde man dann noch zusätzlich Melatonin einnehmen, könnte das die Depression verstärken. Vor allem für Menschen, die auch so von Depressionen betroffen sind, könnte das problematisch sein. Ausreichend belegt ist das allerdings nicht.

Manche vermuten, die allabendliche Gabe von Melatonin führe dazu, dass der Körper selbst weniger Melatonin produziert. Schließlich bekommt er ja immer das Feedback, dass genügend da ist. Auch das ist bisher nicht abschließend belegt. Mehr Studien sind nötig.

Fragst du dich nun, warum du Melatonin auch in der Drogerie oder im Supermarkt kaufen kannst, obwohl es ein verschreibungspflichtiges Arzneimittel ist? Der Grund: Die Hersteller deklarieren dieses Hormon einfach als Lebensmittel und nutzen damit eine Gesetzeslücke. Dass zum Beispiel in 1000 Kilogramm Gurken etwa 0,1 Milligramm Melatonin enthalten sind, reicht als Begründung.

So umgehen die Hersteller die Wirksamkeitsnachweise und Nebenwirkungswarnungen. Gleichzeitig darf es aber, wenn mindestens ein Milligramm Melatonin enthalten ist, mit Aussagen wie »trägt zur Verkürzung der Einschlafzeit bei« beworben werden.

Frei verkäuflich gibt es Sprays, Tabletten und Gummibärchen, die das Melatonin sofort freisetzen. Retardierte Tabletten sind ebenfalls erhältlich.

Die Wirkung des Sprays und der Tabletten verpufft aufgrund der kurzen Halbwertszeit gleich wieder. Sie helfen daher höchstens beim Einschlafen. Die Retardtabletten geben den Wirkstoff hingegen über einen längeren Zeitraum frei, sie können daher auch beim Durchschlafen helfen.

Wir fassen zusammen: Melatonin ist ein verschreibungspflichtiges Hormon, das einen nur ein paar Minuten früher einschlafen lässt. Wenn überhaupt. Dafür weiß man aber noch nicht, was das Hormon auf Dauer im Körper verursacht, wenn man es von außen zuführt. Trotzdem ist es frei verkäuflich, ganz ohne Beratung und Überwachung. Empfehlen kann ich es zum jetzigen Zeitpunkt daher nicht.

Was man tun sollte, um die körpereigene Melatonin-Ausschüttung anzuregen und besser schlafen zu können, ist, etwa ein bis zwei Stunden vor dem Zubettgehen helles Licht und Bildschirme ohne Nachtmodus zu meiden.

81

Das Antihistaminikum Doxylamin nur kurzfristig als Schlafmittel einsetzen

Häufig werden auch Antihistaminika der ersten Generation als Schlafmittel eingesetzt, bei denen man die Nebenwirkung Müdigkeit zur Hauptwirkung gemacht hat. Meist wird dabei Doxylamin verwendet. Es passiert die Blut-Hirn-Schranke und wirkt im ZNS, wo es die wach machende und aufmerksamkeitssteigernde Wirkung von Histamin unterdrückt.

Die müde machende Wirkung tritt nach etwa einer halben bis einer Stunde nach der Einnahme ein. Wichtig ist, dass man Doxylamin nur dann anwendet, wenn man noch ausreichend Zeit für seinen Schönheitsschlaf hat, da man sonst am nächsten Tag noch immer mit der sedierenden Wirkung zu kämpfen hat. Ein eingeschränktes Reaktionsvermögen beim Autofahren ist nicht zu empfehlen. Vielen reicht schon eine halbe oder gar eine viertel Tablette aus, allerdings beruht der Großteil der Wirkung dann auf dem Placeboeffekt.

Doxylamin hat bei manchen zudem einen Gewöhnungseffekt, es kann also sein, dass die verwendete Dosis nach einer Weile nicht mehr den gewünschten Effekt erzielt.

Dummerweise blockiert Doxylamin aber nicht nur die H1-Rezeptoren, sondern auch muskarinische Acetylcholinrezeptoren. Es hat wie Dimetinden daher anticholinerge Nebenwirkungen. Symptome, die dadurch auftreten können, sind unter anderem Probleme beim Wasserlassen und Mundtrockenheit. Aber auch Halluzinationen, Verwirrung, Schwindel, wodurch das Sturzrisiko erhöht wird, Schläfrigkeit und eine Verringerung der geistigen Leistungsfähigkeit treten häufiger auf.

Diese Nebenwirkungen können sich prinzipiell in jedem Alter bemerkbar machen, aber gerade ältere Menschen haben ein höheres Risiko. Also diejenigen, die Antihistaminika zum Schlafen am häufigsten einnehmen.

Der Grund für das erhöhte Risiko ist, dass die Anzahl der cholinergen Nervenzellen und Rezeptoren im Alter abnimmt. Bei ihnen werden folglich prozentual betrachtet mehr davon blockiert – was eine stärkere Wirkung zur Folge hat. Hinzu kommt, dass bei betagteren Menschen die Blut-Hirn-Schranke durchlässiger wird. So gelangt ein größerer Anteil des Wirkstoffs ins ZNS und kann folglich mehr Rezeptoren blockieren.

Da Histamin im ZNS auch Übelkeit und Erbrechen auslöst, wirkt Doxylamin dem entgegen, was man sich in der Schwangerschaft zunutze macht, in der man es in Kombination mit Vitamin B6 einnimmt.

Doxylamin kann als H1-Antihistaminikum natürlich auch gegen Allergien eingesetzt werden, was aber nicht empfohlen wird. Nimmt man gerade Cetirizin oder ein anderes Antihistaminikum gegen Heuschnupfen und möchte zusätzlich Doxylamin zum Schlafen anwenden, sollte man auf die erstgenannten Tabletten verzichten.

82

Diphenhydramin: Wie ein Schlafmittel zum Mittel gegen Übelkeit wird

Ein weiteres Antihistaminikum der ersten Generation, das als Schlafmittel verwendet wird, ist Diphenhydramin. Für diesen Wirkstoff gilt dasselbe wie für Doxylamin – bis auf die Anwendung in der Schwangerschaft. Es empfiehlt sich daher zu testen, welches der beiden Mittel man besser verträgt.

Eine Besonderheit gibt es allerdings doch. Um das Antihistaminikum auch gegen Übelkeit einsetzen zu können, obwohl es stark sedierend wirkt, hat man Diphenhydramin mit 8-Chlortheophyllin kombiniert. So entstand Dimenhydrinat. Das Stimulans soll die sedierende Wirkung des Diphenhydramins abmildern. Das gelingt zumindest teilweise, denn auch Dimenhydrinat macht in der Regel müde, aber nicht so stark wie der ursprüngliche Wirkstoff.

Man setzt Dimenhydrinat zum Beispiel bei der Reisekrankheit ein, aber auch bei anderen Formen der Übelkeit. Ebenso in der Schwangerschaft, wenn die Kombination von Doxylamin (Kapitel 81) und Vitamin B6 (Kapitel 165) nicht hilft.

Teil 4
Magen und Darm

Von Antazida bis zum CO_2-Zäpfchen

83

Warum Sodbrennen nicht zu verharmlosen ist

Im vierten Abschnitt des Buches widmen wir uns dem Magen-Darm-Trakt. Ein häufiges Problem, das vom Magen ausgeht, ist Sodbrennen. Dabei kommt es zu einem brennenden Gefühl, das meist vom Oberbauch hinter dem Brustbein bis zum Hals oder Rachen aufsteigt.

Ausgelöst wird es dadurch, dass der Muskel, der zwischen Magen und Speiseröhre liegt, nicht richtig schließt. Dadurch kann Magensäure in die Speiseröhre fließen. Gelangt die Säure bis in den Mund, verursacht sie ein unangenehmes Brennen oder einen sauren Geschmack.

Hin und wieder Sodbrennen zu haben, vor allem nach Mahlzeiten, die fettreich oder stark gesüßt waren, nach dem Rauchen oder dem Trinken von Alkohol, ist relativ normal. Übergewicht, eine Schwangerschaft, vor allem im letzten Drittel, sowie manche Arzneimittel können das Problem verstärken. Tritt Sodbrennen jedoch regelmäßig auf, wird es also chronisch, handelt es sich um die gastroösophageale Refluxkrankheit (GERD).

Behandelt man diese Verdauungsstörung nicht, drohen ernste Probleme. Die ständige Reizung der Speiseröhrenschleimhaut kann Entzündungen auslösen, die zu Vernarbungen und in der Folge zu Verengungen des Hohlorgans führen können. Auf lange Sicht wird dadurch sogar das Risiko für Speiseröhrenkrebs leicht erhöht. Das möchte man nicht.

Neben einer Änderung des Lebensstils, etwa durch Gewichtsreduktion, Rauchstopp, das Meiden bestimmter Lebensmittel, kommt eine medikamentöse Therapie zum Einsatz.

Um die Säure zu neutralisieren, können Antazida wie Hydrotalcit oder Magaldrat (Kapitel 84) eingesetzt werden. Auch Alginate wie Natriumalginat (Kapitel 85) finden Anwendung. Sie bilden eine schützende Gel-Schicht auf dem Mageninhalt, die den Rückfluss in die Speiseröhre verhindert.

Häufiger auftretendes Sodbrennen kann mit Protonenpumpenhemmern (PPI) wie Pantoprazol oder Omeprazol (Kapitel 86) behandelt werden. Sie gelten als Mittel der ersten Wahl, da sie die Bildung der Magensäure effektiv hemmen.

H2-Rezeptorblocker wie Famotidin werden heute nur noch selten eingesetzt, da sie schwächer wirken und eine kürzere Wirkungsdauer haben als PPI.

Um das Risiko von Sodbrennen zu verringern, sollte man kleinere, häufigere Mahlzeiten essen, ausreichend Abstand zwischen Mahlzeiten und dem Schlafengehen einhalten, beengende Kleidung vermeiden sowie den Oberkörper während des Schlafens hochlagern.

84

Ein aluminiumhaltiges Antazidum nicht mit Fruchtsäften kombinieren

Hydrotalcit und Magaldrat sind Antazida, die zur Neutralisierung der Magensäure eingesetzt werden. Hydrotalcit ist als Kautablette oder Suspension erhältlich. Magaldrat zusätzlich als Granulat zur Herstellung einer Suspension.

Beide Präparate können ein bis drei Stunden nach dem Essen, vor dem Schlafengehen oder bei Bedarf eingenommen werden. Die Wirkung tritt sofort ein und hält bei leerem Magen etwa 30 Minuten lang an. Ist der Magen gefüllt, kann sie sogar zwei bis drei Stunden andauern. Der pH-Wert im Magen steigt in beiden Fällen auf etwa drei bis fünf an. Er bleibt also noch im sauren Bereich, was wichtig für die Verdauung ist.

Sowohl Hydrotalcit als auch Magaldrat enthalten Magnesium- und Aluminiumionen. Nicht ins Blut aufgenommenes Magnesium kann Wasser in den Darm ziehen und Durchfall verursachen. Aluminium verzögert hingegen die Magenentleerung und bindet Gallensäuren, was eine Verstopfung auslösen kann. Diese gegensätzlichen Effekte können sich gegenseitig ausgleichen.

Problematischer ist die Aufnahme von in der Regel bis zu einem Prozent der Aluminiumionen ins Blut. Hohe Aluminiumdosen können nämlich das Nervensystem schädigen. Um die Aluminiumaufnahme nicht zusätzlich zu erhöhen, sollte man auf säurehaltige Getränke wie Cola oder Fruchtsäfte verzichten, solange sich Hydrotalcit oder Magaldrat im Magen oder im Dünndarm befinden, da sie die Aufnahme von Aluminium ins Blut erhöhen.

Andere Arzneimittel sollten mit einem zeitlichen Abstand von mindestens zwei Stunden vor oder nach der Einnahme von Hydrotalcit oder Magaldrat eingenommen werden, da es sonst zu Wechselwirkungen kommen kann.

85

Warum Kombipräparate mit Natriumalginat Sodbrennen langfristig oft verstärken

Auch Natriumalginat wird häufig gegen Sodbrennen gekauft. Das Besondere an dieser aus Braunalgen gewonnenen Verbindung ist, dass es bei Kontakt mit der Magensäure eine gelartige Schutzbarriere ausbildet. Diese schwimmt wie ein Überzug auf dem Mageninhalt und verhindert so, dass die Magensäure in die Speiseröhre zurückfließt. Bei Menschen, die nur sehr wenig Magensäure besitzen, kann die Reaktion dementsprechend schwächer ausfallen.

Da Natriumalginat nicht in den Blutkreislauf aufgenommen wird, ist es sehr gut verträglich. Meistens wird es in Kombination mit Natriumhydrogencarbonat und Calciumcarbonat eingesetzt, die die Säure neutralisieren. Eingenommen wird die Kombination bis zu viermal täglich nach den Mahlzeiten und vor dem Schlafengehen. Die Wirkung tritt in der Regel innerhalb weniger Minuten ein. Während der Schwangerschaft und Stillzeit kann Natriumalginat zwar eingenommen werden, allerdings sollte die Anwendung nur kurzfristig erfolgen.

Auch beim Natriumalginat empfiehlt sich ein Abstand von mindestens zwei Stunden zu anderen Arzneimitteln, um deren Aufnahme nicht zu reduzieren.

Wichtig zu wissen: Ein Präparat, das Natriumhydrogencarbonat (Natron) allein oder in Kombination enthält, sollte nicht zu oft geschluckt werden. Dabei setzen viele Menschen bei Sodbrennen auf Natron. Nicht nur, weil es Hauptbestandteil von Backpulver und somit in vielen Haushalten vorhanden ist, sondern auch weil viele die berühmten Salz-Tabletten noch von Oma kennen und deswegen in der Hausapotheke haben.

Problematisch sind hierbei jedoch zwei Sachen. Einerseits trägt sowohl das Natrium aus dem Natron als auch das aus dem Natriumalginat zur Natriumbelastung des Körpers bei, was den Blutdruck erhöhen kann. Andererseits können Carbonate, vor allem Calciumcarbonat, vorübergehend die Gastrinbildung erhöhen. Dieses Hormon stimuliert die Freisetzung von Magensäure und könnte Sodbrennen so verstärken. Klinisch ist das jedoch nicht eindeutig gesichert.

Besser wäre es daher, auf Hydrotalcit oder Magaldrat zu setzen.

86

Wann bei Pantoprazol und Omeprazol Nährstoffmangel und ein Rebound-Effekt drohen

Wenn Antazida genauso wenig helfen wie Natriumalginat, wird es Zeit für einen Protonenpumpenhemmer, auch PPI genannt. PPI gibt es viele verschiedene, die bekanntesten sind Pantoprazol und Omeprazol. Bis zu einer Dosis von 20 Milligramm und 14 Stück bekommt man sie ohne Rezept.

PPI wirken, indem sie die Protonenpumpe im Magen hemmen. Diese Pumpen tragen zur Magensäurebildung bei. Weniger funktionierende Protonenpumpen heißt weniger Magensäure und damit ein höherer pH-Wert. Allerdings wirken sie nicht bereits im Magen, da sie erst im Dünndarm aufgenommen und dann im Blutkreislauf dorthin transportiert werden müssen, wo sie aktiviert werden.

Sowohl Pantoprazol als auch Omeprazol werden daher in einer magensaftresistenten Formulierung eingesetzt, die den Wirkstoff erst im Dünndarm freigibt. Sie müssen auf nüchternen Magen und mindestens eine halbe Stunde vor dem Essen geschluckt werden, da es sonst passieren kann, dass die Wirkung sich verringert.

Aus diesem Grund sollen sie in der Regel vor dem Frühstück geschluckt werden. Manchmal müssen sie jedoch abends eingenommen werden. Auch dann sollte der Magen leer sein, damit sie wirken können, was eben oft schwierig sein kann. Es empfiehlt sich zudem, nach der Wartezeit etwas zu essen, da die Protonenpumpen durch die Mahlzeit aktiviert werden.

Bis die volle Wirkung eintritt, vergehen allerdings mehrere Tage, da nicht alle Protonenpumpen gleichzeitig blockiert werden können und der Körper kontinuierlich neue Pumpen bildet.

In der Selbstmedikation sollten PPI nur ein bis zwei Wochen und auch nur einmal täglich eingenommen werden. Ärztlich verordnet und überwacht, kann eine längerfristige Einnahme notwendig werden.

Zu den Nebenwirkungen, die dann auftreten können, gehört ein erhöhtes Risiko für Knochenbrüche, das besonders bei älteren Menschen auftritt, da die Aufnahme von Calcium durch die reduzierte Magensäure beeinträchtigt werden kann.

Ebenso wird durch die fehlende Säure weniger Magnesium (Kapitel 176) aufgenommen, weshalb ein Magnesiummangel droht. Dasselbe gilt für Vitamin B12 (Kapitel 168), da die Magensäure auch dazu benötigt wird, um das Vitamin aus der Nahrung zu lösen und es verfügbar zu machen.

Weniger Magensäure über eine längere Zeit kann außerdem das Darmmikrobiom im Dickdarm verändern, da der Magen mit seiner Säure normalerweise viele Krankheitserreger abtötet.

Wird der PPI wieder abgesetzt, sollte die Dosis schrittweise reduziert werden, um einem Rebound-Effekt vorzubeugen. Warum entsteht dieser Effekt? Der Körper erhöht während der Therapie die Bildung von Gastrin, um die Bildung neuer Protonenpumpen anzuregen. Wird ein Protonenpumpenhemmer abrupt abgesetzt, sind plötzlich mehr aktive Protonenpumpen als zuvor vorhanden, was zu einer überschießenden Säureproduktion führen kann. Das wiederum kann zu verstärktem Sodbrennen oder Magenschmerzen führen.

87

Warum Simeticon gegen Blähungen in jedem Alter eingesetzt werden kann

Damit kommen wir vom Magen zum Darm. Wenn sich im Darm Gase ansammeln, dann wollen sie auch wieder raus, was zu Blähungen führt. Diese Gase entstehen vor allem durch das Verschlucken von Luft und durch den bakteriellen Abbau unverdaulicher Nahrungsbestandteile im Darm. In erster Linie sind das Ballaststoffe, zu denen Pektine aus Obst und resistente Stärke aus Kartoffeln gehören. Je mehr Futter die Bakterien unseres Darmmikrobioms bekommen, desto mehr Gase bilden sie. Wir können durch die Wahl der Lebensmittel natürlich darauf achten, dass es möglichst zu wenig Gasbildung kommt, aber wir sollten unsere Bakterien auch nicht verhungern lassen.

Zur Behandlung von Blähungen wird am häufigsten Simeticon eingesetzt. Es sorgt dafür, dass die Gasblasen ihre Stabilität verlieren, sodass sie zerfallen und das eingeschlossene Gas freigeben. Das Gas kann dann entweder über die Darmwand aufgenommen oder Richtung Darmausgang weitertransportiert werden, wo es dann laut oder leise an die Umwelt abgegeben wird.

Simeticon wird unverändert wieder mit dem Stuhl ausgeschieden und nicht ins Blut aufgenommen, was es besonders verträglich macht. Es ist daher nicht nur für jedes Alter, sondern auch in der Schwangerschaft und in der Stillzeit geeignet.

Man bekommt Simeticon zum Beispiel als Weichkapseln, als Pump-Liquid und als Granulat zur direkten Einnahme. Angewendet wird es in der Regel zu oder nach den Mahlzeiten sowie vor dem Schlafengehen. Die Dosierung richtet sich nach dem Alter. Eine Überdosierung ist praktisch nicht möglich.

Es mag vielleicht überraschend kommen, aber es gibt tatsächlich Hinweise darauf, dass Simeticon nicht immer wirksamer ist als ein Placebo – obwohl der physikalische Wirkmechanismus eindeutig eine Wirkung nahelegt.

88

Pfefferminzöl: Pflanzliche Hilfe bei Blähungen und anderen Leiden

Was ebenfalls, wenn auch seltener, bei Blähungen eingesetzt wird, ist ätherisches Pfefferminzöl aus den Blättern der echten Pfefferminze. Der Hauptbestandteil dieses Öls ist Menthol.

Bei Blähungen wirkt Pfefferminzöl vor allem durch seine krampflösenden Eigenschaften. Es entspannt die glatte Muskulatur im Darm, wodurch eingeschlossene Gase leichter entweichen können. Es kann auch beim Reizdarmsyndrom, bei Völlegefühl und bei krampfartigen Beschwerden hilfreich sein. Die Wirkung ist wissenschaftlich belegt.

Auch Pfefferminzöl ist jedoch nicht ganz nebenwirkungsfrei. Die Einnahme kann unter anderem zu Sodbrennen, Magenbeschwerden oder einem Brennen im Analbereich führen.

Das im Pfefferminzöl enthaltene Menthol hat außerdem eine kühlende Wirkung, weil es die Kälterezeptoren der Haut und Schleimhäute aktiviert. Es entsteht dabei ein Kältegefühl, ohne dass tatsächlich eine Temperaturveränderung stattfindet. Aus diesem Grund setzt man Pfefferminzöl auch bei Muskel- und Nervenschmerzen sowie äußerlich bei Spannungskopfschmerzen ein. Es wird ebenso zur Inhalation bei Erkältungen sowie in Pastillen und Mundsprays bei Husten und Halsschmerzen eingesetzt. Das Kältegefühl durch Menthol lässt die Atemwege freier erscheinen, auch wenn sich in Wirklichkeit an der Nasenbelüftung nichts verbessert.

89

Warum die Wirkung von Kümmel gegen Blähungen fragwürdig ist

Ein altes Hausmittel gegen Blähungen ist Kümmel, botanisch als Carum carvi bezeichnet. Die Kümmelfrüchte enthalten ein ätherisches Öl, das unter anderem krampflösend und blähungstreibend wirkt. Frisch zerstoßen werden sie als »Kümmeltee« zubereitet und getrunken.

Dass Kümmel gegen Blähungen und leichte krampfartige Beschwerden im Magen-Darm-Bereich eingesetzt wird, basiert weniger auf aussagekräftigen, placebokontrollierten klinischen Studien, sondern eher auf der traditionellen Anwendung in diesem Bereich und auf den Wirkungen, die ihm zugeschrieben werden.

In anderen Worten: Ein eindeutiger Wirksamkeitsnachweis im Sinne der evidenzbasierten Medizin fehlt. Das gilt besonders für das isolierte Kümmelöl, das auch als Bestandteil von Fertigarzneimitteln auf dem Markt ist und zum Beispiel mit Pfefferminzöl kombiniert wird.

Als wenn die Wirkung von Kümmel also nicht schon fraglich genug wäre, gibt es sogar noch fraglichere Produkte auf dem Markt, die Kümmel als Zäpfchen einsetzen und dann auch noch homöopathisch oder anthroposophisch sind. Mehr dazu in den nächsten beiden Kapiteln.

Bei Babys wird Kümmel auch als Kümmelöl zum Einreiben des Bauchs verwendet, was die Verdauung fördern und Blähungen lindern soll. Falls das hilft, dann liegt das sicher nicht am Kümmel, sondern am Vorgang des Reibens, das dem Baby Erleichterung bringt.

Es ist also völlig egal, ob in dem Öl Kümmel enthalten ist oder nicht. Der Kümmel kann nicht auf magische Weise durch den Bauch in den gesamten Darm diffundieren und dort gegen die Blähungen helfen.

90

Homöopathie wirkt nicht natürlich, sondern natürlich nicht

Die Homöopathie ist die beliebteste Pseudomedizin in Deutschland. Sie basiert auf dem Prinzip »Ähnliches mit Ähnlichem heilen« und wurde von Samuel Hahnemann im späten 18. Jahrhundert entwickelt. Hahnemann glaubte, dass eine Substanz, die bei einem Gesunden bestimmte Symptome auslöst, in stark verdünnter Form ebendiese Symptome bei einem Kranken heilen könnte.

Eine Substanz, die so stark verdünnt wurde, dass sie gar nicht mehr vorhanden ist, soll stärker wirken als eine, die noch nachweisbar ist. Das ergibt natürlich keinen Sinn. Es sei denn, man behauptet einfach, dass sich die Flüssigkeit an den »Wirkstoff« erinnern kann und man mit jedem Verdünnungsschritt Energie in die Lösung hineinschüttelt. Um das irgendwie glaubhaft erscheinen zu lassen, nennen die Homöopathen diesen Vorgang auch nicht »verdünnen«, sondern »potenzieren«.

Der Prozess wird meist mit einem pflanzlichen Auszug begonnen: der Urtinktur. Dass die ursprüngliche Substanz pflanzlich ist, ist allerdings keine Voraussetzung. Es gibt auch abenteuerliche Ausgangsstoffe wie die Berliner Mauer, die zum Beispiel gegen Trennungsschmerz helfen soll, oder Hundekot, der gegen Migräne und Heuschnupfen eingesetzt werden soll. Aber auch von diesen Substanzen ist im Endprodukt natürlich nichts mehr enthalten.

Die Art der Verdünnung ergibt die »Potenzen«. Bei einer 1:10-Verdünnung pro Schritt spricht man von D-Potenzen, wurde 1:100

verdünnt, von C-Potenzen, und von LM- und Q-Potenzen, wenn eine 1:50.000-Verdünnung vorliegt.

Der Buchstabe hinter der Potenz gibt an, wie oft der Verdünnungsschritt durchgeführt wurde: D6 bedeutet folglich, dass sechsmal 1:10, also insgesamt 1:1.000.000, verdünnt wurde. Bei einer C12 wurde die Urtinktur zwölfmal 1:100 verdünnt. Also insgesamt: 1:1.000.000.000.000.000.000.000.000.

Im Anschluss wird die Lösung, oder eher das Lösungsmittel, in der Regel auf Globuli gesprüht und für teures Geld verkauft.

Homöopathie wirkt nicht natürlich, sie wirkt natürlich nicht. Sie hat lediglich einen Placeboeffekt, und ohne diesen gäbe es die Homöopathie längst nicht mehr.

Wird eine Krankheit nicht besser, behaupten Homöopathen einfach, das falsche Mittelchen gewählt zu haben. Wird sie schlimmer, liegt angeblich eine sogenannte »Erstverschlimmerung« vor. Dank ihrer Ausreden müssen sich Homöopathen auch nicht mit der Wahrheit auseinandersetzen.

In den homöopathischen Kümmelzäpfchen ist eine Urtinktur enthalten, was komisch ist, da die Wirkung homöopathischer Mittelchen ja durch die angebliche Potenzierung zustande kommen soll. Eine Urtinktur kann laut Homöopathenlogik folglich keine homöopathische Wirkung haben.

Außerdem: Wenn »Ähnliches mit Ähnlichem« geheilt werden soll, warum wird dann überhaupt Kümmel verwendet, dem ja eine Wirkung gegen Blähungen zugeschrieben wird? Das ergibt keinen Sinn. Außer man möchte keinen Nachweis über die Wirkung und Sicherheit erbringen müssen, wie es bei homöopathischen Mittelchen der Fall ist, die nur registriert, aber nicht zugelassen werden müssen.

91

Warum man sich auch anthroposophische Medizin schenken kann

Auch die anthroposophische Medizin ist eine beliebte Pseudomedizin, die von Rudolf Steiner und der Ärztin Ita Wegman Anfang des 20. Jahrhunderts entwickelt wurde. Sie basiert auf Steiners Weltanschauung, der Anthroposophie, einer Mischung aus spirituellen, okkulten und pseudowissenschaftlichen Vorstellungen.

Laut der anthroposophischen Medizin besteht der Mensch aus vier sogenannten Wesensgliedern: dem physischen Leib, dem Ätherleib, dem Astralleib und dem Ich. Wird man krank, ist angeblich das Zusammenspiel dieser vier Glieder gestört.

Um die Krankheit zu heilen, muss man folglich nur die Wesensglieder wieder in Einklang bringen. Das soll zum Beispiel durch anthroposophische Mittelchen gelingen, die pflanzliche, mineralische oder auch tierische Bestandteile enthalten und ebenfalls in verdünnter Form angewendet werden. Auch diese Verdünnungen werden als Potenzierungen bezeichnet. Durch rhythmische Bewegungen, wie zum Beispiel Rühren, Klopfen oder Lichtimpulse, sollen hier besondere Kräfte der Substanz freigesetzt und in der Flüssigkeit gebunden werden.

Kombinationen mehrerer Substanzen sind laut der anthroposophischen Medizin wirksamer als einzelne Bestandteile, da auch der Mensch in seiner Gesamtheit eine Art Komposition darstellt – eine Komposition aus den vier Wesensgliedern.

Wogegen was eingesetzt wird, ist für logisch denkende Menschen schwer nachvollziehbar. Der Schlehe wird beispielsweise nachgesagt, dass sie ihre Kraft in ihren Dornen speichert, weshalb sie die Stärke des Menschen fördern soll.

Auch anthroposophische Mittelchen haben nur einen Placeboeffekt. Das gilt ebenso für anthroposophische Kümmelzäpfchen. Sie werden bei Blähungen und Bauchkrämpfen gegeben, um die vier »Wesensglieder« wieder in Einklang zu bringen. In den Säuglingszäpfchen sind neben Kümmel auch Auszüge aus der Tollkirsche, der Kamille sowie potenzierter Tabak enthalten.

92

Ist Fencheltee für kleine Kinder gefährlich?

Auch Fenchel wird traditionell bei Blähungen und Bauchschmerzen angewendet, da sein ätherisches Öl krampflösende Eigenschaften besitzen soll. Ein klarer Wirksamkeitsnachweis liegt auch hier jedoch nicht vor. Problematisch ist dagegen das enthaltene Estragol, das in hohen Dosen schädlich für die Leber ist und sogar Leberkrebs auslösen kann.

Nicht selten wird in Apotheken und vermutlich auch in Drogeriemärkten nach Fencheltee für kleine Kinder gefragt. Aber vor allem an Kinder unter vier Jahren sollte aus Sicherheitsgründen keiner verabreicht werden, obwohl es sie bereits für Säuglinge ab vier Monaten gibt. Eine Übersichtsarbeit hat erhebliche Schwankungen im Estragolgehalt von verschiedenen Tees aufgezeigt, was zu Bedenken hinsichtlich ihrer Sicherheit führte.

Aber Vorsicht: Fenchel ist auch in vielen Breizubereitungen für Babys enthalten.

Kinder zwischen vier und elf Jahren sollten Fencheltee, wenn überhaupt, nur mit großen Abständen trinken. Stillende Mütter sollten ebenso wenig Fencheltee trinken, da das krebserregende Estragol sonst über die Muttermilch vom Säugling aufgenommen werden kann.

93

Warum Laktoseintoleranz nicht immer bedeutet, dass man gar keine Laktose verträgt

Was auch relativ häufig zu Blähungen und Durchfall führt, ist die Laktoseintoleranz. Dabei handelt es sich um eine weitverbreitete Form der Nahrungsmittelunverträglichkeit, die in der Regel genetisch bedingt ist. Laktose, auch als Milchzucker bezeichnet, ist ein Zweifachzucker, der in Milch und Milchprodukten vorkommt. Er besteht aus den beiden Einfachzuckern Galaktose und Glukose, in die die Laktose durch das Enzym Laktase gespalten wird.

Laktoseintolerant ist, wer zu wenig oder keine Laktase im Dünndarm hat. Die Laktose wandert dann einfach weiter und landet im Dickdarm, wo sie dann von Bakterien abgebaut wird. Es entstehen die Gase Kohlenstoffdioxid, Methan und Wasserstoff. Da die Laktose Wasser in den Dickdarm zieht, kann es neben den Blähungen auch zu Durchfall kommen.

Wie viel Gas entsteht und wie viel Wasser in das Darmlumen gezogen wird, hängt davon ab, wie viel Laktose im Dickdarm gelandet ist. Das wiederum wird durch die Menge der Laktose beeinflusst, die man zu sich genommen hat, und davon, wie viel Enzymaktivität vorhanden ist.

Manche Menschen können daher kleine Mengen Milch oder Joghurt zu sich nehmen, weil sie eben noch etwas Laktase zur Verfügung haben. Ist das Enzym im Körper jedoch gar nicht vorhanden, vertragen sie selbst kleinste Mengen Laktose meist nicht. Das geht dann oft so weit, dass sie sogar laktosefreie Tabletten brauchen.

Manche Menschen entwickeln aber, obwohl sie theoretisch kleine Mengen an Milchzucker vertragen, trotzdem die typischen Symptome, sobald sie bewusst Laktose zu sich genommen haben. Verantwortlich dafür ist der Noceboeffekt, bei dem die Beschwerden durch die Erwartung der Beschwerden entstehen.

Möchte man trotz einer Laktoseintoleranz Milchprodukte konsumieren, können Laktasetabletten Abhilfe schaffen. Sie ersetzen dann die fehlende Laktase im Dünndarm, sodass der Verzehr von Milchprodukten ermöglicht wird.

94

Lässt sich Durchfall mit Cola und Salzstangen behandeln?

Von Durchfall (Diarrhö) ist die Rede, wenn man mehr als drei Stuhlgänge pro Tag hat, der Stuhl zu mindestens 75 Prozent aus Wasser besteht, also breiig oder dünnflüssig ist, und die Gesamtmenge des Stuhls 250 Gramm oder mehr beträgt. Man unterscheidet zwischen akutem Durchfall, der meist nur wenige Tage anhält, und chronischem Durchfall, der länger als vier Wochen besteht.

Durchfall entsteht, wenn dem Speisebrei im Dickdarm zu wenig Wasser entzogen wird, weil sich der Darm zu schnell bewegt, oder wenn zusätzlich Wasser hineingezogen wird. Der Stuhl bleibt dann flüssig. Ursachen gibt es viele. Zum Beispiel Infektionen mit Bakterien, aber auch Stress und Angst.

Ärztliche Hilfe sollte man bei starkem Flüssigkeitsverlust, bei blutigem oder schwarzem Stuhl, bei hohem Fieber, bei heftigen Bauchschmerzen oder bei Durchfall, der länger als eine Woche anhält, in Anspruch nehmen. Bei Säuglingen und Kleinkindern sollte man grundsätzlich früher ärztlichen Rat einholen, da sie sehr schnell Flüssigkeit verlieren und so austrocknen können.

Das Erste, was viele Menschen tun, wenn sie Durchfall haben, ist, Cola zu trinken und Salzstangen zu essen. Aber hilft das auch?

Durch den Durchfall verliert man vor allem Wasser, Elektrolyte und in geringerem Maße auch Glukose. Die Cola soll Wasser und Glukose liefern, da die enthaltene Saccharose vor der Aufnahme ins Blut in Glukose und Fruktose gespalten wird. Die Salzstangen sollen Salz zur Verfügung stellen, also ein wenig den Elektrolytverlust ausgleichen.

Die Idee dahinter ist nicht schlecht, vor allem weil gerade der Wasser- und Elektrolytverlust das Gefährliche am Durchfall sind. Cola und Salzstangen sind dennoch nicht zu empfehlen.

Cola enthält nämlich viel zu viel Zucker, und Zucker kann ebenfalls Wasser in das Darmlumen ziehen, also den Wasserverlust sogar noch vergrößern. Die verlorenen Elektrolyte mit Salzstangen auszugleichen, klappt auch nur bedingt. Da das Salz der Salzstangen aus Natriumchlorid besteht, ist zumindest der Natriumverlust reduziert. Aber man hat durch den Durchfall eben nicht nur Natrium, sondern auch Kalium verloren, und Kalium wird durch das in der Cola enthaltene Koffein sogar noch vermehrt über den Urin ausgeschieden. Blöd.

Also was tun gegen den Wasser- und Elektrolytverlust? Die Antwort heißt: Elektrolytlösung.

Hergestellt wird sie, indem man ein Pulver, das Glukose, Natriumchlorid, Natriumcitrat und Kaliumchlorid in einem bestimmten Verhältnis enthält, mit Wasser anmischt. Die Glukose erleichtert die Aufnahme des Natriums im Dünndarm. Wasser folgt den beiden durch osmotische Anziehungskräfte. Das basische Citrat dient dazu, eine durch den Wasserverlust entstandene Übersäuerung des Blutes auszugleichen und so den pH-Wert zu stabilisieren.

95

Warum man Loperamid nicht mit bitteren Limonaden herunterspülen sollte

Das am häufigsten eingesetzte Arzneimittel gegen Durchfall ist das Opioid Loperamid. Es wirkt nur im Darm und gelangt nicht ins ZNS. Durch Aktivierung bestimmter Opioid-Rezeptoren im Dünndarm hemmt es die Bewegung des Darms. Die Folge ist, dass dem Speisebrei wieder mehr Wasser entzogen werden kann. Der Stuhl wird fester. Die zugrunde liegende Ursache wird allerdings nicht bekämpft.

Loperamid hat noch einen weiteren Vorteil: Es erhöht die Spannung des Afterschließmuskels, wodurch der Drang, den Darm schnellstmöglich entleeren zu müssen, nachlässt.

Nicht einnehmen darf man Loperamid zum Beispiel bei Fieber, Blut im Stuhl oder bei Durchfall, der durch ein Antibiotikum verursacht wurde. Schuld an der sogenannte Antibiotika-assoziierten Diarrhö sind in der Regel Bakterien wie Clostridioides difficile, die mit einem weiteren Antibiotikum behandelt werden müssen. Die Einnahme von Loperamid würde dabei lediglich die Ausscheidung des Erregers verzögern.

Auch das Alter ist ein Ausschlusskriterium: Kindern unter zwei Jahren darf Loperamid nicht gegeben werden. Vor allem weil ihre Blut-Hirn-Schranke noch nicht vollständig ausgebildet ist, weshalb die Einnahme zur gefürchteten Atemdepression führen könnte.

Bei Erwachsenen könnte es ebenfalls zu einer Atemdepression kommen, wenn Arzneimittel wie Verapamil, Chinidin und Chinin eingenommen werden, die Loperamid ZNS-gängig machen. Theoretisch sollte man auch auf chininhaltige Limonaden wie Tonic Water oder Bitter Lemon verzichten – allerdings müsste man da schon relativ viel trinken, was manche wohl auch tatsächlich tun. 2018 starb eine 25-jährige Frau in Deutschland nach der Einnahme von insgesamt sechs Milligramm Loperamid – zwei Tabletten auf einmal und sechs Stunden später eine weitere –, da sie zuvor rund 2,5 Liter Tonic Water getrunken hatte.

Ansonsten kann Loperamid zu Verstopfung, Blähungen, Kopfschmerzen, Übelkeit und Schwindel führen.

Ein weiterer Wirkstoff, der gegen Durchfall eingesetzt werden kann, ist Racecadotril. Es verhindert den Abbau von Enkephalinen, körpereigenen Opioiden, die dafür sorgen, dass weniger Wasser in den Darm abgegeben wird. Der Wirkstoff ist bereits auf Rezept für Säuglinge ab drei Monaten erhältlich. Erwachsene erhalten Racecadotril auch rezeptfrei in der Apotheke.

Da Racecadotril nicht die Bewegung des Darms hemmt, ist die Wahrscheinlichkeit einer anschließenden Verstopfung geringer als nach der Einnahme von Loperamid. Für Racecadotril gelten dieselben Ausschlusskriterien für die Einnahme wie bei Loperamid. Bei der Einnahme kann es zu Kopfschmerzen, Hautausschlägen und gelegentlich auch zu Übelkeit kommen.

96

Wie ein Hefepilz gegen Durchfall und vorbeugend bei Reisen in fremde Länder hilft

Auch ein Hefepilz namens Saccharomyces boulardii wird häufig zur Behandlung von Durchfallerkrankungen eingesetzt. Er wirkt in der Regel nur im Darm und kann nachweislich die Dauer und Häufigkeit von Durchfällen reduzieren.

Saccharomyces boulardii gehört zu den Probiotika (Kapitel 97) und wird, im Gegensatz zu anderen Probiotika, bei denen es sich um Bakterien handelt, während der zeitgleichen Einnahme mit einem Antibiotikum nicht abgetötet.

Apropos Antibiotika: Saccharomyces boulardii kann im Gegensatz zu Loperamid und Racecadotril auch dann zur Behandlung eines Durchfalls eingesetzt werden, wenn dieser durch ein Antibiotikum verursacht wurde.

Ein weiteres Einsatzgebiet bei Kindern ab zwölf Jahren und Erwachsenen ist der Reisedurchfall. Man sollte dann bereits fünf Tage vor der Reise mit der Einnahme beginnen.

In Laboruntersuchungen konnte gezeigt werden, dass der Hefepilz das Wachstum bestimmter krankmachender Keime hemmt und ihre Anheftung an die Darmschleimhaut verhindert. Außerdem kann er Giftstoffe, die von Bakterien freigesetzt werden und Durchfall auslösen können, neutralisieren.

Selten kommt es bei der Einnahme von Saccharomyces boulardii zu Nebenwirkungen wie Überempfindlichkeitsreaktionen, Fieber und Blähungen.

97

Was bringt die Einnahme von Probiotika und Präbiotika?

Wie im letzten Kapitel erwähnt, gehört die Arznei-Hefe Saccharomyces boulardii zu den Probiotika. Aber was sind Probiotika eigentlich?

Um die Frage zu beantworten, müssen wir zuerst auf das Darmmikrobiom eingehen. Als Darmmikrobiom bezeichnet man die Gesamtheit aller Mikroorganismen im Verdauungstrakt, besonders die im Dickdarm, wo die meisten von ihnen leben. Es umfasst Billionen von Mikroorganismen wie Bakterien, Viren, Pilze und Einzeller und spielt eine wichtige Rolle für unsere Gesundheit.

Das Mikrobiom im Darm ist unter anderem an der Bildung von B-Vitaminen und Vitamin K, an der Nährstoffaufnahme und an der Regulation des Immunsystems beteiligt. Ein Ungleichgewicht, auch Dysbiose genannt, wird mit Krankheiten wie Fettleibigkeit, Diabetes mellitus, entzündlichen Darmerkrankungen und sogar psychischen Störungen wie Depressionen in Verbindung gebracht.

Probiotika sollen sich positiv auf die Zusammensetzung des Darmmikrobioms auswirken. Es sind Mikroorganismen, die man oral einnimmt. Dabei sind diese lebenden Bakterien in der Regel nicht in der Lage, Krankheiten auszulösen. Vielmehr sollen die guten Keime die schlechten Keime verdrängen, damit sie sich nicht mehr vermehren und keine Krankheiten auslösen können. Wurden die guten Bakterien durch ein Antibiotikum getötet und somit die Balance durcheinandergebracht, sollen Probiotika den Darm wieder mit guten Bakterien besiedeln.

Man kann Probiotika durch probiotische Milchprodukte zuführen, die häufig Laktobazillen (etwa L. acidophilus) und Bifidobakterien enthalten, seltener auch Enterokokken, E. coli-Stämme oder bestimmte Hefen. Man bekommt sie aber auch in der Apotheke in Kapselform oder als Beutelchen zum Einrühren in Wasser.

Die Einnahme von Probiotika kann tatsächlich dabei helfen, antibiotikabedingtem Durchfall vorzubeugen, wie Studien gezeigt haben, vor allem bei Kindern. Empfohlen werden bestimmte Milchsäurebakterien (etwa Lactobacillus rhamnosus GG), Bifidobakterien und die im letzten Kapitel besprochene Hefe Saccharomyces boulardii.

Ein Antibiotikum bringt manchmal auch die Vaginalflora aus dem Gleichgewicht, was entweder eine bakterielle Vaginose (Kapitel 112) oder eine Pilzinfektion (Kapitel 138) zur Folge haben kann. Auch hier können Probiotika, etwa in Form von vaginalen Zäpfchen, hilfreich sein.

Neben den Probiotika gibt es noch Präbiotika.

Warum? Weil das Darmmikrobiom Hunger hat. Es muss ernährt werden. Präbiotika sind Futter – genauer: unverdauliche Nahrungsbestandteile, die das Wachstum der guten Bakterien im Darm fördern. Meistens handelt es sich bei ihnen um spezielle Ballaststoffe. Sie durchqueren den Dünndarm und erreichen unverdaut den Dickdarm, wo sie dann von den Keimen des Darmmikrobioms umgewandelt werden.

Präbiotika können die Vermehrung von Bakterien wie Bifidobakterien und Laktobazillen fördern und so das Gleichgewicht im Darmmikrobiom aufrechterhalten. So tragen sie nicht nur zur allgemeinen Gesundheit bei, sondern stärken auch das Immunsystem.

Die Kombination von Präbiotika und Probiotika bezeichnet man als Synbiotika.

Präbiotika sind in vielen verschiedenen natürlichen Lebensmitteln enthalten. Fructooligosaccharide kommen zum Beispiel in Chicorée, Spargel, Zwiebeln und Artischocken vor. Galactooligosaccharide finden sich unter anderem in Hülsenfrüchten wie Linsen, Kichererbsen und Bohnen. Resistente Stärke kommt in gekochten und abgekühlten Kartoffeln, Reis oder grünen Bananen vor. Beta-Glucane stecken vor allem in Hafer und Gerste.

Natürlich werden auch präbiotische Nahrungsergänzungsmittel angeboten. Manche Menschen reagieren jedoch empfindlich auf größere Mengen und entwickeln Verdauungsbeschwerden wie Blähungen oder Durchfall. Ihre Einnahme ist auch nicht notwendig. Eine ballaststoffreiche Ernährung ist völlig ausreichend.

98

Warum man sich Kohletabletten gegen Durchfall sparen kann

Auch Kohletabletten werden relativ häufig gegen Durchfall nachgefragt. Medizinische Kohle ist reiner Kohlenstoff und wird aus pflanzlichem Material hergestellt. Sie besitzt zahlreiche kleine Poren, die ihr eine extrem große innere Oberfläche verleihen. Die Oberfläche von vier Gramm Kohle entspricht in etwa der eines Fußballfelds. Also schon ganz ordentlich. Damit lassen sich dann Bakterien, deren Toxine sowie viele gelöste Giftstoffe im Magen-Darm-Trakt binden, womit deren Aufnahme in den Blutkreislauf verhindert wird. Der Körper scheidet die Kohle mitsamt den gebundenen Stoffen dann wieder unverändert über den Stuhl aus.

Was die Anwendung bei Durchfall betrifft: Es gibt keinen Nachweis, dass sie irgendetwas bringt – außer schwarzem Stuhl. Okay, sie kann auch Übelkeit, Erbrechen, Verstopfung und eine Analreizung auslösen.

Bei manchen akuten Vergiftungen hingegen sieht das Ganze schon wieder anders aus. Da wirkt die Kohle tatsächlich. Eingenommen werden in der Regel 0,5 bis ein Gramm – pro Kilogramm Körpergewicht. Das wären bei einem 100 Kilogramm schweren Erwachsenen bis zu 400 Tabletten mit jeweils 250 Milligramm Kohle. In anderen Worten: Man nimmt dazu keine Tabletten, sondern verwendet das Kohlepulver direkt, das man in Wasser rührt und dann trinkt.

Bei Durchfall wird Erwachsenen übrigens ebenfalls empfohlen, 0,5 bis ein Gramm einzunehmen. Allerdings als Einzeldosis. Drei- bis fünfmal am Tag. Und abgesehen von der fehlenden Wirkung gibt es noch einen Grund, warum ich eher von der Kohletablette bei Durchfall abrate: Medizinische Kohle kann andere Arzneimittel binden und so unwirksam machen, weshalb man sie frühestens ein bis zwei Stunden nach der Kohle einnehmen sollte – oder auf Letztere eben besser ganz verzichtet.

Übrigens: Nicht nur Kohle bei Durchfall kann man sich sparen, sondern auch kohlehaltige Zahnpasten. Sie sind zwar bei manchen Menschen äußerst beliebt, gelten jedoch als wirkungslos und möglicherweise sogar als schädlich, da sie den Zahnschmelz durch die hohe Reibung angreifen können.

99

Warum Flohsamenschalen sowohl bei Durchfall als auch bei Verstopfung gut sind

Bevor wir zum Thema Verstopfung kommen, habe ich hier noch das perfekte Bindeglied: Flohsamenschalen. Flohsamenschalen können nämlich sowohl bei Durchfall als auch bei einer Verstopfung eingenommen werden. Klingt widersprüchlich, ist es aber nicht.

Bei Flohsamenschalen handelt es sich um die äußeren Hüllen der Flohsamen, die vor allem vom indischen Flohsamenkraut (Plantago ovata) stammen. Sie enthalten fast ausschließlich die gewünschten Schleimstoffe, die viel Wasser binden können: pro Gramm etwa 40 bis 50 Milliliter. Dadurch quellen die Flohsamenschalen stark auf, wodurch sich ihr Volumen um ein Vielfaches vergrößert und eine gelartige Masse entsteht.

Flohsamenschalen sollten mit mindestens 150 bis 200 Milliliter Wasser pro Portion eingenommen werden. Außerdem sollte Wasser nachgetrunken werden. Sonst könnten die Schalen in der Speiseröhre oder auch im Darm verklumpen. Schlimmstenfalls kommt es zu einem Verschluss der Speiseröhre oder einem Darmverschluss. Aus diesem Grund sollte die Einnahme auch nicht im Liegen oder kurz vor dem Zubettgehen erfolgen. Ebenso sollte auf eine ausreichende Flüssigkeitszufuhr von etwa zwei Litern am Tag geachtet werden.

Bei Durchfall binden die Flohsamenschalen das überschüssige Wasser im Darm, wodurch der Stuhl fester wird und die Zahl der Stuhlgänge abnimmt. Bei Verstopfung gelangt das durch die Flohsamenschalen gebundene Wasser bis in den Dickdarm. Dort macht es den Stuhl weicher und gleitfähiger und erhöht dessen Volumen, was die Darmtätigkeit anregt und abführend wirkt. Die Wirkung setzt in der Regel innerhalb von 12 bis 72 Stunden ein.

Man könnte die Flohsamen natürlich auch ganz einnehmen statt nur die Schalen. Abgesehen davon, dass sie mehr Kalorien haben, würde man für dieselbe Wirkung aber eine viel größere Menge benötigen.

Neben einer sättigenden Wirkung können Flohsamenschalen auch den Cholesterinspiegel senken, indem sie Gallensäuren im Darm binden, sodass diese nicht ins Blut zurückgelangen. Um den Verlust an Gallensäuren auszugleichen, muss die Leber neue Gallensäuren bilden, wofür sie Cholesterin verbraucht. Zudem fördern Flohsamenschalen im Dickdarm die Bildung kurzkettiger Fettsäuren, die die Cholesterinbildung in der Leber zusätzlich hemmen.

Wenn man über mehrere Wochen bis Monate etwa zehn Gramm Flohsamenschalen pro Tag einnimmt, kann der Spiegel um etwa vier bis sieben Prozent gesenkt werden. Im Vergleich dazu senken Statine wie Simvastatin das schlechte Cholesterin um 30 bis 50 Prozent.

Flohsamenschalen können auch beim Reizdarmsyndrom und bei Menschen, die häufig Stuhlgang haben, regulierend wirken. Bei Hämorrhoiden und Rissen in der Schleimhaut des Rektums, Analfissuren genannt, bringen sie durch Erweichung des Stuhls häufig Erleichterung.

Bei der Einnahme kann es allerdings zu Blähungen und einem Völlegefühl kommen. Die Blähungen treten aber hauptsächlich zu Beginn der Einnahme auf und lassen im Verlauf meist nach.

Wichtig ist auch, dass die Einnahme anderer Arzneimittel zeitversetzt stattfinden muss, da sonst deren Aufnahme verzögert oder vermindert sein kann. Eine halbe bis eine ganze Stunde dürfte reichen.

100

Warum Macrogol das Mittel der Wahl bei Verstopfung ist und nicht Lactulose

Kommen wir zur Verstopfung, der Obstipation.

Eine Verstopfung entsteht, wenn dem Speisebrei im Dickdarm zu viel Wasser entzogen wird. Zum Beispiel, weil sich der Darm zu langsam bewegt. Je weniger Wasser der Stuhl schließlich noch enthält, desto härter wird er. Das führt zu den typischen Beschwerden wie starkem Pressen beim Stuhlgang, hartem Stuhl und dem Gefühl, den Darm nicht vollständig entleeren zu können.

Um das Problem wieder in den Griff zu bekommen, werden zunächst ausreichend Flüssigkeit, ballaststoffreiche Kost und Bewegung empfohlen. Reicht das nicht aus, ergänzt man die Behandlung mit Quellmitteln wie den eben besprochenen Flohsamenschalen oder mit Weizenkleie.

Hilft das immer noch nicht, kommen orale Abführmittel wie Macrogol ins Spiel, die vor allem bei einer chronischen Verstopfung eingesetzt werden. Im Darmlumen bindet es dann das dort befindliche Wasser. So erhöht es einerseits das Stuhlvolumen und regt andererseits die wellenförmigen Bewegungen des Darms an, die den Stuhl Richtung Ausgang transportieren. Der Darminhalt wird zudem weicher und gleitfähiger, was den Stuhlgang erleichtert.

Man bekommt Macrogol in Form von Pulvern, Granulaten oder Trinklösungen. In der Regel sind noch Elektrolyte wie Natrium- und Kaliumchlorid beigesetzt, um den Flüssigkeits- und Elektrolythaushalt im Gleichgewicht zu halten.

Es dauert etwa 24 bis 48 Stunden, bis die Wirkung eintritt und man sich endlich erleichtern kann.

Zu den Nebenwirkungen gehören Bauchschmerzen, Blähungen, Übelkeit und in seltenen Fällen auch Durchfall.

Macrogol gilt als Mittel der ersten Wahl bei Verstopfungen, da es die Lebensqualität der Patienten entscheidend verbessern kann.

Lactulose, ein Zweifachzucker aus Galaktose und Fruktose, gilt als zweite Wahl bei einer chronischen Verstopfung, weil sie häufiger Blähungen verursacht und etwas schwächer wirkt als Macrogol. Sie wird ebenso wenig wie Macrogol ins Blut aufgenommen, kann aber bereits nach 8 Stunden wirken. Spätestens aber nach 48 Stunden.

Im Dickdarm wird die Lactulose von Darmbakterien zu Milch- und Essigsäure abgebaut, die unter anderem dafür sorgen, dass Wasser im Darm zurückbleibt sowie weiteres Wasser in das Darmlumen gezogen wird. Das führt dazu, dass das Stuhlvolumen zunimmt und der Darminhalt weicher und gleitfähiger wird, was letztendlich den Stuhlgang erleichtert.

Neben Blähungen kann die Einnahme von Lactulose auch zu Bauchschmerzen, Übelkeit und Durchfall führen.

101

Warum man Abführmittel wie Natriumpicosulfat in der Regel nicht dauerhaft einsetzen soll

Bei akuten Verstopfungen, manchmal aber auch bei chronischen, werden häufig Bisacodyl und Natriumpicosulfat eingesetzt.

Bisacodyl verkaufe ich häufiger – meist als Dragées, manchmal aber auch als Zäpfchen. Die Dragées sind etwas beliebter. Sie wirken allerdings erst nach sechs bis zwölf Stunden, während die Zäpfchen bereits nach 15 bis 30 Minuten ihre Wirkung entfalten. Während man nach dem Einführen der Zäpfchen also eine Toilette zur Verfügung haben sollte, schluckt man die Dragées vor dem Schlafengehen, sodass die Wirkung morgens eintritt.

Auch die Wirkung von Natriumpicosulfat tritt in der Regel nach sechs bis zwölf Stunden auf, weshalb man sie abends nehmen sollte. Verkauft wird dieser Wirkstoff meist in Form von Tropfen, allerdings stehen auch Weichkapseln und Tabletten zur Verfügung, falls man mal etwas Abwechslung möchte.

Sowohl Bisacodyl als auch Natriumpicosulfat werden durch Enzyme in ihre eigentliche Wirkform umgewandelt. Bei Bisacodyl passiert das nach oraler oder rektaler Anwendung vor allem in der Darmschleimhaut. Natriumpicosulfat wird dagegen durch Enzyme der Darmbakterien umgewandelt. Das ist insofern relevant, weil die Wirkung somit von einer intakten Darmflora abhängt. Werden also Antibiotika eingenommen, kann es durchaus sein, dass Natriumpicosulfat weniger effektiv wirkt – falls man durch die Antibiotikaeinnahme überhaupt noch ein Abführmittel benötigt.

Beide Abführmittel wirken, indem sie die Aufnahme von Wasser in die Darmschleimhaut hemmen und gleichzeitig dafür sorgen, dass mehr Wasser und Elektrolyte in das Darmlumen abgegeben werden. Dadurch wird der Stuhl aufgeweicht und die Entleerung erleichtert. Zusätzlich wird auch noch die Bewegung des Dickdarms angeregt.

Weder Bisacodyl noch Natriumpicosulfat sollten ohne ärztliche Rücksprache dauerhaft eingenommen werden. Der Darm kann durch längerfristige Einnahme träge werden. Meist aber nur vorübergehend.

Häufig treten Bauchschmerzen, Bauchkrämpfe, Übelkeit, Durchfall sowie gelegentlich, vor allem bei der rektalen Anwendung, auch Irritationen im Rektum oder Blutbeimengungen auf. Eine Überdosierung kann einen gefährlichen Wasser- und Elektrolytverlust auslösen, der Herzrhythmusstörungen oder eine Muskelschwäche zur Folge haben kann.

Bei der Einnahme der Bisacodyl-Tabletten ist darauf zu achten, dass sie nicht zusammen mit Milch geschluckt werden, da sie den pH-Wert im Magen erhöht. Dadurch löst sich der magensaftresistente Überzug auf, was wiederum zu einer vorzeitigen Freisetzung und Reizung des Magens führen könnte.

102

Warum man auf Sennesblätter lieber verzichten sollte

Was besonders gern von älteren Menschen verwendet wird, aber auch von Menschen, die pflanzliche Arzneimittel für besser halten, sind die Sennesblätter und -früchte der Alexandrinischen Senna, einer Pflanze, die vor allem in Afrika und Arabien beheimatet ist.

Sowohl Sennesblätter als auch Sennesfrüchte enthalten sogenannte Sennoside, die der Pflanze als Abwehrstoffe gegen Fressfeinde oder Mikroorganismen dienen. Das sollte Menschen zu denken geben, die glauben, dass pflanzliche Arzneimittel besser seien als synthetische. Pflanzen haben kein Interesse daran, für uns zu Arzneimitteln zu werden.

Wer keine »Chemie« möchte, ist auch nicht gut bei den Sennesblättern und -früchten aufgehoben, da sie sehr viel mehr chemische Verbindungen enthalten als ein synthetisches Arzneimittel mit Bisacodyl oder Natriumpicosulfat. Über 30.

Die Sennoside gelangen nach der Einnahme unverdaut in den Dickdarm. Dort treffen sie auf Darmbakterien, die sie in ihre aktive Wirkform umwandeln. Diese sorgt für mehr Wasser im Darm, was gleichzeitig die Darmbewegungen anregt.

Die abführende Wirkung tritt meist nach acht bis zwölf Stunden ein, weshalb sich die abendliche Einnahme anbietet. Die empfohlene Anwendungsdauer beträgt maximal zwei Wochen, da eine längere Anwendung häufig zu Elektrolytverlusten führt. Vor allem der Kaliumverlust kann Herzrhythmusstörungen auslösen.

Zu den Nebenwirkungen gehören krampfartige Bauchschmerzen, Blähungen oder Durchfall, die gelegentlich auftreten.

Eine langfristige oder hoch dosierte Einnahme ist nicht empfehlenswert, da der Darm sich an diese künstliche Stimulation gewöhnt, was ihn träge macht, sodass er immer wieder auf Abführmittel angewiesen ist, um funktionieren zu können. Durch den niedrigen Kaliumspiegel wird die Darmmuskulatur zusätzlich geschwächt, was die Darmträgheit weiter verstärken kann.

Am besten verzichtet man ganz auf Sennesblätter und Sennesfrüchte. Bisacodyl und Natriumpicosulfat erledigen den Job besser und sind verträglicher.

103

Warum man auch von Glaubersalz die Finger lassen sollte

Was ebenfalls für die Selbstbehandlung einer Verstopfung nicht mehr verwendet werden sollte, ist Glaubersalz, bei dem es sich genauer gesagt um Natriumsulfat handelt. Benannt ist es nach dem deutschen Apotheker und Chemiker Johann Rudolph Glauber, der 1625 die abführende Wirkung dieses Salzes entdeckte. Es wurde als eines der ersten chemischen Abführmittel in die Medizin eingeführt.

Glaubersalz wirkt osmotisch: Es zieht Wasser ins Darmlumen und macht den Stuhl weicher. Es wird aber nicht nur zum Abführen bei einer Verstopfung eingesetzt, sondern auch zur Darmreinigung. So eine Darmreinigung ergibt jedoch nur dann Sinn, wenn der Darm für einen medizinischen Eingriff oder eine medizinische Untersuchung leer sein muss. Zum Abführen, weil man entschlacken möchte, ist es nicht zu empfehlen. Erstens, weil diese ominösen

Schlacken in unserem Darm schlicht nicht existieren, da wir schließlich keine Hochöfen sind. Und zweitens, weil der Wasser- und Elektrolytverlust mehr schadet, als er nützt.

Glaubersalz ist auch nicht für den regelmäßigen Gebrauch geeignet, da es das Risiko eines Elektrolytungleichgewichts, vor allem eines Kaliummangels, birgt.

104

Wie CO_2-Zäpfchen und Klistiere bei Verstopfung helfen können

Manche Menschen schwören auf rektale Reizmethoden wie CO_2-Zäpfchen oder Klistiere.

CO_2-Zäpfchen enthalten Natriumhydrogencarbonat und Weinsäure, die nach dem Einführen im Rektum miteinander reagieren und dabei Kohlenstoffdioxid (CO_2) freisetzen. Das Gas dehnt das Rektum, was den Stuhlgang auslöst. Die Wirkung setzt meist innerhalb von 15 bis 30 Minuten ein.

Klistiere hingegen sind Einläufe. Sie enthalten eine Lösung, die direkt in das Rektum eingebracht wird. Sie wirken einerseits durch die Dehnung des Rektums und andererseits durch die chemische oder osmotische Wirkung der Lösung, die den Stuhl aufweicht oder Wasser ins Darmlumen zieht. Der Stuhlgang tritt meist innerhalb weniger Minuten ein. Vor allem bei kleinen Kindern ist das Mikroklistier beliebt. Also bei den Eltern.

Auch CO_2-Zäpfchen und Klistiere sind natürlich nicht zur dauerhaften Anwendung gedacht. Sie können ebenfalls die natürliche Darmfunktion auf Dauer beeinträchtigen.

Eine unbehandelte Verstopfung kann jedoch zu Komplikationen wie Hämorrhoiden, Analfissuren, einem Darmverschluss oder sogar einer Koprostase führen. Dabei handelt es sich um eine Ansammlung harter Stuhlmassen im Darm, die den Weitertransport blockieren. Abführmittel sind daher bei einem kurzfristigen Einsatz wichtige Hilfsmittel. Besteht das Problem allerdings länger, sollte man seinen Arzt aufsuchen.

Teil 5
Bakterien und Antibiotika

Von der Blasenentzündung bis zur Akne

105

Die Gründe für eine Blasenentzündung

In diesem Oberkapitel geht es vor allem um Bakterien und, falls nötig, mit welchen Arzneimitteln man sie am besten loswird.

Bakterien sind klitzekleine Lebewesen. Sie bestehen nur aus einer einzigen Zelle. Sie haben keinen echten Zellkern. Sie können einzeln vorkommen, aber auch in Kolonien. Sie können wie Kugeln aussehen. Sie können die Form von Stäbchen annehmen, aber auch eine schraubenförmige Gestalt aufweisen. Sie sind in der Lage, sich zu teilen und zu vermehren.

Unterschiedliche Bakterien können unterschiedliche Krankheiten auslösen. Eine davon ist die Blasenentzündung, auch als Zystitis bezeichnet. Sie wird in der Regel durch das Bakterium Escherichia coli (E. coli) verursacht – ein stäbchenförmiges Bakterium, das zum natürlichen Darmmikrobiom gehört.

Während E. coli-Bakterien im Darm in der Regel keine Probleme verursachen, sieht das schon ganz anders aus, wenn sie in die Blase gelangen. Dort vermehren sie sich und setzen sich an der Blasenschleimhaut fest, wodurch sich diese entzündet.

Der Weg dorthin führt über die Harnröhre. Da sie bei Frauen nicht nur kürzer ist, sondern auch näher am After liegt, wo E. coli-Bakterien mit dem Stuhl ausgeschieden werden, leiden Frauen häufiger an Blasenentzündungen als Männer.

Die weibliche Harnröhre ist etwa vier Zentimeter lang, die von Männern meist kleiner, als sie angeben, aber in der Regel zwischen 20 und 25 Zentimetern.

Eine Blasenentzündung führt zu einem häufigen Harndrang, zu Schmerzen und Brennen beim Wasserlassen. Ebenso kann es zu einem unangenehmen Druckgefühl oder zu Verkrampfungen der Blase kommen. Wird eine Blasenentzündung nicht behandelt, können die Bakterien bis in die Nieren aufsteigen und eine Nierenbeckenentzündung verursachen.

Am besten helfen Antibiotika. Sie sind die erste Wahl bei einer Blasenentzündung. Allerdings werden Antibiotika auch viel zu oft eingesetzt, was zu Resistenzen führen kann. Und die gilt es zu vermeiden, denn wenn der Körper durch Bakterien angegriffen wird und man sie nicht mehr wirksam bekämpfen kann, hat man ein Problem.

Dementsprechend kann frau versuchen, eine Blasenentzündung ohne Antibiotika zu behandeln oder, noch besser, ihr vorzubeugen.

106

Wie man eine Blasenentzündung am besten verhindert

Das Risiko einer Blasenentzündung wird geringer, wenn Frauen nach dem Stuhlgang von vorn nach hinten wischen und nicht von hinten nach vorn und so die E. coli-Bakterien Richtung Harnröhre schieben.

Auch Geschlechtsverkehr erhöht das Risiko. Je sexuell aktiver die Frau ist, desto wahrscheinlicher ist es, dass sie an einer Blasenentzündung erkrankt. Man spricht dabei von einer Honeymoon-Zystitis. Falls Analsex praktiziert wird, sollte auf eine anschließende vaginale Penetration verzichtet werden – es sei denn, man verwendet ein neues Kondom oder der Herr wäscht mittendrin die Umhüllung seiner Harnröhre.

Im Anschluss an den Sex wird empfohlen, auf Toilette zu gehen, um mögliche Bakterien am Aufstieg zu hindern. Ob das allerdings tatsächlich funktioniert, ist nicht erwiesen. Da es jedoch nicht schadet, wäre es zumindest einen Versuch wert.

Ein weiterer Risikofaktor ist die Art der Verhütung, denn manche Verhütungsmittel können das Risiko einer Blasenentzündung erhöhen. Studien haben gezeigt, dass die Kombination aus Diaphragma und Spermiziden die Wahrscheinlichkeit einer Blasenentzündung erhöhen kann. Vermutlich, weil Spermizide die Zusammensetzung der vaginalen Flora verändern.

Werden allerdings keine Verhütungsmittel eingesetzt, erhöht das einerseits das Risiko von Geschlechtskrankheiten und andererseits die Wahrscheinlichkeit, schwanger zu werden. Auf Verhütungsmittel zu verzichten, ist also auch nicht unbedingt eine Option.

Eine Schwangerschaft erhöht das Risiko ebenfalls, denn die ableitenden Harnwege weiten sich hormonbedingt, um mit der erhöhten Menge an Körperwasser klarzukommen. Die geweiteten Harnwege erleichtern es aber den Bakterien, in die Blase zu gelangen.

Manche Frauen klagen, dass sie nach dem Schwimmbadbesuch häufig eine Blasenentzündung bekommen. Das kann durchaus sein, da Kälte eine Blasenentzündung begünstigt, weshalb sie sich nach dem Schwimmen schnell etwas Trockenes anziehen sollten. Das ist wie das Sitzen auf kaltem Stein. Aber: keine Bakterien, keine Blasenentzündung.

Um einer Blasenentzündung vorzubeugen, gibt es auch das ein oder andere aus der Apotheke.

107

Was die vorbeugende Einnahme von Cranberrys, Mannose und Methionin bringt

Der Klassiker zum Vorbeugen sind Cranberrys. Eingesetzt werden sie entweder als Saft oder in Form von Kapseln und Tabletten. Vorbeugend eingenommen, sollen sie das Anhaften der Bakterien an die Blasenwand und an die der Harnwege verhindern. Dadurch können sie theoretisch leicht wieder ausgespült werden.

Und tatsächlich: Die Einnahme von Cranberry-Produkten konnte das Risiko für wiederkehrende Blasenentzündungen bei Frauen um etwa 26 Prozent senken. Innerhalb von drei Monaten bekamen statt 8 nur 5 von 100 Frauen eine neue Blasenentzündung. Alles, was man dafür tun muss, ist, jeden Tag ein geeignetes Cranberry-Präparat mit möglichen Nebenwirkungen wie Blähungen und Durchfall einzunehmen.

Eine weitere Option ist der Einfachzucker Mannose, den man nicht nur zur Vorbeugung, sondern auch zur Behandlung einsetzt. Mannose konnte in Laborversuchen E. coli-Bakterien binden. In der Blase soll das dazu führen, dass die kleinen Biester sich nicht an die Blasenwand heften und einfach mit dem Urin ausgeschieden werden.

In einer nicht allzu aussagekräftigen Studie von 2013 gaben die Autoren die Wirksamkeit von täglich eingenommener Mannose als vergleichbar mit der täglichen Einnahme von 50 Milligramm des Antibiotikums Nitrofurantoin an. Eine Cochrane-Übersichtsarbeit kam 2022 zu dem Schluss, dass es derzeit wenig bis gar keine Evidenz für die Verwendung von Mannose zur Vorbeugung oder Behandlung von Harnwegsinfektionen gibt. Trotz großer Beliebtheit.

In Großbritannien kam man in einer randomisierten, doppelblinden Studie 2024 ebenfalls zu einem ähnlichen Ergebnis: Die Wirksamkeit von Mannose war kaum besser als die eines Placebos.

Auch Methionin, eine schwefelhaltige Aminosäure, wird vorbeugend und zur Behandlung eingesetzt. Methionin senkt den pH-Wert des Urins, wodurch sich E. coli-Bakterien, die keinen sauren Urin mögen, schlechter vermehren können. Die Ansäuerung des Urins könnte also tatsächlich helfen, eine Blasenentzündung zu verhindern. Zumindest dann, wenn E. coli die Ursache ist. Die Studienlage ist dazu allerdings widersprüchlich.

Was definitiv hilft, wenn man es verträgt, ist die vorbeugende Einnahme von Antibiotika. Das wird natürlich nur dann gemacht, wenn man ständig mit Blasenentzündungen zu tun hat. Es ist quasi die letzte Option. Es gibt drei Möglichkeiten: Man kann über einen Zeitraum von sechs Monaten täglich einen Bruchteil der normalen Dosis einnehmen, nach jedem Geschlechtsverkehr eine vollständige Dosis oder immer dann ein Antibiotikum verwenden, wenn sich eine Blasenentzündung ankündigt.

Die Häufigkeit von wiederkehrenden Harnwegsinfektionen sinkt dabei deutlich, was häufig betroffenen Frauen ein Stück Lebensqualität zurückbringt, aber ihr Risiko für Antibiotikaresistenzen ansteigen lässt.

108

Warum eine Impfung gegen eine Blasenentzündung nicht hilfreich ist

Das war aber noch nicht alles. Es gibt sogar Impfungen, um einer Blasenentzündung vorzubeugen. Eine zur Injektion und eine Schluckimpfung.

In dem Impfstoff, der gespritzt wird, ist eine Mischung der häufigsten Erreger enthalten. Sie werden im Rahmen von drei Injektionen, die im Abstand von ein bis zwei Wochen erfolgen, in den

Oberarmmuskel verabreicht. Als Reaktion darauf soll das Immunsystem Antikörper bilden, sodass man bei der nächsten Infektion geschützt ist beziehungsweise das Risiko einer Blasenentzündung geringer ausfällt.

Vor ein paar Jahren glaubte man noch an eine Wirkung. Allerdings gab es keine aussagekräftigen Studien. Jetzt schon. In einer randomisierten, placebokontrollierten Studie, die 2023 veröffentlicht wurde, nahmen 376 überwiegend weibliche Personen mit wiederkehrenden unkomplizierten Blasenentzündungen teil. In beiden Gruppen nahm die Anzahl der Blasenentzündungen in etwa gleich viel ab. Ob man also eine Kochsalzlösung oder diesen Impfstoff gespritzt bekam, machte keinen wirklichen Unterschied. Allerdings waren die Nebenwirkungen, wie Schmerzen an der Injektionsstelle und grippeähnliche Symptome, größer als in der Placebogruppe.

Für die Schluckimpfung werden Kapseln verwendet, die jeweils sechs Milligramm Escherichia-coli-Lysat enthalten und mehrere Monate lang eingenommen werden müssen. Damit kam es nur zu etwa 42 Blasenentzündungen pro 100 behandelter Personen in einem Zeitraum von sechs Monaten, im Vergleich zu etwa 54 mit einem Placebo.

Da die Studien dazu allerdings Mängel aufwiesen, ist das Ergebnis nicht hundertprozentig gesichert. Dennoch wird diese Schluckimpfung in Leitlinien als Möglichkeit der Vorbeugung empfohlen.

109

Kann man es auch erst mal ohne Antibiotikum probieren?

Konnte man die Blasenentzündung nicht vermeiden, sollte man ausreichend trinken, um die Bakterien auszuspülen. Etwa zwei Liter am Tag werden empfohlen. Auch wenn es dann oft heißt, dass Blasen- und Nierentees wegen ihrer durchspülenden Wirkung getrunken werden sollen, kann man sie sich sparen und einfach so etwas mehr Wasser trinken.

Dann gibt es noch Tees, die Bärentraubenblätter enthalten und für die Behandlung bei Blasenentzündungen empfohlen werden. Man bekommt sie nur in der Apotheke. Genauso wie Bärentraubenblätter-Trockenextrakte in Form von Tabletten. Helfen sie?

In den Blättern steckt Arbutin, das über die Nieren in die Blase gelangt. Dort wird es von den Bakterien zu Hydrochinon umgewandelt, das sie schließlich vergiftet. Die Bakterien stellen sich also ihr eigenes Gift her. Für Bärentraubenblätter liegen allerdings keine ausreichenden Belege für eine Wirksamkeit vor. Dafür ist aber eines ziemlich klar: Hydrochinon ist problematisch. Es wirkt möglicherweise krebserregend und erbgutverändernd. Aus diesem Grund dürfen Bärentraubenblätter, egal auf welche Art, auch nicht länger als eine Woche am Stück angewendet werden und auch nicht öfter als fünfmal im Jahr.

Pflanzliche Präparate, die eine Kombination aus Tausendgüldenkraut, Liebstöckelwurzel und Rosmarinblättern beinhalten, wirken, wie man in Tier- und Laborversuchen zeigen konnte, krampflösend und entzündungshemmend. Außerdem fördern sie die Durchspülung der Harnwege. Eindeutig belegt ist das Ganze aber auch nicht. Eine weitere pflanzliche Kombination besteht aus Kapuzinerkresse und Meerrettich. Auch hierfür konnte jedoch keine eindeutige Wirkung nachgewiesen werden.

Was tatsächlich hilft und die beste Behandlung einer Blasenentzündung ohne Rezept darstellt, ist Ibuprofen (Kapitel 11). Studien konnten zeigen, dass Ibuprofen in einigen Fällen fast genauso wirksam ist wie eine Antibiotikatherapie. Drei Tage lang dreimal täglich 400 Milligramm. Das gilt vor allem für milde Symptome, wenn keine Risikofaktoren vorliegen. Allerdings halten die Symptome ohne Antibiotikum länger an, und das Risiko für eine Nierenbeckenentzündung ist erhöht.

110

Welche Antibiotika bei einer Blasenentzündung zum Einsatz kommen

Reichen Trinken und Ibuprofen allein nicht aus, werden die Schmerzen stärker und hat man sogar Blut im Urin, muss man zum Arzt und bekommt dort meistens eines von drei Antibiotika verordnet, die die Bakterien bekämpfen.

Am häufigsten wird Fosfomycin verschrieben, da es nicht nur besonders effektiv gegen E. coli-Bakterien ist, sondern auch lediglich einmal eingenommen werden muss.

Man nimmt drei Gramm als Pulver oder Granulat ein, das man in Wasser einrührt und dann trinkt. Wichtig dabei ist, dass der Magen leer ist, um eine optimale Aufnahme und Wirksamkeit zu gewährleisten – also entweder zwei Stunden vor oder nach dem Essen. Und am besten vor dem Schlafengehen, damit das Fosfomycin möglichst lange in der Blase verbleiben kann, um die Bakterien abzutöten.

Fosfomycin ist gut verträglich. Gelegentlich kann es aber zu Durchfall, Kopfschmerzen oder Übelkeit kommen.

Eine weitere Möglichkeit ist Nitrofurantoin, das in etwa genauso wirksam wie Fosfomycin ist. Allerdings sollte es in der Regel fünf Tage lang eingenommen werden. Zweimal täglich 100 Milligramm zu einer Mahlzeit.

Nitrofurantoin wird etwas schlechter vertragen. Häufig kommt es zu Übelkeit, Appetitlosigkeit oder Kopfschmerzen. Gelegentlich treten auch allergische Hautreaktionen auf.

Auch Pivmecillinam wird häufig eingesetzt. Es handelt sich dabei um ein Beta-Lactam-Antibiotikum, das zu den Penicillinen gehört. Das ist insofern wichtig, weil man es nicht einnehmen darf, wenn eine echte Penicillinallergie vorliegt. Dass viele Menschen jedoch irrtümlich annehmen, an einer solchen Allergie zu leiden, steht im nächsten Kapitel.

Man kann Pivmecillinam in Tablettenform entweder zwei- bis dreimal täglich über drei Tage in einer Dosierung von 400 Milligramm einnehmen oder man nimmt 200 Milligramm zweimal täglich über sieben Tage ein. Pivmecillinam sollte zu einer Mahlzeit geschluckt werden, da so das Risiko von Magen-Darm-Problemen reduziert wird.

Pivmecillinam ist in der Regel gut verträglich. Gelegentlich kann es zu Durchfall, Übelkeit oder Magenbeschwerden kommen.

Um das Risiko von Resistenzen zu reduzieren, sollte man, wenn man häufiger unter Blasenentzündungen leidet, nicht immer auf dasselbe Antibiotikum setzen.

111

Warum deine Penicillinallergie wahrscheinlich gar keine ist

Penicilline werden seit den 1940er-Jahren eingesetzt und haben bereits Millionen von Infektionen erfolgreich bekämpft. Es gibt viele verschiedene Penicilline. Darunter Amoxicillin, Penicillin V und Pivmecillinam, um das es im letzten Kapitel ging.

In der Regel sind Penicilline relativ gut verträglich. Bei manchen Menschen kommt es allerdings zu allergischen Reaktionen. Es können Symptome wie Juckreiz, Nesselsucht, Atemnot oder sogar ein anaphylaktischer Schock auftreten. Und das meist innerhalb weniger Minuten. In manchen Fällen treten die Symptome auch erst nach Stunden oder Tagen auf.

Rund zehn Prozent der Menschen geben an, gegen Penicilline allergisch zu sein. Die Penicillinallergie wurde dabei meist im Kindesalter festgestellt. Das Interessante daran ist jedoch, dass diese Unverträglichkeit bei mehr als 90 Prozent (!) von ihnen gar nicht vorhanden ist.

Die falsche Diagnose kam häufig dadurch zustande, dass sie nach der Penicillin-Gabe Hautausschläge entwickelten und diese dann fälschlicherweise als Penicillinallergie diagnostiziert wurden. In Wirklichkeit war das aber keine Reaktion des Immunsystems auf das Penicillin, sondern hatte ganz andere Ursachen. Ein bekannter Auslöser ist zum Beispiel der masernähnliche Hautausschlag, der nach der Gabe von Amoxicillin bei einem viralen Infekt auftritt.

Eine falsch diagnostizierte Penicillinallergie hat zur Folge, dass keine Penicilline mehr verordnet werden und Ärzte stattdessen auf weniger gute Alternativen umsteigen müssen, die oft teurer sind, mehr Nebenwirkungen haben und zudem Resistenzen fördern können. Eine Penicillinallergie sollte daher lieber früher als später abgeklärt werden.

Wichtig zu wissen: Selbst wenn man in der Kindheit eine echte Penicillinallergie hatte, kann sie im Erwachsenenalter durchaus längst wieder verschwunden sein, da sich die Reaktionsbereitschaft des Immunsystems im Laufe der Zeit wieder verringern kann. Dann können Penicilline wieder problemlos vertragen werden.

112

Wie sich eine bakterielle Vaginose von einem Vaginalpilz unterscheiden lässt

Nicht nur die Blase kann mit krankmachenden Bakterien besiedelt werden, sondern auch die Vagina. Bei einer bakteriellen Vaginose besteht ein Ungleichgewicht zwischen den guten und den schlechten Bakterien.

Bei den guten Bakterien handelt es sich um Milchsäurebakterien, die auch als Döderlein-Bakterien bezeichnet werden und den pH-Wert der Vagina im sauren Bereich zwischen 3,8 und 4,5 halten.

Eine bakterielle Vaginose wird meistens vom Stäbchenbakterium Gardnerella vaginalis ausgelöst. Das Ungleichgewicht der Bakterien kann einen fischigen Geruch verursachen und zudem den vaginalen pH-Wert auf über 4,5 anheben. Außerdem kommt es meist zu einem dünnflüssigen, grauweißen Ausfluss.

Mit einem pH-Wert-Test lässt sich nicht sicherstellen, ob es sich um eine bakterielle Vaginose oder um einen durch den Hefepilz Candida albicans ausgelösten Vaginalpilz handelt – siehe Kapitel 138. Es muss ein Vaginalabstrich vom Arzt gemacht werden.

Die Wahrscheinlichkeit, dass eine bakterielle Vaginose auftritt, wird durch häufigen Geschlechtsverkehr mit wechselnden Partnern, übertriebene Intimhygiene, die Einnahme von Antibiotika, hormonelle Veränderungen während der Schwangerschaft, Stress und Rauchen erhöht.

In Europa haben etwa fünf Prozent der Frauen im fruchtbaren Alter eine bakterielle Vaginose. Bei Schwangeren sind es zehn bis zwanzig Prozent, und bei Frauen mit sexuell übertragbaren Infektionen sogar rund dreißig Prozent. Problematisch ist, dass sich für schwangere Frauen durch eine bakterielle Vaginose das Risiko für eine Frühgeburt erhöhen kann. Sie sollten daher besonders aufmerksam sein und mögliche Symptome mit ihrer Frauenärztin abklären.

Behandelt wird in der Regel mit Antibiotika, vor allem mit Metronidazol oder Clindamycin. Die Behandlung mit Metronidazol ist jedoch häufiger.

113

Wie Metronidazol und Clindamycin bei einer bakteriellen Vaginose helfen können

Metronidazol und Clindamycin stehen bei der bakteriellen Vaginose entweder als Tablette zum Einnehmen oder je nach Wirkstoff lokal als Vaginalgel, -creme oder -zäpfchen zur Verfügung.

Metronidazol tötet die Bakterien ab. In der Regel wird es als Tablette eingenommen. Die orale Therapie gilt als wirksamer, vor allem bei stärkeren Beschwerden oder wenn die bakterielle Vaginose ständig wiederkommt. Die Behandlungsdauer beträgt meist fünf bis sieben Tage. Sie sollte zehn Tage nicht überschreiten, da sonst das Risiko für Nebenwirkungen wie Blutbildveränderungen oder Nervenschäden steigt.

Alternativ kann Metronidazol auch lokal als Vaginalgel angewendet werden. Das wird vor allem bei leichteren Verläufen gemacht, oder wenn die orale Therapie nicht infrage kommt.

Wichtig ist: Während der Einnahme von Metronidazol und mindestens 48 Stunden danach sollte kein Alkohol getrunken werden. Der Wirkstoff hemmt den Abbau von Acetaldehyd, einem Abbauprodukt des Ethanols. Dadurch können Symptome wie Übelkeit, Erbrechen, Hautrötungen und Schwindel auftreten.

Häufige Nebenwirkungen von Metronidazol sind Übelkeit, metallischer Geschmack im Mund, Bauchschmerzen oder Kopfschmerzen.

Keine Sorgen muss man sich machen, wenn sich der Urin dunkel verfärbt. Das ist harmlos und kommt durch farbige Abbauprodukte des Metronidazols zustande.

Clindamycin hingegen tötet die Bakterien nicht ab, sondern hemmt sie nur in der Vermehrung. Das Immunsystem muss dann den Rest erledigen.

In der Regel wird Clindamycin lokal als Vaginalcreme angewendet – einmal täglich über sieben Tage. Die lokale Behandlung mit Clindamycin reicht bei einer bakteriellen Vaginose meistens aus und wird häufig bevorzugt, weil sie gut verträglich ist.

Falls nötig, kann Clindamycin auch als Tablette geschluckt werden, vor allem bei ausgeprägten Beschwerden oder wenn die lokale Behandlung nicht ausreichend war. Dann wird es in der Regel dreimal täglich eingenommen, bei einer Tagesdosis von 600 bis 1800 Milligramm.

Relativ häufig treten bei einer Clindamycin-Behandlung Magen-Darm-Beschwerden auf, zu denen Bauchschmerzen, Übelkeit, Erbrechen und Durchfall gehören. Je höher die Dosis, desto größer das Risiko. Warum Probiotika helfen könnten, steht in Kapitel 97. Auch Hautausschläge können auftreten. Der Grund dafür ist, dass das Immunsystem Clindamycin als potenziellen »Eindringling« einstuft und eine Überempfindlichkeitsreaktion auslöst.

114

Wann man bei einer bakteriellen Bindehautentzündung Augentropfen braucht

So, wir fahren im Körper jetzt ein paar Etagen nach oben und steigen beim Auge aus. Wenn sich die Bindehaut des Auges entzündet, kann das durch Viren (Kapitel 135) oder eben durch Bakterien verursacht worden sein. Bei Erwachsenen sind meist Viren verantwortlich, bei Kindern hingegen häufiger Bakterien.

Geraten Bakterien ins Auge, erweitern sich die Blutgefäße der Bindehaut, damit mehr Abwehrzellen zu den Erregern gelangen. Die Erweiterung der Gefäße hat zur Folge, dass mehr Blut durchfließen kann, weshalb die Bindehaut rot wird und zudem anschwillt.

Dass die Bindehautentzündung bakteriell bedingt ist, erkennt man in der Regel am schleimig-eitrigen Sekret. Es führt dazu, dass das Augenlid beziehungsweise die Augenlider morgens nach dem Aufwachen verklebt sind. Mit einer Bindehautentzündung sollte man zum Arzt, da sie auch ein Warnzeichen für eine andere, schwerwiegende Augenerkrankung sein kann.

Auch wenn vielleicht nur ein Auge betroffen ist, empfiehlt es sich, bei kleinen Kindern das andere Auge mitzubehandeln. Die Bakterien lassen sich nämlich leicht von einem Auge ins andere befördern.

Liegt tatsächlich eine bakterielle Bindehautentzündung vor, verordnet der Arzt in der Regel ein Antibiotikum. Meist Ofloxacin oder Gentamicin. Und zwar in Form von Augentropfen oder als Augensalbe. Oder in Kombination.

Meistens ist das, gerade bei Kindern, aber gar nicht nötig, weil die meisten bakteriellen Bindehautentzündungen innerhalb einer Woche von selbst abheilen. Fachgesellschaften empfehlen daher, erst ein paar Tage abzuwarten und die Augen sauber zu halten. Antibiotische Tropfen oder Salben sollten laut ihnen nur bei anhaltenden oder schweren Symptomen zum Einsatz kommen. Wenn lokale Antibiotika wirklich nötig sind, sollte eher Gentamicin verwendet und Ofloxacin als Reserve für komplizierte Fälle aufgehoben werden.

Ofloxacin-Augentropfen werden in der Regel viermal täglich ins Auge getröpfelt. Gentamicin-Augentropfen hingegen werden vier- bis sechsmal am Tag verwendet. Bei schweren Infektionen häufiger. Nach fünf bis sieben Tagen ist die Infektion meist abgeklungen, dann soll noch zwei bis drei Tage weiterbehandelt werden. Die Anwendung beider Antibiotika sollte nicht länger als 14 Tage dauern.

Augentropfen eignen sich vor allem für die Anwendung am Tag, da sie das Sehen kaum beeinträchtigen und zudem gut verträglich sind. Wer sie nutzt, sollte nach dem Eintropfen den inneren Augenwinkel für etwa zwei bis drei Minuten sanft zudrücken. Auf diese Weise wird verhindert, dass ein Teil der Tropfen über den Tränenkanal in den Nasenrachenraum gelangt und dort über die Schleimhaut ins Blut aufgenommen wird, was mögliche Nebenwirkungen reduziert.

Eitert das Auge stark, sollte zusätzlich die Augensalbe verwendet werden, da sie besser an der Bindehaut haftet. Die Salbe mit Ofloxacin wird in der Regel dreimal täglich verwendet und die mit Gentamicin zwei- bis dreimal.

Bei Ofloxacin treten meist nur gelegentliche, leichte Irritationen wie ein kurzes Brennen oder ein Sandkorngefühl auf, während Gentamicin etwas häufiger zu Reizungen der Bindehaut oder oberflächlichen Hornhautschäden führen kann.

Wichtig: Ofloxacin gehört wie Ciprofloxacin und Levofloxacin zu den Fluorchinolonen, die aufgrund schwerwiegender Nebenwirkungen nur noch zurückhaltend verschrieben werden dürfen. Bei der Einnahme können Sehnenentzündungen und Sehnenrisse, vor allem an der Achillessehne, auftreten. Sogar noch Monate nach der Behandlung. Ebenso sind Nervenschäden möglich, die zu Taubheitsgefühlen, Schmerzen oder Muskelschwäche führen können. Ciprofloxacin wurde früher relativ häufig verordnet, Levofloxacin ohnehin nur in bestimmten Situationen. Heute sollen sie nur noch dann verschrieben werden, wenn keine besser geeigneten Alternativen verfügbar sind. Ciprofloxacin fand vor allem bei leichten oder von selbst abklingenden Infektionen wie etwa einer unkomplizierten Blasenentzündung, einer Bronchitis oder bei Reisedurchfall häufig Anwendung. Während Levofloxacin nur noch sehr selten vorkommt, ist Ciprofloxacin noch immer das am häufigsten verordnete Fluorchinolon. Die Verordnungszahlen sind dennoch stark zurückgegangen. Ich bekomme nur noch selten Rezepte mit diesem Antibiotikum.

Da es bei diesen Einschränkungen hauptsächlich um die systemische und nicht die lokale Anwendung am Auge geht, werden Ofloxacin-Augentropfen und -Augensalben auch heute noch relativ häufig verordnet.

115

Was man nach einem Zeckenstich tun sollte und wie man ihn verhindern kann

Eine weitere bakterielle Infektion, über die es sich lohnt, Bescheid zu wissen, ist die Lyme-Borreliose. Sie ist die häufigste durch Zecken übertragene Infektionskrankheit in Deutschland. Die Übertragung erfolgt in der Regel durch den Stich – ja, Stich und nicht Biss – der Zecke.

Die schraubenförmigen Bakterien, Borrelien genannt, befinden sich im Darm der Zecke. Während des Saugakts müssen sie von dort erst mal in die Speicheldrüsen wandern. Und das dauert. Rund 12 bis 24 Stunden. Das heißt, entfernt man die Zecke rechtzeitig, muss man sich in der Regel keine Sorgen um eine Lyme-Borreliose machen. Das Risiko steigt jedoch, je länger die Zecke sich vollsaugt. Die Infektionsgefahr hängt zusätzlich von der Region und der Aktivität der Zecken ab. Je nach Gebiet sind in Deutschland zwischen 6 und 30 Prozent der Zecken mit Borrelien infiziert.

Falls Symptome einer Borreliose auftreten, dann meist innerhalb von 3 bis 30 Tagen nach dem Stich. Am häufigsten ist die sogenannte Wanderröte, eine ringförmige Hautrötung, die sich um die Einstichstelle ausbreitet und größer wird. Sie tritt bei etwa 89 Prozent der Erkrankten auf und misst meist mindestens fünf Zentimeter im Durchmesser. Zusätzlich kann es auch zu grippeähnlichen Beschwerden kommen. Wenn man Pech hat, wird zudem das Nervensystem befallen – durch die sogenannte Neuroborreliose. Es können dann starke Nervenschmerzen, Lähmungen im Gesicht oder eine Hirnhautentzündung auftreten.

Bleibt der Zeckenstich unbemerkt und damit auch unbehandelt, kann es Monate später zu Schwellungen und Schmerzen der Knie, Schultern oder Ellenbogen kommen, was als Lyme-Arthritis bezeichnet wird. Auch ein Post-Lyme-Syndrom kann sich Monate oder sogar Jahre später entwickeln. Symptome sind Müdigkeit, Schmerzen oder Konzentrationsstörungen.

Zur Abklärung kann das Blut auf Antikörper gegen Borrelien untersucht werden. Ein positiver Test bedeutet jedoch nicht automatisch, dass eine aktive Infektion vorliegt, da Antikörper auch nach einer überstandenen Infektion oder ohne Krankheitszeichen nachweisbar sein können.

Im Frühstadium der Borreliose wird in der Regel über 10 bis 21 Tage mit Doxycyclin oder Amoxicillin behandelt. Mehr dazu im nächsten Kapitel. Bei einer echten Penicillinallergie kann auch Cefuroxim oder Azithromycin gegeben werden.

Behandelt man die Borreliose frühzeitig, idealerweise innerhalb der ersten sechs Wochen nach dem Stich, ist in der Regel eine vollständige Heilung möglich. Eine vorbeugende Antibiose wird nicht empfohlen. Am besten, man beobachtet die Stelle und geht zum Arzt, sobald sich Symptome, vor allem die oben beschriebene Wanderröte, entwickeln. Die Beschwerden verschwinden bei rechtzeitiger Behandlung in über 90 Prozent der Fälle vollständig oder bessern sich zumindest deutlich.

Eine Impfung ist bisher noch nicht verfügbar. Eine durchgemachte Infektion macht leider auch nicht immun. Empfohlen wird, sich bei Aufenthalten im Grünen mit geschlossener Kleidung zu schützen.

Auch Repellentien wie Icaridin oder DEET (Diethyltoluamid) sind empfehlenswert. Sie wirken durch Bildung eines Duftmantels, der als Schutzschild wirkt. Dabei bringen sie den Orientierungssinn der Zecken durcheinander und machen es ihnen so schwer, uns als ihr Ziel zu erkennen. Bei Icaridin schützt eine 10-prozentige Lösung rund fünf bis sechs Stunden, eine 20-prozentige in der Regel acht bis zwölf Stunden vor Zecken. Bei DEET bietet eine 30-prozentige Lösung in der Praxis rund fünf bis sechs Stunden Schutz. Höhere Konzentrationen, zum Beispiel die 50-prozentige Lösung, verlängern ihn bei Zecken höchstens um eine Stunde und sind daher selten nötig. Ätherische Öle wie Citronella und Eukalyptus wirken nur etwa ein bis zwei Stunden, und das auch nicht allzu zuverlässig.

Der Körper sollte nach einem Aufenthalt im Freien mit Zeckenrisiko sorgfältig abgesucht werden. Zecken sitzen besonders gern an versteckten Stellen wie am Haaransatz, hinter den Ohren, in den Achselhöhlen, Ellenbeugen, Kniekehlen, in der Leistenregion oder unter enger Kleidung und sogar unter einer Armbanduhr.

Zum Entfernen kann man eine Zeckenkarte oder eine Zeckenzange verwenden, alternativ auch eine Pinzette. Man setzt möglichst nah an der Haut an und muss darauf achten, den Zeckenkörper nicht zu quetschen, um die Freisetzung von Krankheitserregern zu vermeiden. Auf Hausmittel wie Klebstoff, Öl oder Nagellack sollte verzichtet werden, da sie die Zecke stressen und deshalb dazu führen können, dass sie mehr Erreger in die Wunde abgibt.

116

Was bei der Anwendung mit Doxycyclin oder Amoxicillin beachtet werden muss

Bei Doxycyclin handelt es sich um ein Breitbandantibiotikum aus der Gruppe der Tetrazykline, das das Wachstum der Bakterien hemmt. Erkrankt man an der Lyme-Borreliose, werden täglich 200 Milligramm über zwei bis drei Wochen eingenommen.

Bei anderen Erkrankungen werden 200 Milligramm in der Regel nur am ersten Behandlungstag eingenommen und anschließend meist nur noch die Hälfte. Außer bei schweren Infektionen oder Patienten, also wenn sie über 70 Kilogramm Körpergewicht auf die Waage bringen, kann auch dauerhaft eine höhere Dosierung nötig sein.

Wichtig ist, dass Doxycyclin von Kindern unter acht Jahren nicht verwendet werden darf, da sich der Wirkstoff in den Zähnen und Knochen anreichern und zu bleibenden Zahnverfärbungen oder Schmelzdefekten führen kann.

Außerdem sollte man Sonnenschutz verwenden, da Doxycyclin die Lichtempfindlichkeit der Haut erhöht. Es kann durch die UV-Strahlen zu sonnenbrandähnlichen Reaktionen kommen.

Doxycyclin ist zudem eines der wenigen Antibiotika, das nicht mit Milch oder Milchprodukten eingenommen werden darf, da das enthaltene Calcium die Aufnahme beeinträchtigt. Milchprodukte sollte man am besten bereits zwei Stunden vor der Einnahme weglassen und frühestens zwei Stunden danach wieder konsumieren.

Kommt Doxycyclin als Therapie nicht infrage, zum Beispiel bei Kindern unter acht Jahren und Schwangeren, wird das in Deutschland am häufigsten verordnete Antibiotikum verschrieben: Amoxicillin. Wie erwähnt, gehört es zu den Penicillinen und kann eine Penicillinallergie auslösen.

Da Enzyme namens Beta-Lactamasen Amoxicillin abbauen, was die Wirkung reduziert, wird es manchmal auch mit Clavulansäure kombiniert. Diese hemmt die Beta-Lactamasen und sorgt somit dafür, dass die Wirkung von Amoxicillin erhalten bleibt. Allerdings kann die Clavulansäure in seltenen Fällen Leberschäden verursachen. Ist die Leber bereits vorgeschädigt, sollte man daher auf die Kombi verzichten.

Bei der Lyme-Borreliose werden im Frühstadium von Kindern und Erwachsenen, die mehr als 40 Kilogramm wiegen, alle acht Stunden 500 bis 1000 Milligramm eingenommen. 14 Tage lang. Maximal aber 21 Tage lang. Kinder unter 40 Kilogramm bekommen eine angepasste Dosis.

Im Spätstadium der Lyme-Borreliose, wenn der ganze Körper beteiligt ist, wird die Dosis meist verdoppelt und die Anwendung kann bis zu 30 Tage dauern.

117

Wie kommt es zur Akne?

Kommen wir zur Akne vulgaris. Die meist einfach nur als Akne bezeichnete Hauterkrankung betrifft vor allem die Haut Jugendlicher während der Pubertät, kann aber auch noch im Erwachsenenalter auftreten. Akne entsteht, wenn die Talgdrüsen der Haut die Bildung von Talg etwas übertreiben. Der überschüssige Talg verbindet sich dann mit den abgestorbenen Hautzellen, und zusammen verstopfen sie die Poren.

Problematisch wird es, wenn Bakterien ins Spiel kommen. Was schnell passiert. Denn Bakterien wie das Cutibacterium acnes können sich in diesem Milieu gut vermehren. Normalerweise sind sie harmlos, aber in verstopften Poren lösen sie häufig Entzündungsreaktionen aus. Auch Hormonschwankungen, vor allem ein Anstieg der männlichen Sexualhormone (Androgene) während der Pubertät, fördern die Entstehung von Akne. In den Wechseljahren kann es ebenfalls dazu kommen, weil die Spiegel von Östrogen und Progesteron sinken und die Androgene dadurch relativ die Oberhand gewinnen. Androgene stimulieren die Talgdrüsen. Dadurch bilden sie dann mehr Talg. Genetische Faktoren können ebenfalls eine Rolle spielen, denn in manchen Familien tritt Akne häufiger auf als in anderen.

Die Akne zeigt sich durch Hautunreinheiten wie Mitessern, Papeln, Pusteln und in schweren Fällen sogar Abszessen und Narben. Mitesser, auch Komedonen genannt, sind kleine, oft hautfarbene Erhebungen, welche durch mit Talg und mit Hautzellen verstopfte Haarfollikel verursacht werden. Man unterscheidet offene Mitesser (schwarze Punkte) von geschlossenen (weiße Punkte).

Als Papeln hingegen werden kleine, feste Hautknötchen bezeichnet, die oft gerötet und entzündet sind, aber keinen Eiter enthalten. Pusteln sind ähnlich wie Papeln. Allerdings sind sie mit Eiter gefüllt und sehen aus wie kleine, entzündete, weiße oder gelbliche Bläschen. Abszesse sind größere und schmerzhafte Eiteransammlungen unter der Haut. Sie können auf eine schwerere Entzündungsreaktion hinweisen und zu Narbenbildung führen.

118

Welche Cremes und Gele kann man gegen Akne auf die Haut auftragen?

Die Basis bei der Aknebehandlung sollte eine angemessene Hautpflege darstellen: Es empfiehlt sich ein mildes Reinigungsmittel und nicht-komedogene, also nicht die Poren verstopfende Pflegeprodukte. Wenn ein Produkt nicht-komedogen ist, steht das oft auf der Verpackung, da es einen Vorteil für den Kunden bietet. Allerdings handelt es sich dabei um keinen geschützten Begriff. Sicher sind spezielle Akne-Produkte aus der Apotheke. Wird die Haut allerdings zu oft gereinigt und werden dabei aggressive Produkte verwendet, kann das die Haut reizen und die Akne somit noch verschlimmern.

Bei leichten Fällen helfen oft Cremes oder Gele mit verschiedenen Wirkstoffen. Ein Klassiker ist Benzoylperoxid. Es hat eine antibakterielle und schälende Wirkung. Es funktioniert, indem es reaktive Sauerstoffradikale freisetzt, die die Bakterien abtöten. Das führt zu einer erhöhten Sauerstoffkonzentration in den Talgdrüsen, wodurch das Wachstum der Bakterien gehemmt wird.

Benzoylperoxid kann zu Nebenwirkungen wie Hautreizungen, Trockenheit und in seltenen Fällen auch zu allergischen Reaktionen führen. Während der Behandlung, und natürlich auch sonst, sollte ein Sonnenschutz mit hohem Lichtschutzfaktor verwendet werden, da die behandelte Haut sonnenempfindlicher sein kann.

Zu beachten ist auch, dass Benzoylperoxid Textilien bleichen kann. Vor allem Kissen bekommen dadurch ein neues Muster, aber auch T-Shirts sind gefährdet.

Auch Salicylsäure, ein sogenanntes BHA-Peeling, kann man bei Akne verwenden. Es entfernt abgestorbene Hautzellen, löst verstopfte Poren und fördert das Abfließen von Talg. AHA-Säuren wie Glykolsäure oder Milchsäure wirken eher auf der Hautoberfläche, verbessern das Hautbild und fördern das Abschuppen von Hornzellen.

Niacinamid, eine Form von Vitamin B3, reguliert wiederum die Talgproduktion, stärkt die Hautbarriere und wirkt entzündungshemmend, was bei Akne von Vorteil ist.

Schließlich gibt es noch Retinoide wie Adapalen. Sie regen die Zellerneuerung an, wirken leicht entzündungshemmend und helfen dabei, Mitesser und entzündete Pickel zu reduzieren. Angewendet wird Adapalen in Form von Cremes oder Gelen. Wichtig: Zu Beginn der Behandlung kommt es häufig zu Rötungen, Brennen, Spannungsgefühl, Schuppung oder Trockenheit der behandelten Stellen. Diese Reaktionen werden auch als Retinoid-Dermatitis bezeichnet. Betroffene brauchen also Geduld: Die Haut gewöhnt sich mit der Zeit an den Wirkstoff, und die Beschwerden lassen deutlich nach. Es kommt zu einem verbesserten Hautbild und weniger Entzündungen. Adapalen wird dennoch häufig wegen der anfänglichen Reizung zu früh wieder abgesetzt.

Eine Kombination von Adapalen mit Benzoylperoxid ist sinnvoll.

Auch das Antibiotikum Erythromycin kann äußerlich bei entzündlichen Formen der Akne angewendet werden, um die Bakterien zu bekämpfen. Es wird immer in Kombination mit Benzoylperoxid (oder einem topischen Retinoid wie Adapalen oder Tretinoin) und auch nur für begrenzte Zeit eingesetzt. Die Anwendung erfolgt meist zweimal täglich, morgens und abends. Erfolge zeigen sich oft erst nach mehreren Wochen. Auch hier ist also Geduld gefragt.

Welches Mittel nun das richtige ist, hängt von der Schwere der Akne, der Hautverträglichkeit und eventuellen Vorerkrankungen ab. Die Entscheidung sollte der Hautarzt treffen.

119

Warum sich Doxycyclin zur Behandlung schwerer Akne besser eignet als Minocyclin

Bei einer mittelschweren bis schweren Akne reicht eine lokale Behandlung oft nicht mehr aus. Dann werden zusätzlich Antibiotika eingenommen, um die Entzündung zu reduzieren und die Bakterienzahl auf der Haut zu senken.

Meist wird Doxycyclin oder seltener auch Minocyclin verwendet.

Doxycyclin, siehe Kapitel 116, wird bei schweren Formen der Akne vulgaris eingesetzt. 100 Milligramm pro Tag für 7 bis 21 Tage. Danach können noch zwei bis drei Wochen 50 Milligramm eingenommen werden. Eine Langzeitbehandlung kann bei Erfolg auch bis zu zwölf Wochen andauern.

Minocyclin hat nicht nur eine gute Wirkung gegen Cutibacterium acnes, sondern reichert sich auch in den Talgdrüsen an, was es besonders wirksam bei Akne macht.

Eingenommen werden meist 50 bis 100 Milligramm täglich, abhängig vom Schweregrad der Akne. Die Behandlung erfolgt über mehrere Wochen bis Monate, was allerdings das Risiko für Resistenzen erhöht. Eine vollständige Abheilung aller Hautveränderungen braucht man nicht zu erwarten, doch die Entzündungsaktivität lässt sich oft deutlich verringern. Auch bei der Einnahme von Minocyclin muss auf Milch und Milchprodukte verzichtet werden. Zumindest sicherheitshalber zwei Stunden vor und zwei Stunden nach der Einnahme.

Minocyclin ist allerdings nur die zweite Wahl, da es im Vergleich zu Doxycyclin häufiger Nebenwirkungen im ZNS wie Schwindel oder Kopfschmerzen verursachen kann.

120

Warum es für Frauen strenge Regeln bei Isotretinoin gibt und für Männer nicht

Auch Isotretinoin, ein Abkömmling von Vitamin A, wird in Form von Kapseln zur Behandlung schwerer Akne eingesetzt. Es sorgt dafür, dass sich die Keratinozyten – das sind Zellen der Epidermis – normalisieren, wodurch die Talgdrüsen kleiner werden und somit weniger Talg produzieren. Außerdem wirkt Isotretinoin entzündungshemmend, hilft gegen Mitesser und verringert durch die reduzierte Talgmenge auch das Wachstum der Akne-Bakterien.

Zu den häufigen Nebenwirkungen gehören Juckreiz, Brennen, Rötungen, Schuppung und trockene Haut. Da die Haut während der Behandlung empfindlicher auf UV-Strahlung reagiert, sollte ein Sonnenschutz mit hohem Lichtschutzfaktor verwendet werden.

Wichtig ist, dass man über die fruchtschädigende Wirkung von Isotretinoin und anderen Retinoiden Bescheid weiß. Isotretinoin darf nicht während der Schwangerschaft angewendet werden. Deshalb gelten strenge Sicherheitsvorgaben für Frauen im gebärfähigen Alter. Sie müssen regelmäßig vor, während und nach der Behandlung einen Schwangerschaftstest durchführen lassen. Für sie darf Isotretinoin auch nur für eine Behandlungsdauer von maximal 30 Tagen verordnet werden. Das Rezept ist zudem nur am Ausstellungstag und an den folgenden sechs Tagen gültig (insgesamt also sieben Tage).

Bei Männern gelten andere Regeln: Gesetzlich Versicherte haben vier Wochen Zeit, das Rezept zulasten ihrer Krankenkasse einzulösen. Für Privatpatienten beträgt die Gültigkeit in der Regel drei Monate.

Bei einer mittelschweren bis schweren Akne kann bei Frauen auch die Antibabypille eingesetzt werden. Hier muss natürlich der Nutzen mit dem Risiko abgewogen werden. Mehr zur Antibabypille steht in Kapitel 5.

Teil 6
Kinderkrankheiten und Impfungen

Von Viren bis Euphrasia

121

Was man über Viren wissen sollte

Im Gegensatz zu Bakterien sind Viren keine Lebewesen. Sie besitzen weder einen eigenen Stoffwechsel, noch können sie sich selbst vermehren. Sie bestehen aus einem Genom, also dem Erbgut aus DNA oder RNA, das von einer Proteinhülle, dem Kapsid, umgeben ist. Manche Viren besitzen zusätzlich eine Hülle, die sie empfindlicher macht – auch wenn das widersprüchlich klingt. Unbehüllte Viren überleben in der Regel länger in der Umwelt als behüllte.

Viren können auf vielen Wegen übertragen werden: durch Tröpfcheninfektion, Schmierinfektion, Blutkontakt oder durch Überträger wie Mücken. Die Infektion läuft so, dass das Virus sein Erbgut in die Zelle des Wirtes freisetzt und es dann von ihr vermehren lässt. Die fertigen Viren verlassen schließlich die Wirtszelle und zerstören sie oft dabei. Wird sie nicht zerstört, kann sie immer wieder neue Viren bilden, die dann chronische Infektionen auslösen. Andere Viren, wie die Herpes-simplex-Viren (Kapitel 134), verbleiben in einem »Schlummerzustand« in der Zelle. Sie sind zwar vorhanden, verursachen neue Krankheitssymptome aber erst, wenn sie durch Stress oder ein geschwächtes Immunsystem reaktiviert werden.

Um die Viren zu bekämpfen, reagiert das Immunsystem auf die Virusbestandteile, sogenannte Antigene: Es bildet einerseits Antikörper aus, die diese Antigene binden und neutralisieren können, und andererseits erkennen sogenannte Killerzellen virusinfizierte Zellen und zerstören sie, was unter anderem zu Symptomen wie Fieber führen kann.

Es gibt die Möglichkeit, das Immunsystem bei seinem Kampf gegen die Viren zu unterstützen, indem man antivirale Arzneimittel wie Aciclovir einsetzt, die die Vermehrung von Herpes-simplex-Viren hemmen.

Nach einer überstandenen Virusinfektion ist man oft immun gegen das Virus. Manchmal lebenslang, manchmal aber nur für eine begrenzte Zeit. Das Problem ist, dass viele Viren ständig ihr Erbgut verändern, sodass eine erneute Ansteckung doch wieder möglich ist.

Schützen kann man sich gegen Viren, die sich nicht ständig verändern, durch Impfungen. Impfungen trainieren das Immunsystem, das Virus frühzeitig zu erkennen und es zu bekämpfen.

122

Was der Unterschied zwischen einer aktiven und einer passiven Immunisierung ist

Bei den Impfungen unterscheidet man die passive von der aktiven Immunisierung.

Impfstoffe für die aktive Immunisierung enthalten entweder vermehrungsfähige, abgeschwächte Erreger, das sind sogenannte Lebendimpfstoffe, oder abgetötete beziehungsweise inaktivierte Erreger oder Teile davon, Totimpfstoffe genannt. Beide Arten können das Immunsystem trainieren, ohne selbst die Krankheit auszulösen.

Lebendimpfstoffe dürfen nicht bei Personen mit geschwächtem Immunsystem und auch nicht bei Schwangeren verwendet werden, da bei ihnen selbst die abgeschwächten Erreger zu einer Infektion führen könnten. Totimpfstoffe sind dagegen auch für Menschen mit geschwächtem Immunsystem und Schwangere geeignet, da sie keine aktive Infektion auslösen.

Die Immunantwort bei Totimpfstoffen ist meist schwächer und

hält weniger lang, weil hauptsächlich Antikörper gebildet werden und in der Regel weniger Killerzellen aktiviert werden als bei Lebendimpfstoffen. Daher werden bei ihnen häufiger Auffrischungsimpfungen benötigt als bei Lebendimpfstoffen. Beispiele für Totimpfstoffe sind die Standard-Grippeimpfung und die Tollwutimpfung, während die Masernimpfung ein klassischer Lebendimpfstoff ist.

Um die Immunreaktion zu verstärken, werden Totimpfstoffen oft Adjuvanzien wie Aluminiumhydroxid hinzugefügt. Sie helfen einerseits dabei, dass der Körper mehr Antikörper bildet, andererseits beeinflussen sie, welche Art von Immunzellen aktiviert wird.

Aluminiumhydroxid verstärkt die Immunantwort, indem es an der Injektionsstelle eine leichte Entzündungsreaktion auslöst. Dadurch werden die antigenpräsentierenden Zellen angelockt. Sie nehmen die Antigene auf und präsentieren sie dann auf ihrer Oberfläche. Das erleichtert es dem Immunsystem, die Antigene zu erkennen und zu attackieren. Aluminiumhydroxid verschafft dem Immunsystem zudem mehr Zeit für die Reaktion, da es das Antigen länger an der Injektionsstelle hält.

Adjuvanzien bieten auch wirtschaftliche Vorteile, da sie die Menge an benötigtem Antigen verringern und somit zu einer effizienteren Impfstoffproduktion führen.

Impfgegner befürchten, dass sich Aluminiumsalze im Körper anhäufen und toxische Wirkungen auslösen. Sie sollen zu neurologischen Schäden oder chronischen Krankheiten führen. Diese Bedenken sind unnötig. Zahlreiche Studien und Überprüfungen durch Gesundheitsbehörden haben gezeigt, dass die in Impfstoffen verwendeten Mengen an Aluminiumsalzen sicher sind.

Im Unterschied zur aktiven Impfung werden dem Körper bei der passiven Immunisierung bereits vorgefertigte Antikörper verabreicht, die sofort gegen einen spezifischen Erreger wirken sollen. Der Schutz ist zwar schneller vorhanden, dafür hält er aber nicht so lange an, da die Antikörper mit der Zeit wieder abgebaut werden.

Man setzt die passive Immunisierung häufig in Situationen ein, in denen eine sofortige Immunität benötigt wird. Zum Beispiel bei der Behandlung von Tollwut oder Tetanus, nachdem man dem Erreger ausgesetzt war.

123

Warum eine mRNA-Impfung schnell verfügbar und relativ ungefährlich ist

Bevor wir gleich zu Masern, Mumps und Röteln kommen, müssen wir noch auf die mRNA-Impfung eingehen. Sie ist weder ein Lebend- noch ein Totimpfstoff. Spätestens seit der Coronapandemie hat jeder schon davon gehört. Impfgegner wollen keine mRNA in ihrem Körper haben, wären aber längst tot, wäre das der Fall.

Jede Zelle im Körper enthält mRNA, was für »messenger ribonucleic acid« steht – also die Boten-Ribonukleinsäure. Sie liefert eine Art Bauanleitung für die Herstellung bestimmter Eiweiße, um daraus körpereigene Strukturen aufzubauen, Enzyme zu produzieren oder Prozesse im Zellstoffwechsel zu steuern.

Bei der Impfung liefert sie dem Immunsystem die Bauanleitung für ein ungefährliches Bruchstück des Erregers, der bekämpft werden soll. Bei der mRNA-Impfung gegen COVID-19 wird zum Beispiel das Spike-Protein des Coronavirus verimpft.

Der Körper stellt daraufhin die Antigene her, für die er dann gleich auch die passenden Antikörper bildet. Kommt es zu einer richtigen Infektion, sind sie dann verfügbar, um auch diese Antigene zu bekämpfen.

Die verimpfte mRNA bleibt nur kurz im Körper und wird danach wieder abgebaut. Sie gelangt nicht in den Zellkern, wo sich die DNA befindet, und ist damit auch nicht in der Lage, das Erbgut zu verändern – auch wenn Impfgegner immer wieder gern das Gegenteil behaupten.

Da die Technologie für mRNA-Impfstoffe nun vorhanden ist, können neue Impfstoffe extrem schnell entwickelt werden. Man benötigt lediglich den Bauplan des Erregers, den man durch eine Genanalyse gewinnen kann. Sollte uns also ein neues Virus überrennen, wird zeitnah ein passender mRNA-Impfstoff auf dem Markt sein.

mRNA-Impfstoffe sind relativ sicher. Schwere Nebenwirkungen wie Herzmuskelentzündungen sind sehr selten. Sie kommen dann hauptsächlich bei jüngeren Männern nach der zweiten Dosis vor. Wie bei anderen Impfungen kann es an der Einstichstelle zu Schmerzen kommen. Ebenso können Fieber, Kopf- oder Gliederschmerzen auftreten, was ein Zeichen dafür ist, dass das Immunsystem arbeitet.

124

Warum die Impfung gegen Masern, Mumps und Röteln Leben rettet

Eine der wichtigsten Impfungen im Kindesalter ist die MMR-Impfung. Sowohl Masern als auch Mumps und Röteln werden durch eine Tröpfcheninfektion übertragen, also zum Beispiel durch Husten oder Niesen, aber auch durch eine viel zu feuchte Aussprache. Sie betreffen vor allem Kinder. Aber auch Erwachsene können sich infizieren, wenn sie in ihrer Kindheit nicht dagegen geimpft wurden oder daran erkrankten.

Während Masern nach 10 bis 14 Tagen nach der Infektion auftreten, braucht Mumps etwa 16 bis 18 Tage. Röteln treten hingegen erst nach 14 bis 21 Tagen auf. Die Inkubationszeiten können aber auch immer nach vorne wie nach hinten abweichen.

Das Masernvirus verursacht Fieber, Husten und Schnupfen. Auch zu einer Bindehautentzündung kann es kommen. Charakteristisch sind die zartroten punktförmigen Flecken mit einem weißen Zentrum an der Wangenschleimhaut. Kurz nach diesen erscheint dann der typische Hautausschlag, der hinter den Ohren beginnt und sich über den ganzen Körper ausbreitet.

Auch wenn viele Masernerkrankungen relativ mild verlaufen, können sie dennoch schwerwiegende Komplikationen wie eine Mittelohrentzündung, eine Lungenentzündung und in seltenen Fällen sogar eine Entzündung des Gehirns verursachen. Besonders gefürchtet ist aber eine seltene, tödlich endende Gehirnerkrankung, da sie auch noch Jahre nach einer Masernerkrankung auftreten kann.

Bei Mumps kommt es zu einer schmerzhaften Schwellung der Speicheldrüsen. Da vor allem die Ohrspeicheldrüsen betroffen sind, führt das zu geschwollenen Wangen. Manche meinen, man sehe dann aus wie eine Ziege, was Mumps den Spitznamen »Ziegenpeter« verlieh. Nett. Weitere Symptome, die bei Mumps auftreten können, sind Fieber, Kopf- und Muskelschmerzen sowie Müdigkeit und Appetitlosigkeit.

Auch Mumps verläuft meist relativ mild. Zu den möglichen Komplikationen gehören jedoch Entzündungen des Gehirns (Enzephalitis) und der Hirnhäute (Meningitis) sowie in seltenen Fällen eine bleibende Taubheit. Bei männlichen Jugendlichen und Männern kann, ebenfalls selten, eine Hodenentzündung auftreten, die im Einzelfall zu Unfruchtbarkeit führt. Bei Frauen sind in seltenen Fällen auch die Eierstöcke betroffen.

Zu den Symptomen der Röteln gehören Fieber, Hautausschläge, Kopfschmerzen, Schnupfen und eine Schwellung der Lymphknoten. Bei Kindern und Jugendlichen tritt in der Regel ein typischer Hautausschlag auf, der im Gesicht beginnt und sich dann über den ganzen Körper ausbreitet. Bei Erwachsenen können die Röteln schwerer verlaufen, mit möglichen Komplikationen wie Gelenkentzündungen, Bronchitis und seltener auch Gehirnentzündungen.

Alle drei Erkrankungen lassen sich nur symptomatisch behandeln.

Seit der Einführung der MMR-Impfung ist ihr Auftreten stark zurückgegangen. Manche Eltern wollen ihre Kinder jedoch nicht impfen lassen, weil sie Angst haben, die Impfung könne Autismus verursachen. Leider führt das dazu, dass Masern wieder vermehrt diagnostiziert werden.

Die MMR-Impfung muss zweimal verabreicht werden, da etwa acht Prozent der Geimpften nach der ersten Dosis keinen ausreichenden Schutz entwickeln. Manche Kinder entwickeln etwa eine Woche nach der Impfung Fieber, das nach zwei bis drei Tagen wieder verschwindet – ein Zeichen dafür, dass das Immunsystem arbeitet. Schwere Nebenwirkungen sind extrem selten.

Viel gefährlicher ist es, Kinder dem Risiko auszusetzen, sich zu infizieren und die Krankheiten tatsächlich durchmachen zu müssen.

125

Kann die MMR-Impfung wirklich Autismus auslösen?

Autismus ist eine vielschichtige Entwicklungsstörung, die von Geburt an vorliegt und ein Leben lang bestehen bleibt. Kinder mit Autismus haben oft Schwierigkeiten im Umgang mit anderen Menschen und in der Kommunikation. Außerdem ziehen sie sich häufig in ihre eigene Gedankenwelt zurück und zeigen bestimmte Verhaltensweisen, die immer gleich ablaufen. Da es sich um eine Spektrumstörung handelt, sind die Symptome bei manchen Menschen ausgeprägter als bei anderen.

Menschen mit Autismus besitzen häufig einzigartige Stärken und Fähigkeiten. Eine frühe und angemessene Förderung kann dementsprechend dazu beitragen, diese Potenziale zu entwickeln und zu nutzen.

Die genauen Ursachen von Autismus konnten bisher noch nicht vollständig geklärt werden. Es gibt jedoch Hinweise darauf, dass eine Kombination aus genetischen und Umweltfaktoren als Ursache in Betracht kommt.

Und was ist jetzt mit Impfungen?

Seit dem Jahr 2000 wurden mehr Impfungen verabreicht als je zuvor, und gleichzeitig nahmen auch die Autismus-Diagnosen zu. Korrelation: ja. Kausalität: nein.

Nur weil die Diagnosen von Entwicklungsstörungen und Krankheiten zunehmen, heißt das nicht unbedingt, dass diese auch wirklich häufiger auftreten, sondern nur, dass sie öfter erkannt und damit diagnostiziert werden. Und nur weil zwei Ereignisse zur gleichen Zeit auftreten, heißt das noch lange nicht, dass sie etwas miteinander zu tun haben.

Seit dem Jahr 2000 hat auch die Nutzung von Handys und Smartphones zugenommen. Vielleicht besteht ja ein Zusammenhang zwischen Smartphones und Autismus? Oder liegt es eher an den immer größeren und gleichzeitig dünner werdenden Fernsehern? Vermutlich nicht.

Der Mythos vom angeblichen Zusammenhang zwischen Impfungen und Autismus geht auf den ehemaligen britischen Arzt Andrew Wakefield zurück. In den 1990er-Jahren behauptete er, dass Kombinationsimpfstoffe gegen Masern, Mumps und Röteln Nerven schädigen und Autismus auslösen können. Dafür gab es aber keine wissenschaftliche Grundlage. Seine »Studie« basierte auf Daten von nur zwölf Kindern. Eine Studie mit nur zwölf Kindern sagt nicht allzu viel aus, und schon gar nicht, wenn die Daten, wie in diesem Fall, gefälscht waren.

Wie sich später herausstellte, hatte Wakefield finanzielle Interessen und verfolgte mit seiner Falschinformation eigene Ziele. Er hatte nämlich Geld von Anwälten angenommen. Diese Anwälte vertraten Eltern, die Schmerzensgeld erstreiten wollten, weil ihre Kinder angeblich Impfschäden erlitten hatten. Hinzu kommt, dass Wakefield an einem eigenen Einzelimpfstoff gegen Masern arbeitete, den er vermarkten wollte.

Wegen seines unethischen Verhaltens wurde ihm schließlich die ärztliche Zulassung entzogen. Seine Mitautoren und das Fachmagazin *The Lancet*, das die Arbeit veröffentlicht hatte, distanzierten sich öffentlich und zogen die Veröffentlichung schließlich zurück.

Seitdem haben zahlreiche große internationale Studien untersucht, ob es vielleicht doch einen Zusammenhang zwischen Impfungen und Autismus geben könnte. Die Antwort ist Nein, Nein und nochmals Nein. Autismus tritt bei geimpften Kindern genauso häufig auf wie bei ungeimpften.

Da Fakten Impfgegner natürlich herzlich wenig interessieren, verbreiten sie auch weiterhin diese falschen Behauptungen, was viele Eltern verunsichert. Eltern, die ihre Kinder dann nicht impfen lassen, weil sie ihnen nicht schaden wollen, ihnen dann aber schaden, weil sie sie nicht impfen lassen.

126

Warum die Impfung gegen Windpocken im Normalfall auch einer Gürtelrose vorbeugt

Eine weitere häufig auftretende Kinderkrankheit sind Windpocken. Diese durch das Varizella-Zoster-Virus ausgelöste, hochansteckende Infektionskrankheit wird hauptsächlich durch eine Tröpfcheninfektion ausgelöst und tritt in der Regel 14 bis 16 Tage nach der Infektion auf.

Ansteckend ist man bereits ein bis zwei Tage, bevor der Hautausschlag auftritt. Typisch sind Fieber, Unwohlsein und ein charakteristischer Hautausschlag mit roten Flecken, die sich zu juckenden Bläschen entwickeln und vor allem am Rumpf, im Gesicht und auf der Kopfhaut auftreten. Da der Ausschlag in Schüben auftritt, befinden sich die verschiedenen Stadien oft gleichzeitig auf der Haut.

Die mit Flüssigkeit gefüllten Bläschen enthalten die Viren. Kratzt man sie auf, kann man andere infizieren. Außerdem ist das eine gute Möglichkeit, um sich ein paar Narben zuzuziehen. Die Bläschen trocknen nach etwa einer Woche aus und bilden Krusten, die nach und nach abfallen. Dann ist man nicht mehr ansteckend.

Windpocken verlaufen bei Kindern meist harmlos. Bei Erwachsenen, besonders bei Schwangeren und immungeschwächten Personen, können jedoch schwerere Komplikationen auftreten. Besonders das Risiko einer Lungenentzündung ist erhöht. Wie bei Mumps kann es auch zu Entzündungen des Gehirns und der Hirnhäute kommen.

Nach einer Windpockeninfektion verbleibt das Virus lebenslang im Körper. Es kann Jahre später wieder reaktiviert werden. Dann kommt es aber nicht erneut zu Windpocken, sondern zu einer Gürtelrose. Dabei handelt es sich um eine schmerzhafte Haut- und Nervenerkrankung, die meist mit Müdigkeit, Abgeschlagenheit und Fieber beginnt. Später entwickeln sich dann halbseitige, gürtelförmige Hautausschläge mit Bläschen, die stark jucken und schmerzen können. Problematisch ist, dass diese Schmerzen sogar noch Monate oder Jahre nach dem Verschwinden des Ausschlags bestehen können.

Der nervige Juckreiz der Windpocken und der Gürtelrose kann durch Lotionen mit Zink oder Gerbstoffen sowie durch Antihistaminika gemildert werden.

Die beste Möglichkeit, um das Risiko von Windpocken und damit auch das Auftreten einer Gürtelrose zu reduzieren, ist die Windpockenimpfung. Die Windpockenimpfung mit einem Lebendimpfstoff wird in Deutschland seit 2004 für alle Kinder ab einem Alter von elf Monaten empfohlen.

Sie reduziert das Auftreten von Windpocken erheblich. Treten sie dennoch auf, sind sie wesentlich milder. Auch eine Gürtelrose wäre weniger schlimm, wenn man sich trotz Impfung infiziert.

Eine Gürtelrose kann auch auftreten, ohne dass man die Windpocken durchgemacht hat. Allerdings betrifft das nur Menschen, die zuvor mit dem Lebendimpfstoff geimpft wurden. Denn auch das abgeschwächte Impfvirus kann sich in seltenen Fällen in Nervenzellen zurückziehen und Jahre später reaktivieren. Die Wahrscheinlichkeit dafür ist jedoch deutlich geringer als bei einer durchgemachten Windpockenerkrankung, und die Verläufe sind in der Regel milder.

Was die Gürtelrose selbst betrifft, empfiehlt die Ständige Impfkommission (STIKO) eine Herpes-Zoster-Schutzimpfung als Standard für Personen ab 60 Jahren sowie als Indikationsimpfung für Menschen ab 50 Jahren mit bestimmten Grunderkrankungen wie rheumatoider Arthritis oder Diabetes mellitus. Die Herpes-Zoster-Schutzimpfung wird nicht mit einem Lebendimpfstoff, sondern mit einem adjuvantierten Herpes-Zoster-Totimpfstoff durchgeführt. Er reduziert das Risiko der Reaktivierung des Virus.

127

Welches Mittel bei einer Gürtelrose am besten wirkt und warum die Einnahmezeit wichtig ist

Bei einer Gürtelrose werden in Deutschland vor allem antivirale Wirkstoffe wie Aciclovir oder Brivudin eingesetzt. Brivudin hat aber einen entscheidenden Vorteil: Die Einnahme ist einfacher. Während Aciclovir fünfmal am Tag geschluckt werden muss, reicht bei Brivudin eine Tablette am Tag aus. Für sieben Tage.

Die Behandlung sollte, egal mit welchem Wirkstoff, so früh wie möglich begonnen werden, am besten innerhalb von 72 Stunden nach den ersten Hautveränderungen. Je früher man startet, desto besser lässt sich die Ausbreitung des Virus im Nervensystem bremsen und das Risiko senken, dass es zu Nervenschmerzen kommt, die selbst nach Abheilen des Ausschlags oft bestehen bleiben.

Was man bei Brivudin unbedingt beachten muss, ist, dass es nicht gleichzeitig oder kurz vor der Einnahme von 5-Fluorouracil (5-FU) oder ähnlichen Substanzen eingenommen werden darf. Der Grund dafür ist, dass Brivudin den Abbau dieser Arzneimittel gegen Krebs blockiert, wodurch sie sich im Körper anreichern, was tödlich enden kann. In solchen Fällen wird dann Aciclovir angewendet.

Wichtig: Beide Arzneimittel stoppen nur die Vermehrung des Virus. Das Virus wird nicht aus dem Körper entfernt. Es zieht sich danach wieder in Nervenzellen zurück und kann später erneut eine Gürtelrose auslösen.

128

Wie man das Risiko umgeht, durch einen Zeckenstich an FSME zu erkranken

In Kapitel 115 haben wir bereits über die Lyme-Borreliose gesprochen. Aber Zecken können nicht nur bakterielle Infektionen verursachen, sondern auch eine virale: die Frühsommer-Meningoenzephalitis. Kurz: FSME.

Das FSME-Virus befindet sich nicht wie die Borrelien im Darm der Zecke, sondern in den Speicheldrüsen der infizierten Zecken.

Das heißt, selbst wenn man eine Zecke schnellstmöglich entfernt, könnte das Virus bereits übertragen worden sein.

Allerdings tragen nur etwa 0,1 bis 5 Prozent der Zecken in FSME-Risikogebieten das Virus in sich. Eine FSME-Infektion kommt daher wesentlich seltener vor als eine Borreliose.

FSME-Risikogebiete befinden sich aktuell vor allem in Bayern, Baden-Württemberg, Südhessen, Thüringen, Sachsen und südlichen Teilen von Brandenburg. Anfang 2025 kamen drei neue Risikogebiete hinzu: Der Stadtkreis Augsburg, der Landkreis Celle und der Landkreis Elbe-Elster. Derzeit gelten 183 Kreise in Deutschland als FSME-Risikogebiete.

Die meisten FSME-Infektionen verlaufen ohne Symptome. Wenn welche auftreten, dann handelt es sich meist um Fieber, Kopfschmerzen, Erbrechen, Schwindel und Gliederschmerzen. Da diese Symptome aber auch bei anderen Infektionen auftreten können und einer Grippe ähneln, wird die Verbindung mit FSME häufig nicht hergestellt. Vor allem deshalb nicht, weil die Krankheit erst ausbricht, wenn der Stich der Zecke bereits ein bis zwei Wochen zurückliegt.

Bei einem Teil der Betroffenen kann es nach einer beschwerdefreien Zeit von etwa einer Woche zu einer zweiten Phase der Erkrankung kommen. Es können erneut grippeähnliche Symptome auftreten, dieses Mal aber auch Bewusstseinsstörungen, Lähmungen oder Koordinationsstörungen. Auch Schluck-, Seh- und Sprachstörungen sind möglich, was auf eine Entzündung des Gehirns oder der Hirnhäute hindeutet.

Behandelt werden können bei der FSME nur die Symptome. Eine antivirale Therapie ist nicht verfügbar.

Bei etwa 30 bis 50 Prozent der Patienten mit schwerem Verlauf bleiben langfristige neurologische Beschwerden wie Lähmungen, Kopfschmerzen oder Konzentrationsstörungen zurück.

Rund ein Prozent der Erkrankten verstirbt an der FSME.

Im Gegensatz zur Lyme-Borreliose kann man sich allerdings vor der FSME mit einer Impfung schützen. Der Totimpfstoff wird für Menschen empfohlen, die sich in Risikogebieten im Freien aufhalten.

Für einen zuverlässigen Schutz sind drei Impfungen nötig: Die zweite Impfung erfolgt nach ein bis drei Monaten, die dritte, je nach Impfstoff, nach fünf bis zwölf beziehungsweise neun bis zwölf Monaten. Danach hält der Schutz mindestens drei Jahre an. Anschließend wird eine erste Auffrischungsimpfung nach drei Jahren empfohlen. Weitere Auffrischungen sind bei unter 60-Jährigen alle fünf Jahre, bei 60-Jährigen und Älteren alle drei Jahre angeraten.

129

Warum man auch Jungen die Impfung gegen Gebärmutterhalskrebs verabreichen sollte

Weiter geht's mit HPV, dem humanen Papillomavirus. Dabei handelt es sich aber nicht nur um ein Virus, sondern um eine Gruppe von über 200 miteinander verwandten Viren, die Haut- und Schleimhautinfektionen verursachen können. Eingeteilt werden diese Viren nach ihrem Risiko: Niedrigrisiko-HPV können Warzen auf der Haut und Genitalwarzen verursachen. Die Hochrisiko-Typen können Gebärmutterhalskrebs, aber auch andere Krebsarten wie Anal-, Penis- und Rachenkrebs verursachen.

Eine HPV-Infektion kann symptomlos verlaufen, treten aber Symptome auf, können nur diese behandelt werden. Es gibt keine Möglichkeit, das Virus direkt zu bekämpfen.

Genitalwarzen werden durch verschiedene Methoden behandelt, darunter Cremes, Lösungen, Vereisung, Lasertherapie und elektrochirurgische Verfahren. Wenn Vorstufen von Krebs oder Zellveränderungen festgestellt werden, können diese, falls nötig, chirurgisch entfernt, mit einem Laser abgetragen oder durch andere Verfahren zerstört werden, um die Entstehung von Krebs zu verhindern.

Die HPV-Impfung ist ein wichtiges Mittel, um sich vor den durch HPV ausgelösten Krebserkrankungen zu schützen. In Deutschland sind verschiedene HPV-Impfstoffe verfügbar. Der am häufigsten eingesetzte schützt gegen neun HPV-Typen.

Seit 2007 wird die HPV-Impfung für Mädchen und seit 2018 auch für Jungen empfohlen. Am sinnvollsten ist es, die Impfung vor dem ersten sexuellen Kontakt zu erhalten, da sie nur vor einer zukünftigen HPV-Infektion schützt, gegen bereits vorhandene kann sie nichts ausrichten.

Auch wenn Jungen selbst natürlich keinen Gebärmutterhalskrebs bekommen können, besteht die Möglichkeit, dass sie die Viren beim Sex übertragen. Die Impfung der Jungen dient deshalb nicht nur ihrem eigenen Schutz vor anderen Krebserkrankungen, die durch HPV ausgelöst werden, sondern soll auch dazu beitragen, eine Herdenimmunität aufzubauen.

130

Warum Kälte keine Erkältung auslöst

Kommen wir zur guten alten Erkältung. Und da müssen wir gleich etwas klarstellen: Kälte löst keine Erkältung aus. Man könnte nass und nackt im Winter durch den Schnee spazieren – man bekäme keine Erkältung. Man kann frieren, nasse Klamotten tragen, stundenlang im Luftzug stehen, mit nassen Haaren rausgehen oder barfuß auf kaltem Boden laufen – man bekäme keine Erkältung.

Ohne Viren: keine Erkältung!

Aber begünstigt die Kälte nicht eine Erkältung? Nur wenn Viren im Spiel sind.

Wird eine Erkältung durch Kälte begünstigt, wenn man sich bereits mit Erkältungsviren angesteckt hat? Ja, gut möglich, denn Kälte kann die Durchblutung der Schleimhäute in der Nase und im Rachen verringern und so die lokale Abwehr schwächen. Außerdem trocknen die Schleimhäute bei Kälte und trockener Heizungsluft leichter aus, was den Viren hilft, sich zu vermehren.

Ausgelöst werden Erkältungen durch verschiedene Viren. Am häufigsten sind Rhinoviren verantwortlich. Aber auch Coronaviren, Adenoviren, Respiratorische Synzytial-Viren (RSV) und Parainfluenzaviren können eine Rolle spielen.

Die Übertragung erfolgt in der Regel durch eine Tröpfcheninfektion oder durch eine Schmierinfektion. Also zum Beispiel, wenn jemand im Bus mal wieder in die Hände statt in die Ellenbeuge niest und sich dann mit der Virenhand an der Stange festhält. Wenn du dich danach an der Stange festhältst und dir im Anschluss daran, ohne die Hände zu desinfizieren, zum Beispiel an die Nase fasst oder etwas aus dem Zahn pulst, dann hast du dich schmierinfiziert.

Nach der Ansteckung dauert es meist ein bis drei Tage, bis die Erkältung ausbricht. Typische Symptome sind, wie jeder weiß, eine laufende oder verstopfte Nase, Halsschmerzen, Husten, leichtes Fieber, Heiserkeit, Kopf- und Gliederschmerzen.

Eine Erkältung ist zwar lästig, aber in der Regel harmlos und klingt meist nach sieben bis zehn Tagen von selbst wieder ab. Eine spezifische Behandlung gibt es auch hier nicht. Arzneimittel gegen Erkältungen lindern nur die Symptome.

Das gründliche Händewaschen oder das Desinfizieren der Hände reduziert das Risiko einer Ansteckung, aber auch die Verbreitung. Wer andere schützen möchte, wenn er infiziert ist, kann eine Maske tragen. Wer selbst sein Risiko reduzieren möchte, sich zu infizieren, kann das ebenfalls tun.

131

Warum eine Grippeimpfung jedem zu empfehlen ist

Die meisten, die glauben, sie hätten eine Grippe, sind nur erkältet, sie haben, wie der Hausarzt gern sagt, einen grippalen Infekt. Eine richtige Grippe, die Influenza, ist um Längen unangenehmer. Sie ist eine hochansteckende Atemwegserkrankung, die durch Influenzaviren ausgelöst wird. Diese Viren zirkulieren weltweit und ändern sich von Jahr zu Jahr.

Im Gegensatz zu einer Erkältung befällt die Grippe den gesamten Körper. Es kann innerhalb weniger Stunden plötzlich zu hohem Fieber und starkem Unwohlsein kommen. Auch Husten, Kopf- und Gliederschmerzen sowie eine Entzündung der Nasennebenhöhlen können auftreten.

Bei schwereren Verläufen sind auch Komplikationen wie Lungenentzündungen möglich, die vor allem für Menschen mit geschwächtem Immunsystem, wie Säuglinge und ältere Personen, sowie für Schwangere gefährlich werden können. Im schlimmsten Fall wird eine Grippe lebensbedrohlich.

Auch die Grippeviren werden hauptsächlich über Tröpfchen- oder Schmierinfektionen übertragen, was Händewaschen und Händedesinfizieren genauso sinnvoll wie das Tragen einer Maske macht. Die Behandlung der Influenza erfolgt meist symptomatisch. In manchen Fällen, vor allem bei Risikopatienten, werden aber auch antivirale Arzneimittel eingesetzt. Sie können den Krankheitsverlauf abmildern und sind am effektivsten, wenn sie so früh wie möglich eingesetzt werden.

Um gar nicht erst eine Grippe zu bekommen beziehungsweise um das Risiko zu reduzieren, kann man sich impfen lassen. Die Impfung findet mit einem Totimpfstoff statt und senkt das Risiko um etwa 60 Prozent. Vorausgesetzt, der Impfstoff stimmt gut mit den zirkulierenden Viren überein.

Die WHO gibt jedes Jahr neue Empfehlungen für die Zusammensetzung des Impfstoffs heraus. Sie beruhen auf Vorhersagen darüber, welche Virusstämme in der nächsten Saison am häufigsten zirkulieren werden. Um das persönliche Risiko zu reduzieren, ist eine jährliche Impfung notwendig.

Infiziert man sich trotz Impfung, verläuft die Grippe in der Regel milder. Das heißt, die Gefahr schwerer Komplikationen wie Lungenentzündungen oder die Notwendigkeit von Krankenhausaufenthalten wird durch die Impfung deutlich reduziert.

Empfohlen wird die Impfung vor allem für ältere Menschen ab 60 Jahren, für Schwangere, Personen mit chronischen Krankheiten und Personen in Berufen mit hohem Ansteckungsrisiko, wie etwa im Gesundheitswesen. Aber auch alle anderen können sich impfen lassen, wenn sie keine Lust auf eine Infektion haben.

Da die Grippeschutzimpfung etwa zwei Wochen benötigt, um ihre maximale Wirkung im Körper zu entfalten, ist der beste Zeitpunkt für die Impfung im Herbst, bevor die Grippewelle beginnt.

Menschen ab 60 Jahren bekommen häufig einen höher dosierten Grippeimpfstoff mit vierfacher Antigenmenge, da mit zunehmendem Alter die Leistungsfähigkeit des Immunsystems abnimmt. Sie würden nach einer herkömmlichen Grippeimpfung zu wenig Antikörper bilden.

Kindern zwischen 2 und 17 Jahren kann die Impfung auch in Form eines Nasensprays verabreicht werden. Im Gegensatz zur Spritze enthält das Nasenspray aber einen Lebendimpfstoff.

Schwere Virusinfektionen wie die echte Grippe können in seltenen Fällen auch lang anhaltende Erschöpfung oder sogar ein ME/CFS-Syndrom auslösen. Da die Grippeimpfung das Risiko für schwere Verläufe deutlich senkt, kann sie indirekt auch das Risiko für solche Spätfolgen reduzieren.

132

ME/CFS – Wenn alles unerträglich anstrengend wird

Bei ME/CFS, was für Myalgische Enzephalomyelitis/Chronisches Fatigue-Syndrom steht, handelt es sich um eine schwere Krankheit, bei der Nerven und Immunsystem betroffen sind.

Typisch dafür ist eine ständige extreme Erschöpfung, die sich nach körperlicher oder geistiger Anstrengung noch deutlich verschlimmern kann. Das Schlimmste daran ist, dass selbst Ausruhen oder gar Schlafen kaum hilft.

Dieses Verschlechtern der Symptome nach Belastung nennt man Post-Exertional Malaise (PEM). Manchmal tritt die Verschlimmerung sogar erst Stunden oder Tage später auf. Selbst ein kleiner Spaziergang oder ein Einkauf kann dazu führen, dass Betroffene tagelang ans Bett gefesselt sind.

Als wenn das nicht schon schlimm genug wäre, kommt noch hinzu, dass diese Menschen oft nicht ernst genommen werden. Weder von ihrem Umfeld noch von manchen Ärzten, wie Betroffene immer wieder berichten. Was natürlich auch dafür sorgt, dass es schwierig ist, eine Diagnose zu erhalten.

Neben der Fatigue, der starken Erschöpfung, leiden viele unter Muskel- und Gelenkschmerzen, Schlafstörungen und kognitiven Problemen, dem berüchtigten »Brain Fog«. Auch eine orthostatische Intoleranz ist typisch: Das heißt, Stehen oder Sitzen verschlimmern die Beschwerden, und nur Liegen bringt Linderung. Viele verbringen daher viel Zeit im Bett, oft in abgedunkelten Räumen, weil Licht, aber auch Geräusche die Symptome verstärken können.

Die Ursachen von ME/CFS sind noch nicht vollständig geklärt. Häufig geht die Erkrankung auf Virusinfektionen wie dem Influenzavirus, dem Epstein-Barr-Virus oder häufig auch auf SARS-CoV-2 zurück.

Wahrscheinlich spielen aber mehrere Faktoren zusammen: eine genetische Veranlagung, Fehlregulationen des Immunsystems und möglicherweise auch Störungen im Energiestoffwechsel der Zellen.

Eine Heilung für diese Erkrankung gibt es bisher nicht. Der wichtigste Ansatz ist das sogenannte Pacing: Betroffene lernen, ihre Kräfte sorgfältig einzuteilen, um Rückfälle durch Überlastung zu vermeiden. Die Behandlung konzentriert sich dabei vor allem auf die Linderung der Symptome, zum Beispiel mit Schmerz- und Schlafmitteln oder in manchen Fällen auch Betablockern (Kapitel 55), wenn die Herzfrequenz oder der Blutdruck zu Problemen führen.

In Deutschland lebten vor der Pandemie etwa 250.000 Menschen mit ME/CFS. Aktuell sind es Schätzungen zufolge rund 650.000. Weltweit geht man von rund 17 Millionen Betroffenen aus.

133

Wer sich gegen RSV impfen lassen sollte

Ein weiteres Virus, das weltweit verbreitet ist und wie das Grippevirus zyklisch auftritt, ist das Respiratorische Synzytial-Virus. Kurz: RS-Virus. Kürzer: RSV.

Es verursacht Erkrankungen der Atemwege und ist vor allem für Säuglinge und Kleinkinder gefährlich. Aber auch für ältere und immungeschwächte Menschen kann RSV zum Problem werden.

RSV wird ebenfalls durch Tröpfchen- und Schmierinfektionen übertragen. Stichwörter: Händewaschen, Händedesinfektion und Masken. Fast alle Kinder haben sich bis zu ihrem zweiten Geburtstag bereits mindestens einmal mit dem Virus angesteckt.

Eine RSV-Infektion führt typischerweise zu einer laufenden Nase, Husten, Halsschmerzen, Kopfschmerzen, Fieber und einem pfeifenden Atemgeräusch. Bei schweren Verläufen können hohes Fieber, starkes Pfeifen, schnelle oder erschwerte Atmung sowie bläuliche Lippen oder Finger auftreten. Bei Säuglingen beschränken sich die Symptome häufig auf Reizbarkeit, Müdigkeit und Atembeschwerden, was es schwierig zu erkennen macht.

Behandeln kann man wieder nur die Symptome, und zwar mit den üblichen Verdächtigen gegen Fieber und Schmerzen.Nach ein bis zwei Wochen ist die Krankheit dann auch wieder überstanden.

Erste Impfstoffe gegen RSV wurden 2023 in der EU zugelassen. Sie sind vor allem für ältere Menschen empfehlenswert. Für Frühgeborene und andere Kinder mit hohem Risiko stehen vorbeugende Antikörpertherapien zur Verfügung.

134

Warum man auf eine kostspielige Behandlung von Lippenherpes verzichten kann

Auch Lippenherpes wird durch Viren verursacht. Diese Viruserkrankung kommt bei etwa 60 bis 90 Prozent der Bevölkerung vor. Hat man sich erst mal infiziert, bleibt einem das Virus für immer erhalten. Nach der Infektion ziehen sich die Herpes-simplex-Viren in die Nervenknoten des Gesichtsnervs, den Trigeminus-Nerv, zurück. Von dort aus wandern sie bei einem Ausbruch entlang der Nervenfasern bis in die Lippen und verursachen dort die typischen Bläschen.

Bei rund 20 bis 40 Prozent der Infizierten werden die Viren ein- bis zweimal im Jahr reaktiviert. Zum Beispiel aufgrund eines geschwächten Immunsystems, wegen Sonnenstrahlen, Stress oder anderen Infektionen.

Die Lippen beginnen dann zu kribbeln oder zu jucken. Die Haut spannt, wird an dieser Stelle rot und beginnt zu schmerzen. Dann entsteht ein Bläschen, gefüllt mit einer Flüssigkeit, in der sich die Viren befinden. Nach ein paar Tagen platzen die Bläschen auf. Die Stelle trocknet aus, und es bildet sich eine eitrige Kruste, die nach ein bis zwei Wochen von allein abheilt.

Ansteckend ist der Lippenherpes vor allem, solange Bläschen und Krusten vorhanden sind. Vorsicht: Die Viren können bei Kontakt auch auf den Genitalbereich übertragen werden.

Häufig werden gegen Lippenherpes Cremes eingesetzt, die Aciclovir enthalten. Manchmal auch Penciclovir. Damit Aciclovir die Vermehrung der Viren hemmen kann, muss es bei den ersten Anzeichen, also wenn sich gerade ein Bläschen entwickelt, aufgetragen werden. Ist das Bläschen schon mit Viren gefüllt, bringt Aciclovir nicht mehr allzu viel. Wenn das Bläschen bereits verkrustet ist, ergibt das Auftragen überhaupt keinen Sinn mehr. Davon abgesehen bringt Aciclovir auch so nicht allzu viel, da sich die Beschwerden gerade mal um etwa einen halben Tag verkürzen. Ob es das wert ist, dafür die Creme fünfmal täglich im Vier-Stunden-Abstand aufzutragen und die ganze Zeit mit einem weißen Fleck auf den Lippen herumzulaufen? Das muss jeder für sich selbst beantworten. Immerhin lindert es auch die Symptome.

Penciclovir kann auch dann noch wirken, wenn die Bläschen bereits da sind. Es verkürzt die Infektion um rund 17 Stunden. Der Vorteil gegenüber Aciclovir ist also relativ gering.

Auch Melisse wird bei Lippenherpes angewendet. Der Melissenblätterextrakt hemmt die Viren an der Vermehrung und kann somit verhindern, dass die Viren in die gesunden Zellen eindringen. Die Wirkung ist allerdings begrenzt.

Ansonsten gibt es noch Herpespflaster, die man auf die betroffene Stelle klebt. Sie decken die Bläschen ab, wodurch sich die Gefahr der Ansteckung reduziert. Außerdem sollen sie die Wundheilung beschleunigen und die Schorfbildung reduzieren. Nach rund zwölf Stunden soll das Pflaster durch ein neues ausgetauscht werden.

Was auch gern gekauft wird, ist ein Präparat, das die Aminosäure Lysin enthält. Bei ersten Anzeichen von Lippenherpes soll es eingenommen werden. Manche wenden es aber auch zur Vorbeugung an. Der Grund? Im Rahmen einer Studie beobachtete man in den 1960er-Jahren, dass Lysin im Reagenzglas die Vermehrung des Herpesvirus stoppen konnte. Außerdem sollte Lysin die Aufnahme von Arginin, einer Aminosäure, die die Vermehrung der Herpesviren anregt, im Darm blockieren. Die Ergebnisse der Studie sind jedoch nicht eindeutig und zudem eher widersprüchlich. Ob Lysin also wirklich bei einem Lippenherpes hilft, ob vorbeugend oder zur Behandlung, ist nicht ausreichend erforscht.

135

Warum man sich auch das Geld für Euphrasia-Augentropfen getrost sparen kann

Ein Thema, das wir auch schon hatten, ist die Bindehautentzündung. Während es in Kapitel 114 um die bakterielle ging, behandeln wir nun die virale Bindehautentzündung.

Die virale Bindehautentzündung tritt, wie erwähnt, eher bei Erwachsenen auf und ist insgesamt sogar häufiger als die bakterielle. Sie kann sowohl bei einer allgemeinen Virusinfektion wie einer Erkältung als auch bei Krankheiten wie Masern, Mumps oder Röteln auftreten.

Typisch für eine virale Bindehautentzündung ist ein Fremdkörpergefühl im Auge. Die Augen reagieren zudem oft empfindlich auf Licht. Das Augensekret ist dabei eher dünnflüssig und wässrig statt schleimig-eitrig.

Nachdem man die Bindehautentzündung ärztlich hat abklären lassen, kann man einfach warten, bis sie besser wird, denn sie heilt auch ohne spezielle Behandlung nach etwa einer Woche ab. In schweren Fällen kann die Wartezeit aber auch mal zwei bis drei Wochen dauern. Zur Linderung der Symptome können kalte Kompressen und befeuchtende Augentropfen ohne Konservierungsmittel verwendet werden.

Häufig wird bei einer viralen Bindehautentzündung auch nach Euphrasia-Augentropfen gefragt. Sie sind in der Regel in verdünnter Form als anthroposophische Augentropfen auf dem Markt und sollen die Wesensglieder wieder in Einklang bringen (siehe Kapitel 91). Man kann sie ruhig verwenden, wenn man mehr Geld ausgeben möchte als nötig. Der Effekt entspricht dem von befeuchtenden Augentropfen oder einer sterilen, isotonischen Kochsalzlösung. Euphrasia an sich, auch bekannt als Augentrost, hat keine Wirkung, die über den Placeboeffekt hinausgeht.

Teil 7
Pilzinfektionen und Antimykotika

Von Fußpilz bis zum Ketoconazol-Shampoo

136

Die besten Mittel gegen Fußpilz

Pilze sind im Gegensatz zu Bakterien meistens keine Einzeller. Anders als Viren zählen sie zudem zu den Lebewesen mit echtem Zellkern. Obwohl das manche annehmen, zumindest bei frei wachsenden Pilzen, sind sie auch keine Pflanzen. Sie betreiben nämlich keine Photosynthese, sondern ernähren sich von organischen Stoffen.

Medizinisch relevante Pilze sind meist ziemlich klein. Sie bilden Fäden, sogenannte Hyphen, aus, die sich zu einem Geflecht, dem Myzel, zusammenschließen und sich in Haut, Schleimhäuten oder Nägeln ausbreiten können. Manche Pilze bilden sogar Sporen, die der Vermehrung dienen und sehr widerstandsfähig und damit oft schwer zu bekämpfen sind. Die wichtigsten Erreger sind Dermatophyten (Hautpilze), Candida-Arten (Hefepilze) und seltener Schimmelpilze wie Aspergillus.

Pilzinfektionen, auch Mykosen genannt, betreffen meist die Haut oder die Schleimhäute. Dass sie innere Organe befallen, ist eher selten. Begünstigt wird eine Pilzinfektion vor allem durch warme, feuchte Umgebungen und durch Hautverletzungen. Und wo gibt es eine warme, feuchte Umgebung, die häufig zu einer Pilzinfektion führt? Richtig, in den Schuhen.

Fußpilz wird dabei normalerweise von Dermatophyten ausgelöst und betrifft in der Regel die Fußsohlen und die Zehenzwischenräume. Die Haut wird meist rot, beginnt zu jucken und zu schuppen und quillt dabei weißlich auf.

Anstecken kann man sich über die Hautschuppen infizierter Menschen. Entweder direkt oder zum Beispiel über Schuhe im Schuhladen, wenn man mal wieder meinte, auf die Probiersöckchen verzichten zu müssen. Eine Ansteckung ist aber auch über Teppiche möglich, auf denen man barfuß herumläuft. Zum Beispiel im Hotel.

Das Risiko für Fußpilz ist geringer, wenn man nach dem Duschen die Zehenzwischenräume ordentlich abtrocknet. Cremt man die Füße regelmäßig ein, reduziert man die Wahrscheinlichkeit der Ansteckung weiter, da der Pilz durch intakte Haut schlechter eindringen kann. Auch das tägliche Wechseln der Socken hilft, die Erkrankung zu vermeiden. Besonders dann, wenn die Füße geschwitzt haben, wie nach dem Sport. Auf Englisch heißt Fußpilz übrigens auch »athlete's foot«. Athletenfuß. Noch Fragen?

Zur Behandlung wird am häufigsten das Breitbandantimykotikum Clotrimazol eingesetzt. Es hemmt die Bildung der Zellmembran des Pilzes, was sein Wachstum stoppt.

Bei Fußpilz reicht in der Regel eine niedrigere Konzentration von einem Prozent Clotrimazol. Der Wirkstoff wird in der Regel zwei- bis dreimal täglich aufgetragen, bis der Pilz verschwindet. Im Anschluss wird meist zwei Wochen darüber hinaus weiterbehandelt, da sich in der Haut meist noch Pilzsporen befinden, die eine erneute Infektion auslösen können.

Die häufigsten Nebenwirkungen durch Clotrimazol sind Hautreaktionen wie Juckreiz, Brennen und Rötungen. Gelegentlich kann es auch zu Bläschenbildung, Hautablösung oder Ödemen kommen.

Auch Bifonazol, ebenfalls ein Breitbandantimykotikum, kann eingesetzt werden. Es wirkt etwas effektiver als Clotrimazol, weil es den Pilz auf zweifache Weise angreift. Es hat den Vorteil, dass es nur einmal täglich angewendet werden muss, da es längere Zeit in der Haut verbleibt. Man trägt Bifonazol am besten abends vor dem Schlafengehen auf. Auch hier sollte die Behandlung für mindestens zwei Wochen fortgesetzt werden, wenn der Pilz bereits verschwunden ist.

Nebenwirkungen treten hauptsächlich an der behandelten Stelle auf. Darunter Hautirritationen wie Rötung, Juckreiz, Brennen, Trockenheit und Hautausschlag.

Auch Terbinafin kommt zum Einsatz. Es schädigt den Pilz auf andere Weise als Clotrimazol und Bifonazol und tötet ihn sogar ab. Terbinafin wird meist ein- bis zweimal täglich aufgetragen. Im Anschluss zwei Wochen länger.

Im Handel befindet sich auch eine 1-prozentige Terbinafin-Lösung, die nach dem Auftragen einen Film bildet, der den Wirkstoff über eine längere Zeit abgibt und dadurch eine Einmalanwendung ermöglicht. Praktisch.

Terbinafin ist daher das effektivste Mittel gegen Fußpilz. Und Clotrimazol das am wenigsten effektive. Während ich Clotrimazol am häufigsten verkaufe, staubt Terbinafin etwas in den Regalen ein. Zu Unrecht.

Um sich zu Hause nicht gegenseitig zu infizieren, sollten Menschen mit Fußpilz und Familie nicht barfuß in der Wohnung rumlaufen und ihre Socken bei 60 Grad Celsius waschen, um damit die Pilze abzutöten. Für niedrigere Temperaturen können Desinfektionsmittel für die Wäsche verwendet werden.

137

Warum ein Nagelpilz ohne Behandlung nicht von allein verschwindet

Tritt Fußpilz häufig auf oder wird er nicht behandelt, kann auch ein Nagelpilz entstehen. Aber nicht nur die Zehennägel können sich einen Pilz einfangen, sondern auch die Fingernägel. Ausgelöst wird Nagelpilz in der Regel durch Dermatophyten wie Trichophyton rubrum, seltener durch Hefen wie Candida oder Schimmelpilze.

Typisch ist eine gelbliche oder weißliche Verfärbung des Nagels. Im Laufe der Zeit verdickt er sich und kann trüb, brüchig oder rissig werden. Die Infektion beginnt meist am vorderen Nagelrand und breitet sich langsam nach hinten bis zur Nagelwurzel aus. Man sollte ihn daher schnell behandeln. Der Nagel kann sich auch teilweise vom Nagelbett lösen. Schmerzen treten in der Regel aber nicht auf.

Nagelpilz ist zwar nicht so ansteckend wie Fußpilz, kann aber trotzdem übertragen werden. Zum Beispiel über Teppiche, Schuhe, gemeinsam genutzte Nagelscheren oder durch Nagel-an-Nagel-Kontakt beim Füßeln.

Unbehandelt heilt die Infektion in der Regel nicht von allein ab. Im Gegenteil, sie kann sich weiter ausbreiten und auch die übrigen Nägel befallen. Bei leichteren Fällen reicht oft eine örtliche Behandlung aus. Zum Einsatz kommen hier am häufigsten wirkstoffhaltige Nagellacke mit Ciclopirox oder Amorolfin.

Ciclopirox stört den Eisenstoffwechsel der Pilze und behindert dadurch wichtige Enzyme, was ihr Wachstum hemmt. Man trägt es wie einen Nagellack auf. Er kann wasserlöslich oder wasserunlöslich sein.

Während die wasserlöslichen Nagellacke täglich aufgetragen werden, wendet man die wasserunlöslichen im ersten Monat jeden zweiten Tag, im zweiten Monat zweimal wöchentlich und ab dem dritten Monat einmal pro Woche an. Der wasserlösliche Lack muss vor jeder neuen Anwendung wieder mit Wasser entfernt werden. Dafür kann man aber auf das Feilen des Nagels verzichten, wie es bei den wasserunlöslichen Lacken gemacht werden muss.

Auch Amorolfin wird häufig in Form eines wasserunlöslichen Nagellacks eingesetzt, der einmal pro Woche aufgetragen wird. Es stört den Aufbau der Zellmembran, weshalb der Pilz nicht weiterwachsen kann. Vor dem nächsten Auftragen wird der alte Lackfilm mit einem Alkoholtupfer entfernt, bevor der Nagel erneut gefeilt und überlackiert wird.

Die Behandlung kann wie bei Ciclopirox bis zu einem Jahr dauern. In einigen Studien schnitt Ciclopirox leicht besser als Amorolfin ab, die Unterschiede waren jedoch gering.

Eine weitere Option ist die Kombination aus Harnstoff und Bifonazol-Creme. Harnstoff weicht den infizierten Nagel auf, sodass er entfernt werden kann. Im Anschluss wird die Behandlung mit der bifonazolhaltigen Creme für weitere vier Wochen fortgesetzt.

Ist die Nagelwurzel befallen, muss der Pilz systemisch behandelt werden. Sonst würde er immer wieder nachwachsen, da der Nagel ständig aus der befallenen Wurzel heraus gebildet wird. Für die systemische Therapie mit Tabletten kommt vor allem Terbinafin infrage. Der Wirkstoff reichert sich im Nagel an und bekämpft so den Pilz von innen heraus.

Seit April 2021 ist auch ein wasserlöslicher Nagellack mit Terbinafin auf dem Markt, der bei Nagelpilz angewendet wird. Man trägt ihn in den ersten vier Wochen täglich, dann einmal wöchentlich auf.

Schuhe, Socken und Nagelpflegegeräte sollten regelmäßig desinfiziert werden, um eine Reinfektion zu vermeiden.

Die Behandlungsdauer beträgt bei der lokalen Therapie der Fingernägel rund sechs Monate und bei Zehennägeln sogar neun bis zwölf Monate. Kombiniert mit der innerlichen Anwendung geht es etwas schneller. Dennoch benötigt man auch dann monatelang Geduld.

Bei der lokalen Anwendung treten häufig Juckreiz, Brennen und Hautrötungen auf. Seltener sind Pigmentstörungen, Ekzeme oder eine Kontaktdermatitis. Bei der Einnahme der Tabletten können Magen-Darm-Beschwerden, Kopfschmerzen und Hautausschläge auftreten.

138

Warum es bei einigen Frauen ständig zu Vaginalpilz kommt und wie Clotrimazol dagegen hilft

Kommen wir zum Vaginalpilz, der auch als Vaginalmykose oder als Vulvovaginalkandidose bezeichnet wird, da meist auch die Vulva betroffen ist. Der Auslöser ist fast immer der Hefepilz Candida albicans. Neben Juckreiz, Brennen, Rötungen und Schwellungen im Vaginalbereich kann es auch zu einem weißen, klumpigen Ausfluss kommen.

Begünstigt wird ein Vaginalpilz zum Beispiel durch eine übertriebene Intimhygiene, die das natürliche Vaginalmilieu stört, aber auch durch eine Antibiotikatherapie. Es kommt nicht selten vor, dass Frauen zu ihrem Antibiotikum noch ein Kombipräparat gegen einen möglicherweise auftretenden Vaginalpilz kaufen.

Antibiotika unterscheiden nämlich nicht zwischen den Bakterien, die sie bekämpfen sollen, und den nützlichen, wie den Laktobazillen in der Vagina. Die Milchsäurebakterien sind wichtig für ein gesundes vaginales Milieu. Sie bilden Milchsäure, die durch einen niedrigen pH-Wert das Wachstum der Hefepilze reguliert. Wird dieses Gleichgewicht gestört, steigt der pH-Wert an, wodurch das Wachstum von Candida albicans und damit eine Pilzinfektion begünstigt wird.

Behandelt wird der Vaginalpilz am häufigsten mit Clotrimazol in Form von Vaginalcremes in Kombination mit Vaginaltabletten oder Vaginalzäpfchen. Es werden dabei Konzentrationen von zwei Prozent Clotrimazol verwendet, um mit einer kürzeren Behandlungsdauer einen sicheren Effekt zu erzielen.

Die Creme wird zwei- bis dreimal täglich auf die Vulva aufgetragen und sollte aufgebraucht werden, um Rückfälle zu vermeiden.

Die Vaginaltabletten oder -zäpfchen werden vor dem Schlafengehen eingeführt. Entweder als sechstägige Behandlung mit 100 Milligramm Clotrimazol täglich, als dreitägige Behandlung mit 200 Milligramm oder als Einmaltherapie mit 500 Milligramm.

Die Einmaltherapie mit 500 Milligramm wirkt am schnellsten. Sie kann aber die Vaginalschleimhaut stärker reizen als niedrigere Dosen. Die dreitägige Therapie mit 200 Milligramm ist ein guter Mittelweg, der am häufigsten gewählt wird. Die sechstägige Therapie mit 100 Milligramm ist hingegen am schonendsten und ideal bei einer empfindlichen Schleimhaut oder wiederkehrenden Infektionen. Obwohl diese Variante am wenigsten Wirkstoff enthält, ist sie verschreibungspflichtig.

Eine Kombinationstherapie stellt sicher, dass sowohl die Vaginalschleimhaut als auch der äußere Genitalbereich vollständig von dem Pilz befreit werden, was das Risiko für Rückfälle reduziert.

Hin und wieder wird auch Nystatin zur Behandlung einer Vaginalmykose angewendet. Ebenso wie Clotrimazol äußerlich und in der Vagina.

Da sich Candida albicans auch außerhalb der Vagina ansiedeln und als Reservoir für neue Infektionen dienen kann, reicht eine rein lokale Therapie manchmal nicht aus. In solchen Fällen ist es oft sinnvoll, zusätzlich Fluconazol einzunehmen. Die systemische Therapie wirkt im ganzen Körper. Sie erreicht nicht nur die Vaginalschleimhaut zuverlässig, sondern auch Besiedelungen, wie etwa an der Darmschleimhaut. So sinkt bei häufig wiederkehrenden Infektionen das Risiko für Rückfälle.

Die Behandlung eines Vaginalpilzes sollte nicht während der Menstruation durchgeführt werden, da der Wirkstoff sonst durch das Blut ausgespült wird, wodurch er nicht ausreichend wirken kann.

139

Wie Mundsoor entsteht und wann man ein Ketoconazol-Shampoo braucht

So, das waren die drei häufigsten Pilzerkrankungen. Was gibt es noch? Menschen, die Asthma oder COPD haben und Glucocorticoide (Cortison) inhalieren müssen, kennen bestimmt den Hinweis, dass sie danach den Mund ausspülen sollen, da sich sonst ein Pilz im Mund entwickeln kann.

Die als orale Candidose oder Mundsoor bezeichnete Pilzinfektion wird meist durch Candida albicans verursacht. Diese Pilze besiedeln in der Regel immer die Schleimhäute. Durch das Glucocorticoid, das im Mund verbleibt, wird das Immunsystem im Mund-Rachen-Raum beeinträchtigt. Dadurch vermehrt sich der Pilz leichter, was wiederum die orale Candidose auslöst.

Die Symptome einer oralen Candidose können sehr unangenehm sein. Es kommt dabei oft zu einem pelzigen Gefühl im Mund, zu Geschmacksveränderungen und Schmerzen beim Essen oder Trinken. Auch Schluckbeschwerden sind möglich. Besonders unangenehm wird es, wenn sich der Pilz auf die Speiseröhre ausbreitet, was vor allem bei immungeschwächten Patienten oft der Fall ist.

Die Behandlung erfolgt meist mit Antimykotika, die entweder direkt im Mund oder systemisch angewendet werden. Neben Nystatin kann auch Miconazol verwendet werden. Diese Mittel sollen möglichst lange im Mund verbleiben, damit sie ihre volle Wirkung entfalten können. Anschließend werden sie geschluckt.

Bei schwereren Infektionen oder wenn eine lokale Behandlung nicht ausreicht, kann eine systemische Therapie notwendig sein. Zum Beispiel mit Fluconazol.

Eine weitere Pilzinfektion ist die Seborrhoische Dermatitis, die häufig auf der Kopfhaut auftritt. Zur Behandlung wird meist Ketoconazol in Form eines Shampoos eingesetzt. Man trägt es in der Regel zwei- bis viermal pro Woche auf die Kopfhaut auf, lässt es einige Minuten einwirken und wäscht es anschließend wieder ab. Bei regelmäßiger Anwendung verbessern sich Schuppen und Entzündungen meist relativ schnell.

Ketoconazol-Shampoo wird auch bei anderen Pilzinfektionen wie Pityriasis versicolor eingesetzt, die häufig am Rücken oder an der Brust auftritt. Egal, ob der Rücken haarig ist oder nicht.

In manchen Fällen kann Ketoconazol zu Juckreiz, Brennen oder Hautreizungen führen.

Teil 8
Desinfektion von Haut und Wunden

Von Alkohol bis Silber

140

Was sind Antiseptika und was gibt es über Ethanol und Isopropanol zu wissen?

Antiseptika sind Substanzen, die in der Lage sind, Mikroorganismen in ihrer Vermehrung zu hemmen oder abzutöten. Sie werden äußerlich angewendet, um Haut, Schleimhäute oder Wunden zu desinfizieren.

Zur Hautdesinfektion, zum Beispiel in Mitteln zur Desinfektion der Hände, und auch zur Flächendesinfektion werden häufig Ethanol oder Isopropanol eingesetzt. Sie wirken schnell und zuverlässig gegen Bakterien, Pilze und viele Viren. Gegen unbehüllte Viren wirken sie nur, wenn sie ausdrücklich als »viruzid« oder »begrenzt viruzid PLUS« gekennzeichnet sind. Denn um auch unbehüllte Viren zerstören zu können, müssen zusätzliche Wirkstoffe wie Peroxide enthalten sein, die das widerstandsfähige Kapsid angreifen können.

In der Apotheke bekommt man sowohl Isopropanol als auch Ethanol. Jeweils mit einem Gehalt von 70 Volumenprozent. Das bedeutet, dass man entweder 70 Milliliter Ethanol oder Isopropanol mit Wasser auf 100 Milliliter auffüllt. In beiden Fällen benötigt man mehr als 30 Milliliter Wasser. Das Ganze wird als Volumenkontraktion bezeichnet. Es ist in etwa so, wie wenn man ein Gefäß mit 50 Milliliter Sand in ein Gefäß mit 50 Millilitern Kieselsteine kippt. Man erhält keine 100 Milliliter, weil der Sand die Zwischenräume der Steinchen füllt. So ist es auch mit Ethanol und Wasser.

70-prozentiges Ethanol ist teurer als 70-prozentiges Isopropanol. Der Grund dafür ist, dass man Ethanol trinken kann, weshalb es versteuert werden muss. Aber sie unterscheiden sich nicht nur im Preis: Ethanol wird meist bevorzugt, wenn es um Schleimhautkontakt oder empfindliche Hautbereiche geht, da es dort besser verträglich ist. Isopropanol hingegen ist besonders hautentfettend und wird vor allem zur Flächendesinfektion oder zur schnellen Händedesinfektion verwendet.

141

Warum Octenidin und Polihexanid die besten Mittel zur Wunddesinfektion sind

Schlägt dein Kind sich mal wieder das Knie auf und hat eine Schürfwunde davongetragen, sollte ein Wunddesinfektionsmittel verwendet werden. Natürlich genauso, wenn Mama oder Papa das passiert. Jetzt steht man aber vor der Wahl. Was macht man drauf? Alkohol? Besser nicht, das Kind wird es einem nicht verzeihen. Zur Auswahl stehen stattdessen Octenidin, Polihexanid und PVP-Jod.

Octenidin und Polihexanid gelten als die Mittel der ersten Wahl, was klar wird, wenn man dieses und das nächste Kapitel gelesen hat.

Am häufigsten verkaufe ich Octenidin in der Apotheke, es besitzt ein breites Wirkspektrum gegen Bakterien, Pilze und einige Viren. Man sollte es zu Hause haben, wenn man das Risiko von Wundinfektionen klein halten möchte.

Octenidin bekämpft Bakterien, Pilze und Viren, indem es ihre Hüllen beschädigt. Damit können sie uns nichts mehr anhaben. Man sollte das Mittel etwa ein bis zwei Minuten einwirken lassen – auch wenn nach 30 Sekunden bereits eine Wirkung gegeben ist. Octenidin wirkt dabei nicht nur relativ schnell, sondern auch relativ lang, da es die behandelte Stelle über mehrere Stunden hinweg schützt.

Verwendet wird Octenidin als wässrige Lösung, weshalb es kaum auf der Haut brennt. Das macht Kinder froh. Und Erwachsene ebenso. Grundsätzlich ist aber darauf zu achten, dass Octenidin nicht in tiefere Gewebeschichten gelangt, etwa durch die Spülung einer Wunde mit einer Spritze. Es drohen schwere Gewebeschäden. Macht man in der Regel aber auch nicht zu Hause.

Manchmal kann Octenidin dann doch zu milden und vorübergehenden Nebenwirkungen führen: Rötungen, Brennen, ein Wärmegefühl und Juckreiz können auftreten. Da Octenidin nicht über die Haut oder die Schleimhäute ins Blut aufgenommen wird, kommt es in der Regel aber nicht zu systemischen Nebenwirkungen.

Wichtig ist, dass Octenidin nicht zusammen mit Povidon-Jod auf benachbarten Hautstellen verwendet wird, da es sonst zu Gewebereizungen und braun-violetten Verfärbungen kommen kann. Keine Ahnung, warum man das überhaupt machen sollte.

Polihexanid ist ebenfalls gut verträglich, da es körpereigene Zellen kaum angreift, sondern nur die Zellwände der Erreger. Es wirkt zuverlässig gegen Bakterien, sogar gegen multiresistente Keime wie MRSA. Auch gegen Pilze kann es verwendet werden. Eine Wirkung gegen Viren ist hingegen nicht ausreichend belegt.

Wie Octenidin brennt es nicht in der Wunde. Es bleibt zudem lange auf der Haut wirksam, da es nicht so schnell verdunstet und eine Depotwirkung entfaltet. Polihexanid lässt sich auch gut bei chronischen Wunden einsetzen.

Allerdings hat es im Vergleich zu Octenidin einen entscheidenden Nachteil: Die Wirkung setzt in der Regel erst nach 5 bis 15 Minuten ein. So viel Geduld hat nicht jeder.

142

Warum PVP-Jod bei manchen Wunden nicht zur Behandlung geeignet ist

Die (etwas) Älteren kennen es vielleicht noch aus ihrer Kindheit: die Jodtinktur. Brennt wie die Hölle.

PVP-Jod, auch als Povidon-Jod bekannt, ist allerdings nicht dasselbe. Während die Jod-Lösung auf Alkohol basiert, ist PVP-Jod eine wässrige Lösung. Das PVP fungiert dabei als Trägerstoff und macht das Jod wasserlöslich. Zwar kann auch PVP-Jod auf der Wunde brennen, aber nicht annähernd so sehr wie die alkoholische Lösung.

Obwohl es nicht als Mittel der ersten Wahl gilt, wird es häufig eingesetzt. Warum?

Vermutlich wider besseres Wissen oder weil man nicht auf eine farblose Flüssigkeit auf der Haut steht. Ich weiß es nicht.

PVP-Jod setzt das Jod frei, das vom PVP festgehalten wird. Es zerstört daraufhin die Zellstrukturen der Keime. Wunde desinfiziert. Es wird auf die Haut, Schleimhäute oder offene Wunden aufgetragen und besitzt ein breites Wirkspektrum gegen Bakterien, Pilze, Viren und sogar gegen Sporen.

Aber auch PVP-Jod hat einen Vorteil: Es besitzt einen eingebauten Indikator: Die bräunliche Farbe von PVP-Jod ist praktisch, da man dadurch auf den ersten Blick erkennen kann, welche Stellen bereits behandelt wurden und welche nicht. Gleichzeitig lässt die bräunliche Färbung erkennen, ob noch freies Jod vorhanden ist. Sobald sich die Lösung entfärbt, wurde das Jod verbraucht.

Klingt gut, allerdings gibt es ein Problem: PVP-Jod kann bei stark blutenden oder eitrigen Wunden nicht verwendet werden. Der Grund dafür ist der sogenannte Eiweißfehler: Das freie Jod wird durch den hohen Gehalt an Eiweißen, die zum Beispiel im Blut, im Eiter oder in abgestorbenem Gewebe enthalten sind, sofort gebunden. Und zwar noch bevor es seine antimikrobielle Wirkung entfalten kann. Dadurch verliert das Antiseptikum seine Wirksamkeit.

Bei bekannter Jod-Überempfindlichkeit, Schilddrüsenerkrankungen oder in der Schwangerschaft sollte PVP-Jod nur nach Rücksprache mit dem behandelnden Arzt angewendet werden. Auch bei einer langfristigen oder großflächigen Anwendung ist Vorsicht geboten, da es sonst zu einer erhöhten Jodaufnahme über die Haut kommen kann.

143

Chlorhexidin: Eine gute Mundspülung, wenn man ein paar Regeln beachtet

Auch Chlorhexidin ist ein Antiseptikum. Jeder, der schon mal beim Zahnarzt war, kennt es. Zahnärzte lieben Chlorhexidin nämlich. Sie empfehlen es gern zur Keimzahlreduktion im Mundraum, zum Beispiel bei Zahnfleischentzündungen, Entzündungen der Mundschleimhaut oder bei Halsschmerzen.

Aber man braucht natürlich keine zahnärztliche Empfehlung. Viele holen es sich in der Apotheke, weil sie offene Stellen im Mund haben und nicht wollen, dass sich die Stelle infiziert. Meist kommt es als Lösung mit Konzentrationen zwischen 0,1 und 0,2 Prozent zum Einsatz, aber auch als Mundgel.

Chlorhexidin besitzt ein breites Wirkspektrum gegen verschiedene Bakterien sowie gegen Hautpilze und Hefen wie Candida albicans. Gegen behüllte Viren wie Herpesviren zeigt es eine gewisse Wirkung, gegen unbehüllte Viren wie Noroviren oder Adenoviren hingegen nicht.

Die Wirksamkeit von Chlorhexidin kann abgeschwächt werden, wenn gleichzeitig organisches Material wie Blut, Speichel oder Eiter vorhanden ist. Diese Substanzen binden dann an den Wirkstoff oder verhindern seine Aufnahme durch die Erreger. Daher sollte die Mundhöhle vor der Anwendung gründlich ausgespült werden.

Nach der Anwendung im Mundraum sollten keine zuckerhaltigen Speisen oder Getränke konsumiert werden, da der Zucker zusammen mit den Bakterien einen sogenannten Biofilm bildet, der die Wirksamkeit von Chlorhexidin verringert.

Bei der Anwendung kann es vorübergehend zu Geschmacksstörungen kommen. Zudem können Verfärbungen der Zähne, der Zunge oder von Füllungen auftreten, die unter Umständen vom Zahnarzt entfernt werden müssen.

144

Warum Wasserstoffperoxid die Haut verfärben kann

Was Zahnärzte ebenfalls häufig empfehlen und viele Kunden nachfragen, ist Wasserstoffperoxid. Es wird verwendet, um den Mund bei Entzündungen zu spülen, etwa bei Zahnfleischentzündungen, Aphthen oder nach kleineren zahnärztlichen Eingriffen.

Gegenüber Chlorhexidin hat es den Vorteil, dass es nicht zu einer Dunkelfärbung der Zähne führt, im Gegenteil, es könnte die Zähne sogar etwas bleichen. Wasserstoffperoxid haftet dafür aber nicht wie Chlorhexidin an der Schleimhaut, weshalb es weniger lang wirkt. Außerdem hilft es weniger effektiv gegen Bakterien und kaum gegen Viren. Es kann jedoch einige Pilze bekämpfen.

In der Apotheke ist eine dreiprozentige Lösung erhältlich. Diese sollte in der Regel vor der Anwendung im Mund im Verhältnis 1:10 mit Wasser verdünnt werden, darf aber nicht geschluckt werden. Wunden auf der Haut werden mit der unverdünnten Lösung gespült.

Aber was ist Wasserstoffperoxid eigentlich genau? Es handelt sich dabei um eine chemische Verbindung, die ein Sauerstoffatom mehr enthält als Wasser. Dieses kann relativ leicht wieder abgegeben werden. Der freigesetzte Sauerstoff zerstört Zellmembranen und andere Strukturen von Mikroorganismen. Die dabei entstehende Schaumbildung unterstützt zudem eine mechanische Reinigung der Wunde, indem eitrige Beläge oder Schmutz gelöst werden.

Kommt Wasserstoffperoxid mit der gesunden Haut in Kontakt, kann sich diese weißlich verfärben. Das liegt daran, dass sich mikroskopisch kleine Sauerstoffbläschen in die obere Hautschicht einlagern. Die Verfärbung ist in der Regel aber harmlos und auch nur vorübergehend.

Wasserstoffperoxid sollte nicht dauerhaft oder in hoher Konzentration angewendet werden, da es auch gesundes Gewebe schädigen und die Wundheilung verzögern kann. Bei tiefen oder chronischen Wunden wird es daher nicht empfohlen.

145

Warum Teebaumöl problematisch ist

Was von meinen Kunden auch immer mal wieder nachgefragt wird, ist Teebaumöl. Eingesetzt wird es dann zum Beispiel bei Pickeln, kleinen Wunden und sogar bei Fußpilz. Auch gegen Mundgeruch oder bei Aphthen wird es vereinzelt verwendet.

Dieses ätherische Öl wird aus den Blättern des australischen Teebaums gewonnen. Es wirkt entzündungshemmend, antibakteriell und antimykotisch. In Laborversuchen zeigte es auch eine Wirkung gegen einige behüllte Viren.

Da es sich um ein pflanzliches Präparat handelt, wird es häufig als harmlos betrachtet und in der Selbstmedikation verwendet.

Die wissenschaftlichen Belege für eine Wirksamkeit sind allerdings relativ schwach. Die Studien wurden meist im Labor und nicht am Menschen durchgeführt.

Teebaumöl sollte zudem nicht unverdünnt auf die Haut aufgetragen werden, da es die Haut reizen und allergische Reaktionen auslösen kann. Ursache dafür sind vor allem die Abbauprodukte, die bei Kontakt mit Licht, Luft oder Wärme entstehen. Empfehlenswert sind Konzentrationen von ein bis fünf Prozent.

Außerdem sollte Teebaumöl nicht geschluckt werden. Es wirkt nicht gegen Infektionen im gesamten Körper wie ein Antibiotikum und schon gar nicht entgiftend, wie manchmal behauptet wird. In der Vergangenheit kam es bereits zu schweren Nebenwirkungen, darunter Übelkeit, Erbrechen, zentralnervöse Störungen bis hin zu Bewusstseinsverlust oder Krampfanfällen.

146

Wer kolloidales Silber nimmt, droht zum Schlumpf zu werden

Und dann gibt es da noch Menschen, die kolloidales Silber kaufen. Ein Mittel, das in bestimmten Kreisen als »natürliches Antibiotikum« gilt. Bei kolloidalem Silber handelt es sich um winzige Silberpartikel, die in Wasser fein verteilt vorliegen. So fein, dass sie mit bloßem Auge meist nicht mehr zu erkennen sind.

Silber wirkt tatsächlich bereits in sehr geringen Konzentrationen antibakteriell. Vermutlich, indem es Silberionen freisetzt, die mit den Enzymen und Eiweißen der Mikroorganismen reagieren. Dadurch werden wichtige Stoffwechselprozesse gestört, wodurch die Zellen absterben.

In der Medizin wird dieser Effekt gezielt genutzt, zum Beispiel in silberhaltigen Wundauflagen oder bei bestimmten Kathetern und Implantaten, um das Risiko bakterieller Besiedlung zu senken.

Aber: äußerlich und nicht innerlich.

Für die innerliche Anwendung in Form von kolloidalem Silber als Trinklösung gibt es keine nachgewiesene Wirkung. Das scheint es für die Anhänger der Pseudomedizin jedoch besonders interessant zu machen. Sie verwenden kolloidales Silber zum Beispiel bei einfachen Infektionen, aber auch bei schwerwiegenden Erkrankungen wie Krebs. Die Anwendung war während der COVID-19-Pandemie bei ihnen ebenfalls äußerst beliebt. Falls sie an das Virus glaubten.

Auch wenn eine Behandlung mit kolloidalem Silber keine Wirkung hat, kann sie mit Nebenwirkungen wie der sogenannten Argyrie einhergehen. Dabei handelt es sich um eine nicht rückgängig zu machende Blau- bis Graufärbung der Haut und Schleimhäute. Sie entsteht durch Ablagerung von Silber im Gewebe und tritt vor allem dort auf, wo die Haut dem Sonnenlicht ausgesetzt ist. Die UV-Strahlung der Sonne verändert die eingelagerte Substanz so, dass sie zu einer sichtbaren Verfärbung führt.

Diese Menschen sehen dann ein Leben lang wie Schlümpfe aus. Herzlichen Glückwunsch.

Neben dieser dauerhaften Markierung als Anhänger der Pseudomedizin bestehen weitere gesundheitliche Risiken: Silber kann sich auch in Leber, Milz, Nieren, Lunge und im ZNS ablagern und dort toxische Effekte entfalten. In seltenen Fällen wurden neurologische Symptome wie Krampfanfälle oder Gedächtnisstörungen beschrieben. Auch Nieren- oder Leberschäden sind möglich. Also: Finger weg!

Teil 9
Übergewicht und Diabetes

Von BMI bis Liraglutid

147

Warum der BMI nur bedingt aussagekräftig ist

Dieses Oberkapitel ist eher kurz. Wir schauen uns hier das Thema Diabetes und Übergewicht an. Ihr wisst schon: Ozempic und Co.

Wir fangen mit dem Body-Mass-Index (BMI) an. Er soll Auskunft darüber geben, ob Übergewicht vorliegt und wie hoch dadurch letztendlich das Risiko für Herz-Kreislauf-Erkrankungen ist. Um ihn zu berechnen, setzt man das Körpergewicht ins Verhältnis zur Körpergröße.

Dafür wird das Körpergewicht in Kilogramm durch die Körpergröße in Metern zum Quadrat, also Körpergröße mal Körpergröße, geteilt. Ist der BMI kleiner als 18,5, liegt laut WHO-Definition Untergewicht vor. Ein Wert zwischen 18,5 und 24,9 gilt als Normalgewicht. Ab einem BMI von 25 spricht man von Übergewicht.

Das Übergewicht wird dann weiter unterteilt: Bei einem BMI zwischen 25 und 29,9 spricht man von Präadipositas, also einem Vorstadium der Adipositas, der sogenannten Fettleibigkeit. Ab einem Wert von 30 liegt dann eine Adipositas vor, die dann weiter in verschiedene Grade unterteilt wird.

Das Problem an der ganzen Geschichte ist, dass der BMI nicht zwischen Fett und Muskeln unterscheidet. Ein Bodybuilder, der kein Gramm Fett am Körper hat, gilt laut BMI auch als übergewichtig.

Auch das Geschlecht wird nicht berücksichtigt. Bei Männern liegt der BMI im Durchschnitt höher als bei Frauen, da sie oft über eine größere Muskelmasse verfügen, die im Vergleich zu Körperfett ein höheres Gewicht aufweist.

Wichtig ist aber zudem nicht ausschließlich die Menge an Fett im Körper, sondern auch, wie es sich im Körper verteilt. Während Bauchfett als besonders entzündungs- und damit krankheitsfördernd gilt, ist das beim Körperfett im Hüft-Oberschenkel-Bereich zum Beispiel nicht der Fall.

148

Wie der Blutzuckerspiegel durch Insulin und Glukagon beeinflusst wird

Abnehmen hat mit vielen Faktoren zu tun. Wichtig ist, dass man versteht, dass es im Großen und Ganzen vor allem darauf ankommt, dass man weniger Kalorien aufnimmt, als man verbrennt.

Einige weitere Grundlagen sind zudem wichtig. Beginnen wir mit der Glukose, einem Einfachzucker, der verbunden mit Fruktose, einem weiteren Einfachzucker, den Zweifachzucker Saccharose bildet – unseren Haushaltszucker. Glukose kann aber auch andere Mehrfachzucker bilden. Zum Beispiel Stärke, ein großes Molekül, das aus vielen Glukoseeinheiten besteht. Isst man nun Lebensmittel, die Kohlenhydrate wie Stärke oder Saccharose enthalten, werden diese durch Enzyme des Körpers in ihre Einfachzucker zerlegt und so im Dünndarm in den Blutkreislauf aufgenommen. Wird vom Blutzuckerspiegel gesprochen, meint man damit den Blutglukosespiegel, also die Konzentration der Glukose im Blut.

Steigt der Blutglukosespiegel nach einer Mahlzeit an, wird Insulin ausgeschüttet. Das Hormon fördert dann die Glukoseaufnahme aus dem Blut in die Körperzellen, vor allem in die der Skelettmuskulatur. Die Glukose im Blut reduziert sich in der Folge und der Blutglukosespiegel sinkt. Je mehr Glukose im Blut enthalten ist, desto mehr Insulin wird freigesetzt.

Neben diesen hohen Insulinausschüttungen nach einer Mahlzeit wird zusätzlich auch welches zwischen den Mahlzeiten freigesetzt, um den Blutglukosespiegel im Gleichgewicht zu halten. Und Insulin kann noch mehr: etwa die Bildung von Fetten aus Glukose anregen und somit dem Fettabbau entgegenwirken. Das heißt, man setzt Körperfett an und nimmt zu.

Ein weiteres Hormon, das Einfluss auf den Blutglukosespiegel hat, ist Glukagon. Dieser Gegenspieler des Insulins wird ausgeschüttet, wenn der Blutglukosespiegel zu niedrig ist. Zum Beispiel dann, wenn man durch körperliche Bewegung Energie verbraucht hat. Glukagon sorgt einerseits dafür, dass Glukose aus seiner Speicherform freigesetzt wird, aber auch dafür, dass neue Glukose gebildet wird. Der Blutglukosespiegel steigt.

149

Wie Übergewicht zu Diabetes mellitus Typ 2 führen kann

Diabetes mellitus bedeutet »honigsüßer Durchfluss«. Der Name stammt aus einer Zeit, in der die Erkrankung noch durch den Geschmack des Urins diagnostiziert wurde. War der Urin aufgrund der hohen Zuckerausscheidung süßlich, galt das als Hinweis auf Diabetes. Lecker.

Besonders verbreitet ist der Diabetes Typ 2, die Form, die durch Übergewicht, aber auch durch Bewegungsmangel und ungünstige Ernährungsgewohnheiten begünstigt wird. Diabetes mellitus Typ 2 entwickelt sich meist im Erwachsenenalter.

Es beginnt damit, dass die Körperzellen aufgrund des Übergewichts weniger empfindlich auf Insulin reagieren. Das Hormon kann seine Wirkung nicht mehr ausreichend entfalten, was zur Folge hat, dass der Blutzucker nicht so stark sinkt, wie er eigentlich sollte.

Der Körper interpretiert das als Insulinmangel und schüttet zusätzliches Insulin aus, um den Job zufriedenstellend erledigen zu können. Das funktioniert tatsächlich. Fürs Erste zumindest. Auf Dauer werden die insulinproduzierenden Zellen in der Bauchspeicheldrüse dadurch überfordert und geschädigt. Sie verlieren dann nach und nach ihre Funktion, und irgendwann reicht das eigene Insulin nicht mehr aus. Dann wird eine Insulintherapie notwendig.

Solange die Bauchspeicheldrüse aber noch in der Lage ist, ausreichend Insulin zu bilden, können auch blutzuckersenkende Wirkstoffe, sogenannte Antidiabetika, helfen.

Aber allein eine Gewichtsreduktion kann in manchen Fällen ausreichen, um die Körperzellen wieder empfindlicher auf Insulin reagieren zu lassen. So kann Typ-2-Diabetes häufig noch rückgängig gemacht werden. Vorausgesetzt natürlich, dass die Insulinproduktion noch ausreichend funktioniert.

Im Vergleich zu Diabetes mellitus Typ 2 lässt sich Typ 1 nicht mehr rückgängig machen, da es sich dabei um eine chronische Autoimmunerkrankung handelt. Die insulinproduzierenden Betazellen werden vom eigenen Immunsystem zerstört. Es entsteht ein absoluter Insulinmangel. Man braucht fremdes Insulin.

Was genau Diabetes mellitus Typ 1 auslöst, ist nicht vollständig geklärt, es scheinen jedoch genetische Gründe und Umweltfaktoren wie Virusinfektionen beteiligt zu sein. Die Symptome treten oft plötzlich auf. Es kann zu starkem Durst, häufigem Wasserlassen, Gewichtsverlust, Müdigkeit, Sehstörungen und Übelkeit kommen.

Auch in der Schwangerschaft kann Diabetes auftreten, der sogenannte Gestationsdiabetes.

Verantwortlich sind neben einer Veranlagung vor allem hormonelle Veränderungen. In der Schwangerschaft bildet der Körper der Mutter Hormone, die wichtig für die Entwicklung des Fötus sind, aber eben auch die Wirkung von Insulin in ihrem Körper reduzieren können. Die Folge ist, dass die Bauchspeicheldrüse mehr Insulin herstellen muss, um den normalen Blutzuckerspiegel aufrechtzuerhalten.

150

Warum es nicht nur ein Insulinpräparat zur Behandlung von Diabetes mellitus gibt

Zur Behandlung wird Insulin also immer bei Diabetes mellitus Typ 1, bei Schwangerschaftsdiabetes nur in rund einem Drittel der Fälle und bei Typ 2 vor allem dann eingesetzt, wenn die Bauchspeicheldrüse kein Insulin mehr bilden kann oder eine schwere Hyperglykämie – ein zu hoher Glukosespiegel – anders nicht kontrolliert werden kann.

Insulin gibt es in unterschiedlichen Formen für verschiedene Anwendungen.

Kurz wirkende Insuline schlagen nach 30 bis 60 Minuten an, weshalb ein Abstand zwischen Spritze und Mahlzeit von etwa 30 Minuten eingehalten werden muss. Ihre Wirkung hält etwa fünf bis sechs Stunden an. Sie sollen das Insulin imitieren, das der Körper nach dem Essen ausschüttet.

Schnell wirksame Insulinvarianten wie Insulin lispro, Insulin aspart und Insulin glulisin wurden gentechnisch verändert, damit sie schneller wirken können. Bei ihnen entfällt der Spritz-Ess-Abstand.

Langwirksame Insuline wie Insulin glargin, Insulin detemir und Insulin degludec wurden entwickelt, um eine gleichmäßige Insulinabgabe über einen längeren Zeitraum zu gewährleisten und die Insulinausschüttung zwischen den Mahlzeiten nachzuahmen.

Seit Anfang September 2024 gibt es in Deutschland eine neue Insulinvariante: Insulin icodec. Ein Insulin, das nur noch einmal pro Woche gespritzt werden muss. Ein Gamechanger – man spart sich sechs Injektionen pro Woche.

Zugelassen ist das Mittel für Erwachsene mit Diabetes mellitus Typ 1 und Typ 2. Nach den Mahlzeiten wird zusätzlich noch ein schnell wirkendes Insulin verwendet. Bei Typ-2-Diabetikern kann auch ein orales Antidiabetikum wie Metformin verwendet werden.

Grundsätzlich wichtig bei der Insulintherapie ist, darauf zu achten, dass Insulin nicht überdosiert wird. Denn dann, oder wenn nach dem Spritzen zu wenig verfügbare Kohlenhydrate zugeführt werden, kann es zu einer Hypoglykämie kommen. Also einer Unterzuckerung, die zu einem gefährlich niedrigen Blutzuckerspiegel führt. Symptome, die dabei häufig auftreten, sind Zittern, Schwitzen, Verwirrtheit, und im schlimmsten Fall kann es sogar zur Bewusstlosigkeit kommen.

151

Warum Metformin den Blutzuckerspiegel und als Nebeneffekt das Körpergewicht senken kann

Das am häufigsten verwendete orale Antidiabetikum zur Behandlung von Typ-2-Diabetes ist Metformin. Wenn im Verlauf der Krankheit weniger Insulin von der Bauchspeicheldrüse gebildet wird und die Blutzuckerkontrolle allein nicht mehr ausreicht, kann zusätzlich zu Metformin auch Insulin eingesetzt werden.

Metformin sorgt dafür, dass der Körper weniger Glukose zur Verfügung stellt, wodurch der Blutglukosespiegel sinkt. Es bewirkt aber auch, dass die Körperzellen empfindlicher auf das Insulin reagieren. Dadurch können sie Glukose wieder besser aufnehmen, was ebenfalls dazu beiträgt, dass der Blutglukosespiegel sinkt.

Metformin reduziert zudem die Aufnahme von Glukose aus der Nahrung im Dünndarm. Dadurch, dass weniger Glukose ins Blut gelangt, werden Blutzuckerspitzen, also hohe Glukosemengen auf einmal, verhindert. Da Metformin keinen Einfluss auf die Insulinproduktion hat, bleibt das Risiko für Unterzuckerungen gering.

Zu den häufig auftretenden Nebenwirkungen gehören Magen-Darm-Beschwerden wie Übelkeit, Erbrechen, Durchfall, Bauchschmerzen und Appetitverlust.

Eingenommen wird Metformin am besten zu den Mahlzeiten, damit diese Beschwerden seltener auftreten. Die Dosis sollte man langsam steigern, um die Verträglichkeit zu verbessern.

Früher wurde Metformin hin und wieder auch für Menschen mit Übergewicht verordnet, da es den Appetit leicht reduziert und das Körpergewicht damit senken kann. Heute gibt es dafür andere Möglichkeiten, etwa Semaglutid, siehe Kapitel 154.

Problematisch ist, dass die langfristige Metformin-Einnahme gelegentlich zu einem Vitamin-B12-Mangel führt, da sie die Aufnahme des Vitamins im Darm beeinträchtigt. Es empfiehlt sich daher, den Spiegel regelmäßig prüfen zu lassen und bei einem Mangel Vitamin B12 (Kapitel 168) einzunehmen.

152

Warum die Blutzucker senkenden Sulfonylharnstoffe dick machen

Weitere blutzuckersenkende Arzneimittel, die bei Typ-2-Diabetes eingesetzt werden, sind die beiden Sulfonylharnstoffe Glimepirid und Glibenclamid. Beide Arzneimittel steigern die Insulinfreisetzung aus den Betazellen der Bauchspeicheldrüse. Falls diese noch funktionieren.

Zusätzlich sorgen sie dafür, dass mehr Glukose aus dem Blut in die Zellen aufgenommen wird, was zur Senkung des Blutglukosespiegels beiträgt.

Da sie die Insulinfreisetzung steigern, können sie zu Unterzuckerungen führen, was die häufigste und gefährlichste Nebenwirkung der beiden Wirkstoffe darstellt. Deshalb sollten sie immer zu einer Mahlzeit eingenommen werden. Wird die Mahlzeit ausgelassen, sollte auch das Arzneimittel nicht eingenommen werden.

Im Gegensatz zu Metformin nimmt man bei Glimepirid und Glibenclamid eher zu als ab, da beide Sulfonylharnstoffe die Insulinfreisetzung unabhängig vom Blutzuckerspiegel steigern. Durch das vermehrt freigesetzte Insulin wird unter anderem der Aufbau des Fettgewebes gefördert – um Energie zu speichern.

Auch Magen-Darm-Beschwerden, Hautreaktionen und gelegentlich Sehstörungen sind bei der Einnahme möglich.

Glibenclamid wirkt länger und hat dadurch ein höheres Risiko für Unterzuckerungen, besonders bei älteren Menschen, bei denen schwere Hypoglykämien zu Stürzen führen können.

Glimepirid wird deshalb häufiger eingesetzt.

153

Warum Gliflozine das Risiko für Vaginalpilz und Blasenentzündungen erhöhen

Auch die beiden Gliflozine Dapagliflozin und Empagliflozin werden relativ häufig bei Typ-2-Diabetes eingesetzt. Sie werden einmal täglich eingenommen, meistens morgens, mit oder ohne Mahlzeit, aber möglichst immer zur gleichen Zeit.

Beide Wirkstoffe sorgen dafür, dass mehr Glukose über den Urin ausgeschieden wird. Mehr Glukose im Urin bedeutet einerseits, dass auch mehr Wasser durch osmotische Anziehungskräfte mit ausgeschieden wird, was den Blutdruck senkt. Es ist daher wichtig, ausreichend zu trinken, um Schwindel oder Kreislaufprobleme zu vermeiden.

Mehr Glukose im Urin bedeutet andererseits aber auch, dass die Hefepilze im Vaginalbereich mehr Futter bekommen, weshalb sie sich leichter vermehren können, was zu einem höheren Risiko für Vaginalpilz führt. Blasenentzündungen treten bei Frauen ebenfalls häufiger auf, da der Zucker auch die Bakterien füttert, die möglicherweise gerade die Harnröhre hinaufklettern.

Da Gliflozine keinen Einfluss auf die Insulinausschüttung haben, kommt es durch sie auch nicht zu Unterzuckerungen.

Empagliflozin ist besonders für Typ-2-Diabetiker mit bestehenden Herz-Kreislauf-Erkrankungen empfehlenswert, weil es das Risiko für kardiovaskuläre Todesfälle senken kann.

154

Ozempic und Wegovy: Wie aus einem Antidiabetikum die Spritze zum Abnehmen wurde

Kommen wir endlich zu Ozempic. Der enthaltene Wirkstoff Semaglutid wurde für Typ-2-Diabetes zugelassen. Da die Menschen mit Typ-2-Diabetes dadurch stark an Gewicht verloren, wollten auch die Nicht-Diabetiker ihr Stück vom Kuchen abhaben und trotzdem abnehmen. Schließlich war Social Media voll mit diesem Geheimtipp.

Ärzte begannen daraufhin, Ozempic auch für Abnehmwillige zu verordnen, wodurch es als Abnehmspritze weltberühmt wurde. Dummerweise guckten die Diabetiker dadurch erst mal in die Röhre, da aufgrund der großen Nachfrage nicht mehr genug von dem Wirkstoff lieferbar war.

Wir mussten deswegen in den Apotheken viele Diabetiker wieder mit ihren Rezepten wegschicken. Wir legten sogar Wartelisten an, damit jeder früher oder später sein Ozempic erhalten konnte. Bis dahin mussten sie umgestellt werden – zum Beispiel auf Insulin.

Mittlerweile sieht die Situation schon wesentlich besser aus, und es gibt auch eine Version, die nur fürs Abnehmen gedacht ist: Wegovy.

Während Ozempic von der gesetzlichen Krankenversicherung für Diabetiker übernommen wird, müssen gesetzlich Versicherte Wegovy selbst bezahlen. Da der Hersteller den Preis frei festsetzen kann, ist Wegovy teurer als Ozempic.

Ob man mit Semaglutid nun seinen Diabetes oder seine Fettpölsterchen behandeln möchte, man spritzt es einmal wöchentlich mit einem Fertigpen unter die Haut. Vorzugsweise am Bauch, Oberschenkel oder in den Oberarm.

Als langwirksames GLP-1-Analogon ahmt Semaglutid die Wirkung von GLP-1 nach, wirkt aber eben nur länger. GLP-1 ist ein Hormon, das im Magen-Darm-Trakt vorkommt und nach der Nahrungsaufnahme glukoseabhängig die Bildung und Ausschüttung von Insulin stimuliert und gleichzeitig die von Glukagon hemmt. Hinzu kommt, dass es die Entleerung des Magens verlangsamt.

Durch Semaglutid hat man weniger Hunger und fühlt sich schneller satt. Das führt schließlich dazu, dass man weniger isst und als Folge Körpergewicht verliert.

Die häufigsten Nebenwirkungen sind Übelkeit, Durchfall und Bauchschmerzen. Diese treten vor allem zu Beginn der Behandlung und bei Dosiserhöhungen auf.

Seit Ende November 2023 ist ein weiteres Arzneimittel in Deutschland erhältlich, das für Typ-2-Diabetes eingesetzt wird: Mounjaro.

Seit dem 19. April 2024 ist es auch für das Gewichtsmanagement zugelassen.

Mounjaro enthält Tirzepatid, das nicht nur den GLP-1-Rezeptor aktiviert, sondern auch den GIP-Rezeptor. GIP ist ein Hormon, das nach der Nahrungsaufnahme freigesetzt wird und in den Blutkreislauf gelangt, wo es die Insulinausschüttung anregt. Es hat dieselben Wirkungen wie Semaglutid, sorgt aber zusätzlich noch dafür, dass die Körperzellen wieder empfindlicher auf Insulin reagieren.

Tirzepatid senkt das Körpergewicht etwas effektiver als Semaglutid. Außerdem kann es, wie man herausfand, den HbA1c-Wert stärker senken. Mit dem HbA1c-Wert lässt sich bei Diabetikern feststellen, ob der Blutzuckerspiegel in den letzten acht bis zwölf Wochen zu hoch war oder ob die Einnahme der blutzuckersenkenden Wirkstoffe nur mal kurz vor dem Arztbesuch angepasst wurde.

Die Nebenwirkungen von Tirzepatid entsprechen in etwa denen von Semaglutid.

155

Warum Liraglutid eine gute Option bei Diabetes und Adipositas ist

Semaglutid und Tirzepatid sind aber nicht die ersten derartigen Wirkstoffe. Auch Liraglutid wird relativ häufig zur Behandlung von Typ-2-Diabetes und ebenso zur Gewichtsreduktion bei Adipositas eingesetzt.

Liraglutid wurde bereits 2009 in Deutschland zugelassen. Damals stellte es eine Verbesserung gegenüber dem ersten verfügbaren GLP-1-Agonisten Exenatid dar – ein Wirkstoff, der im Speichel von Gila-Krustenechsen gefunden wurde. Exenatid ist auch heute noch auf dem Markt, wird aber selten verordnet. Es muss zweimal täglich innerhalb von 60 Minuten vor einer Mahlzeit gespritzt werden. Liraglutid stellt dazu eine Verbesserung dar, da die einmal tägliche Injektion ausreicht.

Aus heutiger Sicht ist die tägliche Anwendung natürlich ein entscheidender Nachteil gegenüber Semaglutid und Tirzepatid. Und nicht der einzige: Liraglutid senkt nämlich auch den Blutzucker und das Gewicht weniger effektiv.

Warum wird es dann überhaupt noch verwendet?

Die tägliche Injektion hat den Vorteil, dass sich Nebenwirkungen besser im Griff behalten lassen und die Therapie bei Bedarf schneller angepasst oder beendet werden kann als bei einer wöchentlichen Anwendung.

Außerdem wurde Liraglutid in einer großen Studie ein zusätzlicher Nutzen bestätigt: Es senkt das Risiko für Herzinfarkt, Schlaganfall und andere kardiovaskuläre Komplikationen. Auch Hinweise auf einen gewissen Nierenschutz und mögliche positive Effekte auf das Gehirn, etwa bei Alzheimer, werden untersucht.

Für Semaglutid ist das ebenfalls belegt, ob das auch auf Tirzepatid zutrifft, ist noch nicht abschließend bestätigt.

Die Nebenwirkungen von Liraglutid entsprechen in etwa denen von Semaglutid und Tirzepatid: Häufig kommt es zu Übelkeit, Durchfall und Bauchschmerzen.

Teil 10
Vitamine, Mineralstoffe und ihr Ungleichgewicht

Von Vitamin A bis Zink

156

Was sind Vitamine eigentlich?

Im zehnten und letzten Teil des Buches beschäftigen wir uns mit Vitaminen und Mineralstoffen. Auch hier gibt es viele wichtige Fakten, die man kennen sollte, wenn man richtig versorgt sein möchte.

Als Erstes schauen wir uns an, was Vitamine überhaupt sind.

Als Vitamine werden organische Verbindungen bezeichnet, die lebensnotwendig sind, die der Körper aber nicht oder nur unzureichend selbst herstellen kann. Sie müssen daher regelmäßig über die Nahrung aufgenommen werden. Man unterscheidet dabei fettlösliche von wasserlöslichen Vitaminen.

Zu den fettlöslichen gehören die Vitamine A, D, E und K (Eselsbrücke: Edeka) und zu den wasserlöslichen die B-Vitamine und Vitamin C.

Fettlösliche Vitamine sind aufgrund ihrer Löslichkeit hauptsächlich in fettreichen Lebensmitteln enthalten, wie in Fischen, Eiern und pflanzlichen Ölen. Sie werden am besten zusammen mit einer kleinen Menge an Fett eingenommen, weil sie so vom Körper besser aufgenommen werden können.

Wasserlösliche Vitamine findet man hingegen vor allem in Obst, Gemüse und in Getreideprodukten. Zu beachten ist, dass sie sich beim Kochen im Wasser lösen und verloren gehen.

Während fettlösliche Vitamine im Körper, vor allem in der Leber, gespeichert werden, können wasserlösliche Vitamine, bis auf Vitamin B12, nicht gespeichert werden.

Ein Zuviel an fettlöslichen Vitaminen kann daher schaden, während ein Zuviel an wasserlöslichen Vitaminen einfach mit dem Urin ausgeschieden wird.

157

Warum Vitamin A wichtig für den Körper ist, aber definitiv nicht ungefährlich

Beginnen wir mit den fettlöslichen Vitaminen, genauer mit Vitamin A, einer Gruppe fettlöslicher Verbindungen, zu denen Retinol, Retinal, Retinsäure und Retinylester gehören.

Wichtig ist Vitamin A vor allem für die Augen, das Wachstum und die Entwicklung der Zellen, die Fortpflanzung sowie die Gesundheit von Haut und Schleimhäuten sowie für das Immunsystem.

Vitamin A steckt hauptsächlich in tierischen Produkten wie zum Beispiel Leber, Eigelb, Milch und Fischleberöl. Pflanzliche Lebensmittel, etwa Karotten und Süßkartoffeln, enthalten hingegen Vorstufen von Vitamin A, etwa Beta-Carotin.

Obwohl Beta-Carotin im Körper zu Retinol umgewandelt werden kann, ist die Umwandlung nicht besonders effektiv. Man müsste rund zwölf Milligramm Beta-Carotin aufnehmen, um ein Milligramm Retinol zu erhalten.

Beta-Carotin selbst hat einen Vorteil gegenüber Retinol: Es besitzt zusätzlich antioxidative Eigenschaften, das heißt, es kann freie Radikale im Körper abfangen und so Zellschäden verhindern. Wer also keine Lust auf Zellschäden hat, sollte vielleicht hin und wieder mal eine Karotte, Süßkartoffeln oder Spinat in seinen Speiseplan einbauen.

Um die unterschiedlichen Vitamin-A-Quellen vergleichbar zu machen, wurde die Einheit Retinolaktivitätsäquivalente (RAE) eingeführt. Die empfohlene tägliche Zufuhr liegt laut den Referenzwerten der Deutschen Gesellschaft für Ernährung (DGE) für Frauen bei 700 Mikrogramm RAE und für Männer bei 850 Mikrogramm.

Die Einnahme von Nahrungsergänzungsmitteln mit Vitamin A ist in den meisten Fällen nicht nötig, da der Bedarf gut über die Ernährung gedeckt werden kann.

Schwangere haben einen erhöhten Bedarf an Vitamin A. Während die Einnahme von Beta-Carotin für sie zwar als unbedenklich gilt, sollten sie jedoch, vor allem im ersten Trimester, kein Vitamin A in Form von Nahrungsergänzungsmitteln einnehmen. Falls sie es doch tun, bitte nur in Absprache mit dem Arzt, da zu hohe Dosen das ungeborene Kind schädigen können. Auch der übermäßige Verzehr von Lebensmitteln mit hohem Vitamin-A-Gehalt ist nicht anzuraten.

Ein Vitamin-A-Mangel ist in Deutschland eher selten und entsteht meist dann, wenn der Körper Fette nicht richtig aufnehmen kann. Typische Symptome sind Nachtblindheit, trockene Haut und Schleimhäute sowie ein erhöhtes Infektionsrisiko. Schlimmstenfalls kann ein Mangel zur Erblindung führen.

Viel wahrscheinlicher ist allerdings, dass man zu viel Vitamin A aufnimmt, was leicht durch die Einnahme von Multivitaminpräparaten und meist noch leichter durch Produkte der orthomolekularen Medizin (siehe Kapitel 170) passieren kann. Das wiederum kann zu verschiedenen Symptomen führen, darunter Kopfschmerzen, Übelkeit, Hautveränderungen, Knochenprobleme und Leberschäden.

Das Bundesinstitut für Risikobewertung (BfR) empfiehlt, dass Nahrungsergänzungsmittel kein Vitamin A enthalten sollten. Wenn doch, höchstens 200 Mikrogramm pro Tagesdosis.

Eine hohe Aufnahme von Beta-Carotin oder Vitamin A kann bei Rauchern das Risiko für Lungenkrebs erhöhen. Sie sollten es daher ausschließlich über die Nahrung aufnehmen.

158

Warum man auf seine Vitamin-D-Zufuhr achten sollte

Vitamin D dürfte fast allen ein Begriff sein. Das auch als Calciferol bekannte Vitamin kommt in zwei Formen vor: Vitamin D2 (Ergocalciferol) und Vitamin D3 (Cholecalciferol).

Vitamin D ist wichtig, da es unter anderem die Aufnahme und die Einlagerung von Calcium und Phosphat in die Knochen fördert.

Steht dem Körper nicht genug Vitamin D zur Verfügung, kann es zu weichen, brüchigen Knochen kommen. Bei Erwachsenen begünstigt der Mangel die Entwicklung einer Osteoporose. Dabei werden die Knochen porös. Die Folge: Sie brechen leichter.

Bei Kindern kann ein Vitamin-D-Mangel hingegen eine Rachitis auslösen. Dabei kommt es zu einer verminderten Mineralisation der wachsenden Knochen, was sie weich und verformbar macht. Das ist nicht gut.

Vitamin D unterstützt zudem das Immunsystem und kann so möglicherweise dazu beitragen, Infektionen zu verhindern.

Es wird auch diskutiert, ob ein niedriger Vitamin-D-Spiegel das Risiko für Depressionen erhöht. Eindeutig bewiesen ist dieser Zusammenhang aber bisher noch nicht.

Vitamin D3 kann der Körper selbst durch UVB-Strahlen der Sonne in der Haut bilden.

Ist die Haut mit Sonnencreme eingerieben, kommen in derselben Zeit weniger UVB-Strahlen durch als bei ungeschützter Haut. Um dieselbe Menge Vitamin D3 zu bilden, müsste man die Haut dementsprechend länger der Sonne aussetzen. Was nicht zu empfehlen ist, da zu viel Sonnenstrahlen der Haut schaden.

Das Robert Koch-Institut (RKI) empfiehlt dennoch, zwischen März und Oktober zwei- bis dreimal pro Woche Gesicht, Hände und Arme unbedeckt für etwa die Hälfte der Eigenschutzzeit der Sonne auszusetzen – ohne Sonnenschutz.

Die Eigenschutzzeit der Haut gibt an, wie lange man ungeschützt in die Sonne gehen kann, bis die Haut rot wird. Diese Zeit ist je nach Hauttyp unterschiedlich lang. Dunklere Haut hat eine längere Eigenschutzzeit als helle Haut. Der Lichtschutzfaktor der Sonnencreme verlängert die Eigenschutzzeit um den Wert, der aufgedruckt ist – vorausgesetzt, man trägt ausreichend viel auf und cremt nach.

Ein Lichtschutzfaktor von 50 bedeutet zum Beispiel, dass die Eigenschutzzeit mit 50 multipliziert wird. Bei zehn Minuten Eigenschutzzeit hätte man theoretisch 500 Minuten, bevor sich die Haut rot färbt. Geht man aber ohne Sonnenschutz in die Sonne und bleibt da fünf Minuten, wie das RKI es empfiehlt, dann hat man, wenn man sich anschließend mit einem LSF von 50 eincremt, bei zehn Minuten Eigenschutzzeit nur noch 250 Minuten übrig.

Der Schutz der Haut ist wichtiger als die Vitamin-D3-Bildung. UV-Strahlen fördern nämlich nicht nur die Hautalterung, sondern erhöhen auch das Risiko für Hautkrebs. Und Vitamin D3 lässt sich unkompliziert als Präparat einnehmen.

Man kann das Vitamin zudem auch über die Nahrung aufnehmen. Tierische Quellen wie Fischleberöl, fetter Seefisch, Eigelb und Milchprodukte gelten als Hauptlieferanten. Pflanzliche Lebensmittel wie Avocados enthalten nur sehr geringe Mengen an Vitamin D – wenn überhaupt. Pilze, die Sonnenlicht ausgesetzt wurden, enthalten hingegen eine ordentliche Portion an Vitamin D2.

Erreicht man weder durch Sonne noch über die Ernährung eine ausreichende Versorgung, sollte man ein Vitamin-D3-Präparat einnehmen. Die empfohlene tägliche Zufuhr richtet sich dann nach dem Alter.

Für Säuglinge im ersten Lebensjahr wird eine tägliche Zufuhr von zehn Mikrogramm empfohlen, was 400 Internationalen Einheiten (I.E.) entspricht. Kinder, Jugendliche, Erwachsene und ältere Menschen benötigen das Doppelte – 800 I.E. pro Tag. Möchte man wissen, ob überhaupt ein Mangel vorliegt, kann man beim Arzt seinen Vitamin-D-Spiegel bestimmen lassen. Liegt der Wert unter 30 nmol/l (12 ng/ml), spricht man von einem Mangel. Ab 50 nmol/l (20 ng/ml) ist die Versorgung ausreichend.

Menschen, die einen großen Mangel haben, bekommen auch mal 20.000 I.E. Vitamin D3 verordnet, die sie dann in der Regel einmal pro Woche einnehmen müssen. Eigenmächtig sollte man aber keine hohen Dosen Vitamin D3 einnehmen, auch dann nicht, wenn es irgendein Influencer auf TikTok oder der Heilpraktiker von nebenan empfohlen hat. Besonders in pseudomedizinischen Kreisen ist die Einnahme von hoch dosiertem Vitamin D3 äußerst beliebt.

Hat man den Mangel ausgeglichen und nimmt weiterhin hohe Dosen ein, kann es durch zu viel Vitamin D3 zu einer Hyperkalzämie, also einem zu hohen Calciumspiegel im Blut, kommen. Je nach Spiegel drohen verschiedene Symptome wie Verstopfung, Übelkeit und Erbrechen. Sehr hohe Dosen können sogar zu Herzrhythmusstörungen, Kreislaufschock, Nierenversagen durch Calciumablagerungen in den Gefäßen und schlimmstenfalls zum Tod führen.

Was häufig empfohlen wird, ist die Kombination von Vitamin D3 mit Vitamin K2 (siehe Kapitel 160). Die Idee dahinter: Vitamin D3 steigert die Calciumaufnahme, und Vitamin K2 sorgt für die gezielte Einlagerung in die Knochen. Ist da was dran?

Belegt ist, dass Vitamin K2 das Protein Osteocalcin aktiviert, das für den Calciumeinbau im Knochengewebe wichtig ist. Einige Studien deuten darauf hin, dass K2 auch vor Calciumablagerungen in Gefäßen schützen könnte, vor allem bei einer hohen Vitamin-D3-Zufuhr. Ob eine Kombination aber wirklich notwendig ist, ist bisher nicht eindeutig belegt.

159

Warum Vitamin E wichtig für den Körper ist und was die besten Quellen sind

Vitamin E gehört ebenfalls zu den fettlöslichen Vitaminen. Es handelt sich dabei aber nicht nur um eine einzelne Verbindung, sondern gleich um acht verschiedene: vier Tocopherole und vier Tocotrienole. Die bekanntesten Verbindungen von Vitamin E sind die Tocopherole, wobei Alpha-Tocopherol das Wichtigste ist.

Vitamin E gehört zu den Antioxidantien, was bedeutet, dass es freie Radikale neutralisiert und so die Zellen schützt.

Es wird hauptsächlich von Pflanzen gebildet und ist vor allem in pflanzlichen Ölen wie Sonnenblumen- und Rapsöl enthalten. Nüsse, Samen und grünes Blattgemüse sind ebenfalls gute Quellen. Da Tiere Vitamin-E-haltige Pflanzen fressen, kommt Vitamin E auch in tierischen Produkten wie Butter und Eiern vor.

Wichtig ist Vitamin E für das Immunsystem. Es wirkt zudem entzündungshemmend und beeinflusst indirekt auch die Blutgerinnung.

Ein Mangel an Vitamin E tritt selten auf. Betroffen sind vor allem Personen mit Fettverwertungsstörungen und Neugeborene mit geringen Vitamin-E-Speichern. Es kann dabei zu Muskel- und Nervenstörungen kommen. In solchen Fällen kann die Einnahme von Vitamin E zur Behandlung des Mangelzustands notwendig sein. Ansonsten ist sie nicht angebracht, da man seinen Bedarf gut über die Nahrung decken kann.

Die Schätzwerte für eine angemessene Zufuhr liegen bei Erwachsenen zwischen 11 und 15 Milligramm, abhängig von Alter und Geschlecht.

Wenn man Vitamin E als Nahrungsergänzung einnimmt, reicht in den meisten Fällen Alpha-Tocopherol allein aus, da es die biologisch aktivste Form ist. Präparate mit allen Tocopherolen sind antioxidativ nachweislich nicht überlegen, da Alpha-Tocopherol in hohen Dosen die anderen Formen, beispielsweise Gamma-Tocopherol, im Blut verdrängen kann.

Zu hohe Dosen Vitamin E können allerdings Nebenwirkungen wie Magen-Darm-Beschwerden und ein erhöhtes Blutungsrisiko auslösen.

160

Vitamin K: wichtig für die Blutgerinnung und die Knochengesundheit

Vitamin K existiert in zwei Hauptformen: Vitamin K1, auch als Phyllochinon bezeichnet, und Vitamin K2, das Menachinon.

Vitamin K1 findet man hauptsächlich in grünen Pflanzen wie Spinat, Brokkoli und Grünkohl. Vitamin K2 hingegen wird von Bakterien gebildet. Auch von denen, die Bestandteil des menschlichen Darmmikrobioms sind. Es ist daher vor allem in fermentierten Lebensmitteln wie Käse enthalten, also Produkten, die durch Mikroorganismen wie Bakterien oder Hefen verändert wurden.

Vitamin K1 spielt eine wichtige Rolle bei der Blutgerinnung, da es in der Leber für die Bildung mehrerer Gerinnungsfaktoren benötigt wird. Ein Mangel kann die Blutgerinnung hemmen.

Wird der Blutgerinnungshemmer Phenprocoumon eingenommen, muss auf die Wechselwirkung mit Vitamin K1 geachtet werden.

Phenprocoumon hemmt die Blutgerinnung, indem es die Wirkung von Vitamin K1 blockiert und so die Blutgerinnung verlangsamt. Kommt man während der Behandlung plötzlich auf die Idee, große Mengen Spinat, Brokkoli oder Grünkohl zu verputzen, kann das die Wirkung von Phenprocoumon abschwächen und das Risiko für Blutgerinnsel erhöhen.

Vitamin K2 hingegen ist für den Knochenstoffwechsel wichtig. Es unterstützt, wie im Vitamin-D-Kapitel erwähnt, die Mineralisierung der Knochen. Ein Mangel kann daher möglicherweise zu einer verminderten Knochendichte und zu einem erhöhten Risiko für Knochenbrüche führen.

Laut DGE sollten Erwachsene je nach Alter und Geschlecht täglich zwischen 60 und 80 Mikrogramm Vitamin K aufnehmen.

Eine Überdosierung mit Vitamin K über die Nahrung ist kaum möglich. Vorsicht ist jedoch bei sehr hoch dosierten Nahrungsergänzungsmitteln geboten, vor allem bei gleichzeitiger Einnahme von Gerinnungshemmern.

161

Warum besonders stillende Mütter ausreichend mit Vitamin B1 versorgt sein sollten

Kommen wir zum ersten wasserlöslichen Vitamin, dem Vitamin B1, das auch als Thiamin bezeichnet wird.

Es kommt in vielen Lebensmitteln wie Vollkornprodukten, Fleisch und Fisch vor und spielt eine zentrale Rolle bei der Energiegewinnung aus Kohlenhydraten. Vitamin B1 ist zudem licht- und oxidationsempfindlich. Es kann daher bei der Lagerung verloren gehen, wenn es nicht licht- und luftdicht verpackt ist. Die empfohlene Tagesdosis ist abhängig vom Alter und vom Geschlecht. In der Regel wird Männern eine tägliche Aufnahme von 1,1 bis 1,4 Milligramm und Frauen eine Zufuhr von 1,0 bis 1,1 Milligramm empfohlen.

Aber auch hier gilt, dass der tägliche Bedarf durch eine ausgewogene Ernährung gedeckt werden kann.

Ein Vitamin-B1-Mangel kann zu Beriberi führen, einer Erkrankung, die häufig bei Menschen in Südostasien auftritt, die sich hauptsächlich von maschinell geschältem und poliertem Reis ernähren. Vitamin B1 kommt vor allem in der Schale des Reiskorns vor. Symptome sind unter anderem Gewichtsverlust, Appetitlosigkeit, psychische Veränderungen, Muskelschwäche und Herzprobleme.

In Industrieländern entsteht ein Vitamin-B1-Mangel hingegen hauptsächlich bei Alkoholabhängigen, da Ethanol die Aufnahme des Vitamins hemmen kann, wodurch weniger in den Blutkreislauf gelangt.

Stillende Mütter müssen darauf achten, ausreichend Vitamin B1 aufzunehmen. Ansonsten droht ein infantiler Beriberi beim Säugling, was eine akute Herzinsuffizienz zur Folge haben kann. Unbehandelt kann das sogar tödlich enden.

162

Warum hohe Dosen Vitamin B2 höchstens bei Migräne zu empfehlen sind

Das nächste B-Vitamin, das wir betrachten, ist Vitamin B2, auch bekannt als Riboflavin.

Der Name leitet sich von dem Einfachzucker Ribose und vom lateinischen Wort »flavin« ab, was gelb bedeutet. Dass Riboflavin einen leuchtend gelben Farbstoff bildet, kann man gut selbst beobachten, wenn der Urin nach der Einnahme plötzlich der Farbe eines Textmarkers gleicht.

Vitamin B2 ist wichtig für die Gesundheit von Augen, Haut und Nervenzellen. Es spielt eine wichtige Rolle im Energiestoffwechsel und unterstützt zudem das Zellwachstum.

Laut DGE liegt der empfohlene Tagesbedarf bei erwachsenen

Männern je nach Alter zwischen 1,3 und 1,4 Milligramm, bei Frauen zwischen 1,0 und 1,1 Milligramm.

Enthalten ist Vitamin B2 in vielen verschiedenen Lebensmitteln. Es kommt zum Beispiel in Milch, Eiern, Fleisch, Fisch, Vollkornprodukten, Nüssen und Pilzen vor.

Einen Mangel an Vitamin B2 zu bekommen ist daher nicht allzu einfach, weshalb eine Einnahme durch Nahrungsergänzungsmittel mal wieder keinen Sinn ergibt. Hat man dennoch einen Mangel entwickelt, kann das unter anderem zu Hautentzündungen, Rissen in den Mundwinkeln, sogenannte Mundwinkelrhagaden, Entzündungen der Zunge und der Mundschleimhaut sowie zu einer Blutarmut führen.

Mangelerscheinungen können durch chronischen Alkoholkonsum und bestimmte Erkrankungen wie chronischen Durchfall oder sehr einseitige Ernährung auftreten.

Bei Migräne kann es sich lohnen, hohe Dosen von Vitamin B2 einzunehmen. Denn es soll helfen, die Häufigkeit und Schwere der Migräneattacken zu reduzieren. Zumindest deuten Studien darauf hin. Mehr Forschung ist allerdings nötig.

Zu viel Vitamin B2 ist für den Körper nicht problematisch. Wie alle wasserlöslichen Vitamine scheiden wir auch überflüssiges Riboflavin mit dem Urin einfach wieder aus.

163

Warum ein Mangel an Niacin zu den drei Ds führen kann

Vitamin B3 ist eine Bezeichnung für Niacin, welches wiederum eine Sammelbezeichnung für die Verbindungen Nicotinsäure und Nicotinamid ist.

Diese zwei Verbindungen werden im Körper in dieselbe Verbindung umgewandelt: in Nicotinamid-Adenin-Dinucleotid. NAD ist für viele biochemische Vorgänge, wie den Energiestoffwechsel und die DNA-Reparatur, wichtig.

Der tägliche Bedarf an Niacin liegt bei 11 bis 16 Milligramm Niacinäquivalente für Erwachsene und wird in der Regel durch die Ernährung gedeckt. Entweder über direkt enthaltenes Niacin oder über Tryptophan, das im Körper nicht nur zu Serotonin, sondern auch zu Niacin umgewandelt wird.

Niacin ist zum Beispiel in Fleisch und Fisch, aber auch in Brot, Pilzen und Nüssen enthalten. Aus pflanzlichen Lebensmitteln wird Niacin allerdings nicht so gut vom Körper aufgenommen wie aus tierischen.

Tryptophan kommt ebenfalls in Fleisch und Fisch vor. Auch Käse, Kürbiskerne und Sojabohnen sind reich an dieser Aminosäure.

Ein Mangel an Niacin ist eher selten. Kommt es dennoch dazu, kann das Pellagra verursachen. Diese Erkrankung ist durch Entzündungen der Haut sowie durch Durchfall und Demenz gekennzeichnet – bekannt als die klassischen »drei Ds«.

Hohe Dosen, besonders an Nicotinsäure, können zu Nebenwirkungen wie Hautrötungen, Juckreiz, Verdauungsproblemen und schlimmstenfalls auch zu Leberschädigungen führen, weshalb von einer Überdosierung abzuraten ist.

164

Vitamin B5, sein Provitamin Dexpanthenol und die verbesserte Wundheilung

Bei Vitamin B5 handelt es sich um Pantothensäure, die ein wichtiger Bestandteil von Coenzym A ist, das in vielen biologischen Prozessen im Körper eine Rolle spielt. Zum Beispiel bei der Wundheilung und der Hautgesundheit.

Der tägliche Bedarf an Vitamin B5 ist nicht genau bekannt. Es werden als Schätzwert fünf Milligramm pro Tag für Erwachsene empfohlen. In der Stillzeit benötigt man etwas mehr, weshalb man zwei Milligramm draufgeschlagen hat. In der Schwangerschaft nicht.

Mangelerscheinungen treten selten auf, da Vitamin B5 in vielen Nahrungsmitteln vorkommt. Man findet es in der Hefe, in Vollkornprodukten, Hülsenfrüchten, Gemüse und Obst. Aber auch in Fleisch, Fisch und Eiern ist Vitamin B5 enthalten.

Falls es doch mal zu einem Mangel kommen sollte, können folgende Symptome auftreten: Müdigkeit, Schwäche, Schlafstörungen, Muskelkrämpfe und das Burning-Feet-Syndrom – brennende Schmerzen in den Füßen.

Ein Vitamin-B5-Mangel kommt kaum vor. Da müsste die Ernährung schon extrem einseitig sein.

Eine Substanz, die im Körper in Vitamin B5 umgewandelt wird und daher auch als Provitamin B5 bezeichnet wird, dürfte sogar bekannter sein. Es handelt sich dabei um Dexpanthenol oder einfach nur Panthenol.

Dexpanthenol wird hauptsächlich bei kleinen Wunden oder Hautreizungen eingesetzt, um die Heilung zu unterstützen. Zum Beispiel in Form von Lutschtabletten bei Verletzungen im Mundraum.

Aber auch Nasensprays wird es zugesetzt. Mal zusätzlich zu einem abschwellenden Wirkstoff, mal ohne. Die Menschen fragen dann immer nach einem Nasenspray »mit Pflege«.

Es gibt tatsächlich Belege für die Wirksamkeit von Dexpanthenol. Es konnte nachgewiesen werden, dass es die Wundheilung fördert, die Haut vor Reizungen schützt und die Schutzfunktion der Haut nach Verletzungen schneller wiederherstellt.

165

Wer zusätzliches Vitamin B6 braucht

Auch Vitamin B6 spielt eine wichtige Rolle für unsere Gesundheit. Es wird häufig als Pyridoxin bezeichnet, obwohl auch andere Verbindungen zu diesem B-Vitamin gezählt werden.

Vitamin B6 beeinflusst viele Reaktionen im Körper, zum Beispiel den Kohlenhydrat-, Aminosäuren- und Lipidstoffwechsel.

Enthalten ist es in vielen tierischen und pflanzlichen Lebensmitteln, darunter Hefe, Vollkorngetreide, grünes Gemüse, Hülsenfrüchte, Leber, Fleisch, Fisch und Eigelb.

Der tägliche Bedarf liegt für Erwachsene bei etwa 1,4 bis 1,6 Milligramm.

Ein Mangel an Vitamin B6 kann zu verschiedenen gesundheitlichen Problemen führen. Es können Entzündungen der Haut, vor allem im Nasen- und Augenbereich, im Mund und an den Lippen auftreten. Aber auch Reizbarkeit und eine erhöhte Infektanfälligkeit sind mögliche Folgen.

Ein Mangel ist aber eher selten. Er kann jedoch auftreten, wenn der Körper das vorhandene Vitamin B6 nicht gut aufnimmt. Mögliche Ursachen sind entzündliche Darmerkrankungen wie Morbus Crohn oder Autoimmunerkrankungen. Auch manche Arzneimittel, wie die Antibabypille mit Östrogenanteil, können einen Mangel hervorrufen.

In der Schwangerschaft und der Stillzeit ist der Bedarf zudem erhöht. Es werden dann etwa 1,5 bis 1,9 Milligramm benötigt. Aber auch der erhöhte Bedarf lässt sich problemlos über die Ernährung decken. Ein Nahrungsergänzungsmittel ist in der Regel nicht nötig.

Vorsicht: Wer dem Körper über längere Zeit zu viel Vitamin B6 zuführt, vor allem über Nahrungsergänzungsmittel, riskiert Nervenschäden, mit Gangunsicherheit, gestörten Reflexen und einem schlechten Gefühl für Temperatur oder Berührungen.

Frauen, die während der Schwangerschaft unter Übelkeit und Erbrechen leiden, bekommen häufig eine Kombination aus Vitamin B6 und dem Antihistaminikum Doxylamin (Kapitel 81) verordnet.

Die Studien zu Vitamin B6 bei Übelkeit und Erbrechen in der Schwangerschaft sind jedoch nicht eindeutig. Die Erleichterung, die manche Frauen spüren, könnte also einzig und allein auf das Doxylamin zurückgehen – zumindest, wenn es um Erbrechen geht. Vitamin B6 scheint nämlich die Übelkeit zu reduzieren, nicht aber das Erbrechen.

166

Warum Vitamin B7 fast ausschließlich von Frauen gekauft wird

Vitamin B7 ist besser unter seinem eigentlichen Namen Biotin bekannt.

Dieses historisch auch als Vitamin H bezeichnete B-Vitamin spielt eine wichtige Rolle im Stoffwechsel von Fetten und Kohlenhydraten. Es wird in ausreichenden Mengen mit der Nahrung aufgenommen. Enthalten ist es in Leber, Eiern, Hefe, Nüssen sowie in einigen Gemüsesorten wie Blumenkohl.

Der tägliche Bedarf für Erwachsene wird mit 30 bis 60 Mikrogramm angegeben. Ein Mangel an Biotin ist selten, wäre aber bei übermäßigem Konsum roher Eier möglich.

Der Grund dafür ist, dass im Eiklar ein Eiweiß namens Avidin enthalten ist. Es bindet das Biotin, das sich wiederum im Eigelb befindet, und hemmt dessen Aufnahme in den Körper. Aber ihr seid nicht Rocky und solltet deshalb auch keine rohen Eier essen. Stichwort: Salmonellengefahr. Werden die Eier gekocht, wird das Avidin unschädlich gemacht. Genauso wie die Salmonellen. Kocht eure Eier.

Biotin wird in der Apotheke fast ausschließlich von Frauen gekauft, weil es sich positiv auf das Haar- und Nagelwachstum auswirken soll.

Studien konnten Biotin aber keine Wirkung, die über den Placeboeffekt hinausgeht, bescheinigen. Zumindest was das Haarwachstum angeht. Beim Nagelwachstum scheint die Studienlage nicht ganz so eindeutig zu sein. Einige Untersuchungen deuten tatsächlich auf mögliche positive Effekte bei der Behandlung von brüchigen Nägeln hin. Mehr Forschung ist allerdings notwendig.

Achtung: Die regelmäßige Einnahme hoher Biotindosen kann Labortests beeinflussen, indem sie zu falsch-positiven oder falschnegativen Ergebnissen führt. Besonders häufig ist das bei Tests auf Herzinfarkt und bei der Beurteilung der Schilddrüsenfunktion der Fall.

167

Warum Folsäure unglaublich wichtig ist, wenn man sich ein Kind wünscht oder schwanger ist

Vitamin B9 gibt es in zwei Varianten: als natürlich vorkommende Folate in Lebensmitteln und als synthetische Formen wie Folsäure in angereicherten Lebensmitteln und Nahrungsergänzungsmitteln.

Vielen Menschen ist es wichtig, dass das Nahrungsergänzungsmittel, das sie kaufen wollen, die natürliche Variante enthält. Das ist schon irgendwie komisch, weil die künstlich hergestellte Form besser vom Körper aufgenommen wird. »Natürlich« ist nicht immer besser.

Quellen für natürliches Folat sind vor allem grünes Blattgemüse, einige Kohl- und Obstsorten, Hülsenfrüchte, Vollkornprodukte sowie tierische Produkte wie Leber und Eigelb.

Da Folate hitze-, licht- und luftempfindlich sind, kann eine falsche Lagerung und Zubereitung von folathaltigen Lebensmitteln zu erheblichen Verlusten der Folsäure führen.

Wichtig ist Folat unter anderem für den Stoffwechsel bestimmter Aminosäuren, die Zellteilung sowie die Neubildung und Regeneration von Zellen. Vor allem aber bei der Bildung roter und weißer Blutkörperchen. Ein Folatmangel kann zu verschiedenen Gesundheitsproblemen, etwa Wachstums- und Fortpflanzungsstörungen, führen.

Folsäure ist in der Schwangerschaft besonders wichtig: Ein Mangel in der Frühschwangerschaft kann das Risiko für schwere Entwicklungsstörungen beim Kind deutlich erhöhen. Gefürchtet sind vor allem Neuralrohrdefekte wie Spina bifida, besser bekannt als offener Rücken.

Das Neuralrohr ist ein wichtiger Bestandteil der frühen Entwicklung eines Embryos, da es später das zentrale Nervensystem bildet. Spina bifida heißt wörtlich »gespaltene Wirbelsäule«. Diese Fehlbildung tritt auf, wenn sich das Neuralrohr nicht vollständig schließt. Dadurch kann es zu Schäden am Nervensystem kommen, die häufig Bewegungs- und Empfindungsstörungen zur Folge haben.

Im schlimmsten Fall liegen das Rückenmark und die umgebenden Nerven frei, was lebensgefährlich für den Embryo sein kann.

Um das zu verhindern, sollten Frauen mit Kinderwunsch und Schwangere Folsäure einnehmen: Ab dem Kinderwunsch bis zum Ende der zwölften Schwangerschaftswoche empfiehlt die DGE Frauen, zusätzlich zu einer folatreichen Ernährung täglich 400 Mikrogramm zuzuführen. Beginnt die Einnahme weniger als vier Wochen vor der Empfängnis, sollten 800 Mikrogramm eingenommen werden.

Die Empfehlung, früh mit der Einnahme von Folsäure zu beginnen, basiert darauf, dass die meisten Neuralrohrdefekte bereits in den ersten 28 Tagen nach der Empfängnis entstehen. In anderen Worten: Sie entstehen oft, noch bevor die Frau überhaupt weiß, dass sie schwanger ist. Nach der zwölften Schwangerschaftswoche hat sich das Neuralrohr geschlossen, dann ist das Risiko für Neuralrohrdefekte nicht mehr so groß, weshalb eine folatreiche Ernährung ausreichen könnte. Die Einnahme eines Folsäurepräparates kann dennoch notwendig sein.

168

Warum das Risiko eines Vitamin-B12-Mangels bei Veganern besonders hoch ist

Damit kommen wir zum vielleicht bekanntesten B-Vitamin: Vitamin B12.

Dieses auch als Cobalamin bezeichnete Vitamin besteht ebenfalls aus mehreren Verbindungen: Methylcobalamin, Adenosylcobalamin, Cyanocobalamin und Hydroxocobalamin.

Methylcobalamin und Adenosylcobalamin sind die bioaktiven Formen, das heißt, sie müssen nicht erst umgewandelt werden, um vom Körper verwertet werden zu können.

Cyanocobalamin ist aufgrund seiner Stabilität die häufigste Form in Präparaten zum Einnehmen. Hydroxocobalamin wird in Deutschland häufig für Injektionen eingesetzt. Beide werden im Körper zu Methyl- beziehungsweise Adenosylcobalamin umgewandelt.

Der tägliche Vitamin-B12-Bedarf wird für einen Erwachsenen mit vier Mikrogramm angegeben. Obwohl das Vitamin wasserlöslich ist, kann es in Teilen vom Körper gespeichert werden, was es zu einer Ausnahme unter den wasserlöslichen Vitaminen macht.

Gespeichert werden maximal zwei bis fünf Milligramm – hauptsächlich in der Leber. Ein Mangel fällt deswegen oft erst nach längerer Zeit auf.

Vitamin B12 spielt eine wichtige Rolle für viele Körperfunktionen, etwa bei der Zellteilung, der Bildung von Blutzellen und der Funktion des Nervensystems.

Weil Vitamin B12 ausschließlich von Mikroorganismen hergestellt wird, findet es sich auch fast nur in tierischen Produkten wie Fleisch, Fisch, Milchprodukten und Eiern. In pflanzlichen Nahrungsmitteln ist Vitamin B12 hingegen nur dann enthalten, wenn eine bakterielle Gärung stattgefunden hat, wie beim Sauerkraut. Allerdings sind die Mengen zu gering, um damit seinen Tagesbedarf decken zu können.

Meeresalgen wie Nori sowie Spirulina und Shiitake-Pilze werden oft als pflanzliche Quellen genannt – obwohl sie keine Pflanzen sind. Das in Nori enthaltene Vitamin B12 ist jedoch nicht immer bioverfügbar, Spirulina liefert überwiegend unwirksames Pseudovitamin B12, während Shiitake-Pilze zumindest Spuren von echtem Vitamin B12 aufweisen können. Auch Hefe und Sanddorn werden als Quellen genannt. Hefe liefert jedoch von Natur aus keine relevanten Mengen, und Sanddorn gilt nicht als gesicherte Quelle.

Vegetarier können ausreichend Vitamin B12 über Milchprodukte und Eier aufnehmen, Veganer hingegen nicht. Veganer sollten daher Vitamin-B12-Tabletten einnehmen oder mit Vitamin B12 angereicherte Lebensmittel konsumieren.

Ein Mangel an Vitamin B12 kann ernsthafte gesundheitliche Probleme mit sich bringen. Er kann zum Beispiel eine Blutarmut auslösen, aber auch neurologische Störungen, die sich in Symptomen wie Gedächtnisverlust, Schwäche, Kribbeln in Händen und Füßen oder Depressionen äußern.

Wie in den jeweiligen Kapiteln erklärt, können auch Protonenpumpenhemmer wie Pantoprazol und Omeprazol (Kapitel 86) sowie Metformin (Kapitel 151) zu einem Mangel an Vitamin B12 führen, was bei der Einnahme bedacht werden muss.

In der Schwangerschaft und Stillzeit ist die Einnahme von Vitamin B12 wichtig, um das Risiko für Entwicklungsstörungen beim Kind zu minimieren, falls man den Bedarf nicht über die Nahrung decken kann. Schwangeren wird 4,5 Mikrogramm am Tag empfohlen und Stillenden sogar 5,5 Mikrogramm.

Laut BfR haben auch ältere Menschen ein erhöhtes Risiko für eine Vitamin-B12-Unterversorgung, vor allem dann, wenn sie an bestimmten Erkrankungen leiden, etwa an Morbus Crohn oder einer chronischen Gastritis. In diesem Fall sollte der Vitamin-B12-Spiegel regelmäßig bestimmt werden und in Abstimmung mit dem Hausarzt gegebenenfalls ein Vitaminpräparat eingenommen werden.

169

Warum ein Vitamin-C-Mangel äußerst selten ist

Vitamin B12 ist zwar das bekannteste B-Vitamin, aber das bekannteste Vitamin überhaupt ist das gute, alte Vitamin C.

Dieses auch als Ascorbinsäure bezeichnete Vitamin hat viele wichtige Funktionen im menschlichen Körper. Es ist zum Beispiel unentbehrlich für die Herstellung von Kollagen, einem wichtigen Bestandteil des Bindegewebes. Außerdem spielt es eine Rolle bei der Wundheilung und der Stärkung des Immunsystems.

Vitamin C ist, wie auch Vitamin E, ein Antioxidans, das den Körper vor Schäden durch freie Radikale schützt.

Gute Vitamin-C-Quellen kennt wahrscheinlich jeder, weshalb ich Zitrusfrüchte nicht extra erwähne und eher auf schwarze Johannisbeeren, Sanddorn, Paprika, Petersilie und Brokkoli verweise. Aber mal im Ernst, jeder muss für sich selbst entscheiden, ob er lieber eine leckere, süße Orange oder so ein kleines Bäumchen isst.

Die empfohlene Zufuhr liegt laut DGE für Männer bei 110 und für Frauen bei 95 Milligramm Vitamin C pro Tag. Schwangere sollten 105 Milligramm pro Tag einnehmen und Stillende sogar 125 Milligramm. Auch Raucher haben einen höheren Bedarf. Rauchende Frauen sollten 135 Milligramm pro Tag zuführen und Männer 155 Milligramm.

Mit einer ausgewogenen Ernährung lässt sich der tägliche Bedarf in der Regel problemlos decken. Erhöhter Bedarf hin oder her.

Nahrungsergänzungsmittel enthalten zum Teil 1000 Milligramm Vitamin C, was absurd ist. Da der Körper eben nur etwa ein Zehntel davon benötigt, wird der Rest einfach ausgeschieden oder gar nicht erst aufgenommen.

Ein Vitamin-C-Mangel ist äußerst selten, außer bei Alkoholkranken, bei einer extremen Mangelernährung, oder wenn du Seefahrer und monatelang ohne Vitamin-C-Quellen unterwegs bist. Dann kannst du durchaus Skorbut bekommen, eine Krankheit, die sich durch Zahnfleischblutungen, schlechte Wundheilung sowie Hautveränderungen äußert.

Von dieser Krankheit kommt auch der Name Ascorbinsäure: »A-« für »Anti«, »-scorbin« für Skorbut. Also »gegen Skorbut«.

Vitamin C wird vor allem im Zusammenhang mit Erkältungen gekauft. Entweder zur Vorbeugung oder zur Behandlung. Einige Studien deuten tatsächlich darauf hin, dass eine regelmäßige Einnahme die Dauer einer Erkältung leicht verkürzen kann, allerdings nur dann, wenn man es bereits vor der Erkältung eingenommen hat. Beginnt man erst nach den ersten Symptomen mit der Einnahme, scheint Vitamin C keinen Effekt zu haben.

In solchen Fällen könnte man Vitamin C in einer retardierten Form einnehmen, die dann über den Tag verteilt freigesetzt wird.

Die Einnahme von Vitamin C in sehr hohen Dosen über längere Zeiträume wird aber nicht empfohlen, da sie neben Durchfall auch zu Nierensteinen führen kann.

Vitamin C spielt zudem eine wichtige Rolle bei der Eisenaufnahme. Mehr dazu im Eisenkapitel.

170

Warum die orthomolekulare Medizin mehr schadet, als dass sie nutzt

Dass die Einnahme hoher Dosen von Vitaminen nicht immer gut ist, habe ich mittlerweile zur Genüge erwähnt, aber genau das ist das Prinzip der orthomolekularen Medizin.

Diese pseudomedizinische Methode wurde von dem US-amerikanischen Chemiker Linus Pauling geprägt, der 1954 den Nobelpreis für Chemie und 1962 den Friedensnobelpreis erhielt. In seinen späteren Jahren machte er allerdings negative Schlagzeilen, da er hoch dosiertes Vitamin C beinahe schon als Allheilmittel empfahl. Es sollte unter anderem Krebs heilen können. Diese These war bereits damals in der Fachwelt stark umstritten. Heute eigentlich nicht mehr. Heute ist klar, dass es Quatsch ist. Zumindest, was Krebs angeht.

Für alle? Natürlich nicht. Denn auf diesen absurd hohen Vitamindosen basiert das Grundprinzip der orthomolekularen Medizin. Sie geht davon aus, dass Krankheiten durch biochemische Ungleichgewichte entstehen. Und diese kann man angeblich durch die Einnahme hoher Dosen an Vitaminen, Mineralstoffen, Spurenelementen und Fettsäuren beheben.

Befürworter behaupten bis heute, dass unsere moderne Ernährung nicht ausreiche, um den Nährstoffbedarf des Körpers zu decken. Deshalb brauche man teure, hoch dosierte Vitaminpräparate, die es zu allem Übel in fast jeder Apotheke für teures Geld zu kaufen gibt.

Da Produkte der orthomolekularen Medizin lediglich als Nahrungsergänzungsmittel gelten, müssen sie auch keine umfassenden klinischen Studien zur Wirksamkeit und Sicherheit durchlaufen.

Als wirksam kann man sie auch nicht bezeichnen, zumindest nicht, wenn kein Mangel vorliegt, worum es in der orthomolekularen Medizin ja auch nicht geht. Als sicher lassen sich diese Produkte ebenso wenig bezeichnen, da fettlösliche Vitamine im Körper gespeichert werden und ihm in zu hohen Dosen schaden können.

Und da bei dieser Megavitamintherapie Vitamine in Dosen verabreicht werden, die um das bis zu Tausendfache über dem empfohlenen Tagesbedarf liegen, sind erhebliche Gesundheitsrisiken nicht auszuschließen.

Spart euch also das Geld für solche Produkte. Euer Portemonnaie wird es euch danken. Genauso wie eure Gesundheit.

171

Was sind Mineralstoffe?

So. Jetzt sind wir bei den Mineralstoffen gelandet, von denen wir im Folgenden die wichtigsten besprechen. Mineralstoffe sind lebensnotwendige anorganische Substanzen, die für das Funktionieren des menschlichen Körpers unerlässlich sind, die er aber nicht selbst herstellen kann.

Mineralstoffe werden, je nach benötigter Menge, in Mengen- und Spurenelemente unterteilt. Die Begriffe Makro- und Mikromineralstoffe sind ebenso gebräuchlich.

Zu den Mengenelementen zählen unter anderem Natrium, Kalium, Calcium, Magnesium, Phosphor und Chlorid. Zu den Spurenelementen gehören beispielsweise Eisen, Kupfer, Selen, Jod, Mangan, Molybdän, Chrom und Zink.

Sowohl die Mengen- als auch die Spurenelemente übernehmen im Körper viele verschiedene Aufgaben. Zum Beispiel bei der Regulation des Wasserhaushalts, der Muskel- und Nervenfunktion oder bei enzymatischen Prozessen.

In der Regel reicht eine ausgewogene Ernährung aus, um den Bedarf an Mineralstoffen zu decken. In bestimmten Lebenssituationen, etwa in der Schwangerschaft, bei intensiver sportlicher Betätigung oder bestimmten Erkrankungen, kann der Bedarf jedoch erhöht sein.

Aber auch eine zu hohe Zufuhr kann schaden. Denn nicht nur ein Mangel, sondern auch ein Zuviel an Mineralstoffen kann zu gesundheitlichen Problemen führen, vor allem, wenn Nahrungsergänzungsmittel ohne Grund eingenommen werden.

172

Warum man mit Schüßler-Salzen seinen Bedarf an Mineralstoffen nicht decken kann

Viele Menschen, die Schüßler-Salze kaufen, haben keine Ahnung, was Schüßler-Salze überhaupt sind. Sie glauben, sich mit ihnen notwendige Mineralstoffe zuzuführen. Ich wurde beispielsweise nicht nur einmal nach dem Schüßler-Salz Nr. 7, Magnesium phosphoricum, gefragt, weil jemand damit einen Magnesiummangel behandeln wollte.

Entwickelt wurden Schüßler-Salze vom homöopathischen Arzt Wilhelm Heinrich Schüßler im 19. Jahrhundert. Seine Pseudomedizin basiert auf der Annahme, dass Krankheiten durch Störungen im Mineralhaushalt der Zellen entstehen.

Schüßler glaubte deshalb, dass zwölf Mineralsalze, die er als »Funktionsmittel« bezeichnete, ausreichen würden, um fast alle Krankheiten zu behandeln. Das waren aber nicht irgendwelche Salze, über die er seine Hand hielt, wenn er ein bestimmtes Gefühl spürte, sondern die, die in der Asche eines verbrannten menschlichen Körpers nachweisbar sein sollen.

Später wurden sie dann um 15 Ergänzungsmittel ergänzt, die ebenfalls therapeutischen Nutzen haben sollen.

Schüßler-Salz Nr. 1, Calcium fluoratum, soll beispielsweise für die Elastizität des Gewebes und die Festigkeit der Knochen eingesetzt werden, während die Nr. 3, Ferrum phosphoricum, als Mittel der Wahl bei akuten Entzündungen und Fieber gilt.

Auch diese Salze werden, wie in der Homöopathie, verdünnt. Allerdings durch eine Verreibung mit Laktose. Jedes einzelne Salz hat eine festgelegte Regelpotenz. Meistens wird eine D6 verwendet, außer bei den Nummern 1, 3 und 11. Sie werden aufgrund ihrer schlechten Wasserlöslichkeit in einer D12 eingesetzt.

Bei einer D6 liegt eine Verdünnung von 1:1.000.000 vor und bei einer D12 von 1:1.000.000.000.000.

Schüßler hielt seine Methode für eine Art »abgekürzte Therapie«, die sich von der Homöopathie abgrenzen sollte. Seiner Theorie nach entziehen krankmachende Reize den Zellen Mineralstoffe und lösen dadurch Krankheiten aus. Die Einnahme dieser winzigen Salzmengen soll den Zellen Impulse geben, damit der Körper die wichtigen Mineralstoffe aus der Nahrung besser aufnehmen und verarbeiten kann. Das aktiviere schließlich die Selbstheilungskräfte und stärke so die Gesundheit.

Wer denkt, dass sich der angebliche Mangel durch eine Blutuntersuchung herausfinden lässt, irrt. Dazu muss einem der Heilpraktiker oder der pseudomedizinisch arbeitende Arzt nur einmal ordentlich ins Gesicht schauen. Beschaffenheit sowie Verfärbungen der Haut sollen einen Mangel an einem bestimmten Salz anzeigen. Bezeichnet wird das Ganze als Antlitzanalyse.

Wissenschaftliche Studien, die eine Wirkung der Antlitzanalyse oder der Schüßler-Salze belegen, existieren selbstverständlich nicht. Spielt aber auch keine Rolle, weil es ja den Placeboeffekt gibt, der darüber hinwegtäuscht und dafür sorgt, dass die Menschen ihr Geld in den Apotheken lassen, weil sie lieber »sanfte Medizin« statt richtiger Medizin verwenden wollen.

Witzig: Anhänger der Schüßler-Salze nutzen auch oft Homöopathie. Die großen Hersteller haben ebenfalls beides im Angebot und geben damit eigentlich zu, dass eine von beiden Theorien falsch ist. Denn ginge man davon aus, dass eine von ihnen tatsächlich korrekt wäre, dann könnte es die andere nicht sein – da sie sich widersprechen.

173

Warum wir durch salzhaltige Speisen oft zu viel Natrium im Körper haben

Beginnen wir mit dem Mengenelement, das wir in zu großen Mengen konsumieren: Natrium.

Natrium ist unter anderem wichtig für die Regulation des Wasserhaushalts, des Säure-Basen-Gleichgewichts, des Blutdrucks und für die Übertragung von Nervenimpulsen. Auch für die Funktion der Muskeln ist es unerlässlich, da es am Zusammenziehen der Muskeln beteiligt ist.

Der Körper reguliert den Natriumspiegel streng: Die Aufnahme erfolgt sowohl im Dünn- als auch im Dickdarm. Die Ausscheidung wird vor allem über die Nieren reguliert.

Ein Mangel an Natrium, auch als Hyponatriämie bezeichnet, kann unter anderem durch anhaltendes Erbrechen, starken Durchfall oder übermäßiges Schwitzen entstehen. Zu den Symptomen, die dann auftreten, gehören Krämpfe und Verwirrtheit. Im schlimmsten Fall kann man ins Koma fallen.

Ein Natriummangel durch die Ernährung ist fast unmöglich, da der Mineralstoff in vielen Lebensmitteln enthalten ist.

Die empfohlene tägliche Natriumzufuhr für Erwachsene liegt bei etwa 1,5 Gramm, was rund 3,8 Gramm Kochsalz, Natriumchlorid, entspricht. Als Orientierungswert gibt die DGE 6 Gramm pro Tag an, der nicht überschritten werden sollte. In Deutschland liegt die durchschnittliche Aufnahme aber deutlich darüber: rund 8,4 Gramm Kochsalz pro Tag bei Frauen und rund 10 Gramm bei Männern und damit etwa 3,3 Gramm beziehungsweise 3,9 Gramm Natrium.

Um die Natriumaufnahme zu reduzieren, sollte man weniger verarbeitete Lebensmittel konsumieren und sparsam mit Salz umgehen. Ich weiß. Leichter gesagt als getan.

Nimmt man zu viel Natrium zu sich, kann das vor allem bei empfindlichen Personen den Blutdruck erhöhen.

Bei einer Hypernatriämie, also wenn zu viel Natrium im Blut ist, kommt es zu starkem Durst, Muskelzuckungen und im Extremfall zu Krampfanfällen. Diese Hypernatriämie entsteht aber meist durch Wassermangel und nicht durch zu salzreiches Essen.

Ja, manche Beschwerden überschneiden sich bei der Hypernatriämie und der Hyponatriämie: Entscheidend ist das Verhältnis von Wasser zu Natrium. Bei der Hyponatriämie ist, relativ betrachtet, zu viel Wasser vorhanden, bei der Hypernatriämie zu wenig. Beides belastet das Gehirn. Die Hyponatriämie lässt die Zellen des Gehirns aufgrund osmotischer Effekte anschwellen, die Hypernatriämie lässt sie schrumpfen. Deshalb ähneln sich manche Beschwerden, obwohl die Effekte gegensätzlich sind.

174

Warum Kalium das Herz aus dem Takt bringen und den Darm lähmen kann

Die richtige Menge von Kalium im Körper ist entscheidend für viele Zellfunktionen, etwa die elektrische Erregbarkeit von Nerven- und Muskelzellen. Ohne ausreichend Kalium könnten Muskeln sich nicht zusammenziehen, was auch das Herz beträfe.

Eine normale Herzfunktion ist daher stark von einem stabilen Kaliumspiegel abhängig. Und genau das muss bei der Einnahme von Kalium bedacht werden, vor allem, wenn gleichzeitig Arzneimittel verabreicht werden, die den Kaliumspiegel erhöhen, wie ACE-Hemmer, Sartane und kaliumsparende Diuretika. Ein zu hoher Kaliumspiegel kann nämlich zu Herzrhythmusstörungen führen.

Es gibt auch keinen Grund, von sich aus Kalium als Nahrungsergänzungsmittel einzunehmen. Kaliumpräparate sollten immer nur nach Rücksprache mit einem Arzt eingenommen und die Kaliumwerte dann auch kontrolliert werden.

Der Schätzwert für eine angemessene Kaliumzufuhr liegt für Erwachsene bei 4000 Milligramm pro Tag.

In der Regel wird das über die Nahrung gedeckt. Obst und Gemüse sind besonders reich an Kalium. Trockenobst, Tomatenmark, Bananen, Nüsse und Vollkornmehl gelten als gute Quellen.

Dabei kann ein gesunder Mensch durch normale Ernährung kaum zu viel Kalium aufnehmen, da die Nieren überschüssiges Kalium ausscheiden. Aufpassen muss man, wie oben beschrieben, nur bei Medikamenten und Kaliumpräparaten.

Ein zu niedriger Kaliumspiegel kann hingegen zum Beispiel durch starken Durchfall, Erbrechen, die Einnahme von nicht kaliumsparenden Diuretika oder den Missbrauch von Abführmitteln wie Sennesblättern (Kapitel 102) entstehen. Es kommt dabei unter anderem zu Muskelschwäche, Herzrhythmusstörungen und Verstopfung. Letzteres, da auch die Darmmuskulatur bei Kaliummangel nicht mehr so erregbar ist und sich schlechter zusammenzieht, sodass der Speisebrei weniger schnell weitertransportiert und ihm mehr Wasser entzogen wird. Der Stuhl wird hart. Es kommt zur Verstopfung.

175

Warum Calcium nicht nur in Knochen und Zähnen zu finden ist

Calcium ist, wie sicher die meisten wissen, wichtig für die Knochen und die Zähne. Etwa 99 Prozent des gesamten Calciums im menschlichen Körper sind dort eingelagert. Das restliche Prozent ist an verschiedenen Prozessen wie zum Beispiel an der Blutgerinnung und der Muskelkontraktion beteiligt.

Der tägliche Calciumbedarf ist vom Alter und der Lebenssituation abhängig. Ein Erwachsener benötigt etwa 1000 Milligramm pro Tag. Jugendliche zwischen 13 und 18 Jahren benötigen sogar etwas mehr, nämlich 1200 Milligramm, da in dieser Phase das Knochenwachstum besonders intensiv ist.

Enthalten ist Calcium in vielen Lebensmitteln, besonders in Milch und Milchprodukten, die als die wichtigsten Calciumlieferanten gelten. Ein Glas Milch mit 250 Milliliter enthält rund 300 Milligramm Calcium, ein 30-Gramm-Stück Hartkäse hingegen etwa 330 bis 360 Milligramm.

Leidet man unter einer Laktoseintoleranz (siehe Kapitel 93) oder mag keine Milch und Milchprodukte, kann man auch auf anderem Wege genügend Calcium aufnehmen – man müsste vielleicht aber etwas mehr darauf achten.

Calcium wird auch pflanzlichen Alternativen wie Hafermilch, Sojamilch und Mandelmilch zugesetzt, sodass diese ebenfalls eine gute Calciumquelle darstellen. Außerdem enthalten sie alle keine Laktose.

Auch manche Gemüsesorten wie Grünkohl, Brokkoli und Fenchel sowie einige Nüsse, vor allem Hasel- und Paranüsse, sind reich an Calcium. Ebenso kann calciumreiches Mineralwasser zur Versorgung beitragen.

Vitamin D3 fördert die Calciumaufnahme. Oxalsäure aus Spinat und Rhabarber oder Phytinsäure aus Getreide kann die Aufnahme hingegen hemmen.

Ein Calciummangel kann zu Muskelkrämpfen, Taubheitsgefühlen, Herzrhythmusstörungen, in schweren Fällen sogar zu Krampfanfällen führen. Langfristig droht bei einem Calciummangel, wie erwähnt, Osteoporose.

Ein Mangel entsteht zum Beispiel durch eine unzureichende Zufuhr über die Nahrung, eine gestörte Aufnahme im Darm oder einen erhöhten Verlust über die Nieren. Oder eben durch einen Vitamin-D3-Mangel.

Ein zu hoher Calciumspiegel im Blut kann Müdigkeit, Muskelschwäche, Verstopfung, Gefäßverkalkungen, vermehrtes Wasserlassen und in schweren Fällen auch Nierensteine oder Herzrhythmusstörungen auslösen.

Wichtig: Eine regelmäßige körperliche Aktivität trägt dazu bei, dass Calcium besser in die Knochen eingelagert wird. Ein Mangel an Bewegung hingegen, wie durch zu langes Sitzen oder Bettlägerigkeit, kann zu einem verstärkten Knochenabbau führen.

176

Warum Magnesium nicht gleich Magnesium ist

Der mit Abstand am häufigsten in der Apotheke gekaufte Mineralstoff ist Magnesium.

Der Körper benötigt Magnesium, da es eine wichtige Rolle bei vielen verschiedenen biochemischen Reaktionen und zellulären Funktionen spielt. Es ist zum Beispiel wichtig für das Zusammenziehen der Muskeln und die Aufrechterhaltung des Herzrhythmus. Es beeinflusst auch die Regulation des Blutdrucks, spielt im Knochenstoffwechsel eine Rolle und kann darüber hinaus auf den Blutzuckerspiegel einwirken.

Ein Magnesiummangel kann unter anderem zu Verwirrtheit, Herzrhythmusstörungen, Zittern und Muskelkrämpfen führen. Magnesium wird daher häufig zur Vorbeugung, aber auch zur Behandlung von Muskelkrämpfen, wie Wadenkrämpfen, eingesetzt.

Allerdings ist nicht sicher erwiesen, dass Magnesium überhaupt eine Wirkung bei Wadenkrämpfen hat. Wenn man aber täglich Magnesium einnimmt und keinen Wadenkrampf bekommt, kann man natürlich schnell glauben, dass es am Magnesium liegt.

Gerade Sportler kaufen häufig Magnesium, um Krämpfe zu vermeiden, und manchmal aber auch, weil sie sich dadurch eine Leistungssteigerung erhoffen. Tatsächlich haben Sportler einen erhöhten Magnesiumbedarf, vor allem, wenn sie intensiv trainieren oder an Wettkämpfen teilnehmen. Aber auch eine Leistungssteigerung durch Magnesium ist wissenschaftlich nicht erwiesen.

Einige Studien haben sogar gezeigt, dass eine regelmäßige Magnesiumeinnahme die Häufigkeit und Schwere von Migräneanfällen reduzieren kann. Die Einnahme könnte daher für Menschen mit Migräne einen Versuch wert sein.

Der tägliche Bedarf an Magnesium liegt bei 300 Milligramm für Frauen und bei 350 Milligramm für Männer. Er kann in der Regel aber über die Nahrung gedeckt werden.

Zu den magnesiumreichen Lebensmitteln gehören Vollkornprodukte wie Haferflocken, Hülsenfrüchte wie Bohnen und Linsen, Nüsse wie Mandeln sowie Samen wie Leinsamen. Auch Bananen, Avocados und Beeren sowie grünes Blattgemüse zählen dazu.

Magnesium muss daher nicht unbedingt als Nahrungsergänzungsmittel eingenommen werden, wenn man sich ausgewogen ernährt. Magnesiumpräparate können aber eine Option sein, wenn man das nicht tut.

Zur Auswahl stehen verschiedene Magnesiumverbindungen, auf die wir hier nicht alle eingehen können. Am häufigsten wird wohl Magnesiumoxid eingenommen, da es am günstigsten ist. Die meisten Präparate enthalten 300 oder 400 Milligramm Magnesium. Um zum Beispiel auf 400 Milligramm zu kommen, muss das Präparat 663 Milligramm Magnesiumoxid enthalten. Die restlichen 263 Milligramm wiegt das Sauerstoffanion, das Oxid.

Ebenfalls häufig wird Magnesiumcitrat verwendet, das meistens als Trimagnesiumdicitrat eingesetzt wird. Die Verbindung besteht also aus drei Magnesium-Kationen und zwei Citrat-Anionen. Für 400 Milligramm Magnesium benötigt man folglich etwa 2475 Milligramm wasserfreies Trimagnesiumdicitrat.

Das ist in etwa viermal so viel wie beim Magnesiumoxid. Der Vorteil bei Magnesiumoxid besteht folglich darin, dass man die gewünschte Menge in eine Tablette für die tägliche Einnahme pressen kann. Eine Tablette oder eine Kapsel mit 2475 Milligramm Trimagnesiumdicitrat wäre viel zu groß, um sie zu schlucken, weshalb die Dosis auf mehrere Tabletten beziehungsweise Kapseln verteilt wird. Eine mehrmalige Einnahme ist aber nicht so beliebt wie die einmalige. Die Herstellung von Trimagnesiumdicitrat ist für die Hersteller zudem teurer.

Besonders wichtig zu wissen ist auch, dass, wenn man eine Verbindung einnimmt, die 400 Milligramm Magnesium enthält, niemals auch 400 Milligramm ankommen. Jedes Salz hat seine eigene Bioverfügbarkeit.

Magnesiumoxid wird zum Beispiel schlecht vom Körper aufgenommen. Es gelangen etwa vier bis zehn Prozent der eingenommenen Menge ins Blut. Möchte man also sparen und kauft billiges Magnesiumoxid, kommen von den 400 Milligramm nur 16 bis 40 Milligramm im Blut an. Das ist ein Witz! Und gleichzeitig ist es auch keiner. Vom Trimagnesiumdicitrat sind es immerhin 100 bis 120 Milligramm.

Je weniger Magnesium ins Blut aufgenommen wird, desto mehr landet im Darm und zieht Wasser in das Darmlumen, was Durchfall verursachen kann. Bei Trimagnesiumdicitrat wirkt auch das Citrat osmotisch, weshalb es sogar als Abführmittel gilt.

Eine weitere häufig gekaufte Verbindung ist das Magnesiumglycinat. Auch als Magnesiumbisglycinat bezeichnet. Das Magnesiumion ist dabei an zwei Moleküle der Aminosäure Glycin gebunden.

Oft wird behauptet, dass von diesem Magnesiumsalz sage und schreibe 80 bis 90 Prozent im Blut ankommen. Allerdings stammen diese Zahlen aus der Marketingabteilung. In anderen Worten: Sie sind nicht belegt. Es scheint keine aussagekräftigen Studien zu geben, die eindeutig zeigen, wie gut das Magnesium aus Magnesiumbisglycinat aufgenommen wird. Werte zwischen 30 und 50 Prozent scheinen realistischer zu sein, was allgemein für die Aufnahme aus der Ernährung gilt.

Magnesiumbisglycinat wird in der Regel gut vertragen. Allerdings ist es im Vergleich zu den anderen Verbindungen relativ teuer. Die Tagesmenge wird häufig auf zwei bis drei Gaben verteilt. Für 400 Milligramm Magnesium benötigt man rund 2,85 Gramm Magnesiumglycinat.

Welche Magnesiumverbindung sollst du nun kaufen? Wenn du

einen empfindlichen Darm hast, probiere, ob du Magnesiumbisglycinat verträgst, wenn du eher unter Verstopfung leidest, ist Magnesiumcitrat eine gute Wahl. Wenn du unter Sodbrennen leidest und dir egal ist, dass du nur wenig Magnesium aufnimmst, nimm Magnesiumoxid, da es eine säureneutralisierende Wirkung hat.

177

Warum Eisen mit Orangensaft eingenommen werden sollte

Kommen wir zu den Spurenelementen. Das am häufigsten in der Apotheke gekaufte Spurenelement ist Eisen.

Meistens von Frauen, denen es zudem auch oft verordnet wurde. Bei ihnen kommt es aufgrund der Regelblutungen häufiger zu einem Eisenmangel als bei Männern. Eisen ist ein wichtiger Bestandteil des roten Blutfarbstoffs Hämoglobin und des Muskelproteins Myoglobin, das als Sauerstoffspeicher in den Skelett- und Herzmuskelzellen dient. Es wird außerdem für den Energiestoffwechsel, die Immunfunktion und die Bildung bestimmter Hormone und Botenstoffe benötigt.

Ein erwachsener Mensch braucht täglich zwischen 11 und 16 Milligramm Eisen, das wir durch die Nahrung aufnehmen.

Eisen kommt in zwei Varianten vor: Als zweiwertiges und als dreiwertiges Eisen. Dem einen fehlen zwei, dem anderen drei Elektronen. Elektronen sind einfach negativ geladene Teilchen. Dreiwertiges Eisen ist also dreifach positiv und zweiwertiges Eisen zweifach positiv geladen. Diese Info ist wichtig, wie wir gleich sehen werden.

Eisen wird vor allem im Dünndarm ins Blut aufgenommen. Das Problem ist allerdings, dass der Körper hauptsächlich zweiwertiges aufnimmt.

In der zweiwertigen Form kommt Eisen ausschließlich in tierischen Produkten wie Fleisch, Fisch und Innereien vor. In pflanzlichen Lebensmitteln, die Eisen enthalten, wie Hülsenfrüchten, Vollkornprodukten, Spinat oder Roter Bete, liegt es nur in der dreiwertigen Form vor.

Damit der Körper auch das dreiwertige Eisen verwerten kann, muss man daraus zweiwertiges Eisen machen. Dafür muss es ein Elektron aufnehmen, denn dann ist es nicht mehr dreifach, sondern nur noch zweifach positiv. Ich weiß, das ist kompliziert, aber wichtig, um zu verstehen, was jetzt kommt: Das Elektron bekommt es von einem Reduktionsmittel übertragen, und diese werden umgangssprachlich auch als Antioxidationsmittel bezeichnet. Und welches bietet sich da besser als Vitamin C an? Ein Glas Orangensaft zum pflanzlichen Eisen, und schon kann es aufgenommen werden.

Aber auch bei zweiwertigem Eisen empfiehlt es sich, zur Einnahme Orangensaft zu trinken, da immer ein Teil des Eisens auch zur dreiwertigen Form werden kann.

Während Vitamin C also die Aufnahme verbessert, wird sie hingegen von Kaffee, Tee und Milch gehemmt. Man sollte daher immer einen Abstand einhalten.

Das ist auch beim Frühstück wichtig. Isst man eisenhaltiges Grünzeug, sollte man dazu lieber ein Glas Orangensaft statt der Tasse Kaffee trinken.

178

Warum Jod wichtig für die Schilddrüse ist und Schwangere einen höheren Bedarf haben

Jod ist ein wichtiges Spurenelement, das einen Einfluss auf die Schilddrüse hat. Es wird vor allem für die Bildung der Schilddrüsenhormone Thyroxin und Trijodthyronin benötigt. (Mehr dazu im nächsten Kapitel.)

Ein Mangel an Jod kann zu einer Vergrößerung der Schilddrüse führen. Man nennt das Ganze Jodmangelstruma oder Kropf.

In der Natur kommt Jod nicht elementar, sondern ausschließlich in Form von Jodverbindungen vor. Es ist in sehr geringen Mengen im Erdboden enthalten und zudem als lösliche Verbindungen im Grund- und im Meerwasser zu finden. Meerestiere und -pflanzen wie Meeresalgen und Seetang können daher Jod in organischen Verbindungen anreichern.

Die Zufuhr von Jod erfolgt vor allem über die Nahrung, besonders durch die Verwendung von Jodsalz, einem Speisesalz, dem Jodverbindungen wie Jodate zugesetzt wurden, damit der Jodbedarf gedeckt werden kann. Jod ist zudem in vielen fertigen Lebensmitteln enthalten, die mit Jodsalz hergestellt werden, wie Brot, Backwaren, Käse und Wurst.

Der tägliche Bedarf an Jod ist abhängig vom Alter. Jugendlichen und Erwachsenen wird eine tägliche Zufuhr von 200 Mikrogramm Jod bis zum Alter von 50 Jahren empfohlen. Danach 180 Mikrogramm.

In der Schwangerschaft und in der Stillzeit ist der Bedarf an Jod erhöht. Schwangeren wird eine Zufuhr von 230 Mikrogramm Jod und Stillenden eine von 260 Mikrogramm pro Tag empfohlen.

Ein Jodmangel während der Schwangerschaft sollte verhindert werden, da bei einer Unterversorgung eine geistige Behinderung des Neugeborenen droht.

Säuglinge benötigen je nach Alter 40 bis 80 Mikrogramm Jod pro Tag, Kinder zwischen ein und 15 Jahren 100 bis 200 Mikrogramm. Ein Jodmangel bei Kindern kann dazu führen, dass sich Körper und Nervensystem nicht richtig entwickeln, mit möglichen Folgen für die geistige Entwicklung und die Lernfähigkeit.

Ein plötzliches Überangebot an Jod kann wiederum zu einer

Überfunktion der Schilddrüse führen. Erwachsene sollten daher nicht mehr als 500 Mikrogramm Jod pro Tag einnehmen.

179

Warum das Schilddrüsenhormon L-Thyroxin häufig falsch eingenommen wird

L-Thyroxin, kurz für Levothyroxin, ist weder Vitamin noch Mineralstoff, sondern ein Hormon, das als Arzneimittel eingesetzt wird. Es wird zur Behandlung von Schilddrüsenerkrankungen wie einer Schilddrüsenunterfunktion, der Hypothyreose, verschrieben. Bei dieser Fehlfunktion produziert der Körper selbst nicht genug Schilddrüsenhormone.

Bei L-Thyroxin handelt es sich nun um die künstlich hergestellte Form des natürlich vorkommenden Schilddrüsenhormons Thyroxin. Im Körper wird das synthetische L-Thyroxin wie auch das reguläre Thyroxin zu Trijodthyronin umgewandelt, der eigentlichen Wirkform des Hormons. Es steigert den Energieumsatz, erhöht den Sauerstoffverbrauch und fördert den Abbau von Fett und Zucker.

Bei der Einnahme von L-Thyroxin muss auf die richtige Dosis geachtet werden. Zu niedrige Dosierungen bessern zwar die Unterfunktion, gleichen sie aber nicht vollständig aus. Zu hohe Dosen können hingegen zu einer Überfunktion der Schilddrüse führen.

Eine Unterfunktion verursacht häufig Symptome wie Müdigkeit, Gewichtszunahme, Kälteempfindlichkeit und Konzentrationsprobleme. Symptome einer Überfunktion sind Herzrasen, Schlaflosigkeit und Nervosität.

Neben der richtigen Dosis muss auch auf die richtige Einnahme von L-Thyroxin geachtet werden. Am besten wird die L-Thyroxin-

Tablette morgens auf leeren Magen mit einem Glas Leitungswasser geschluckt. Nach der Einnahme sollte man für mindestens 30 Minuten weder essen noch trinken.

Meine Erfahrung aus der Apotheke hat gezeigt, dass vor allem hohe Dosen über 100 Mikrogramm häufig auf einen Fehler bei der Einnahme hindeuten. Zumindest dann, wenn die Schilddrüse noch vollständig vorhanden ist.

Frage ich gezielt nach der Einnahme, kommt manchmal die Antwort, dass zwar mit dem Frühstück gewartet wird, aber doch nicht auf den Kaffee mit Milch. Der muss morgens so schnell wie möglich getrunken werden. Kaffee allein kann die Aufnahme von L-Thyroxin zwar auch reduzieren, aber der Übeltäter ist vor allem das Calcium aus der Milch.

Eisenhaltige Präparate sowie aluminiumhaltige Antazida können, ebenso wie Magnesiumpräparate, die Aufnahme von L-Thyroxin im Darm beeinträchtigen.

Wichtig: Hat man L-Thyroxin immer falsch eingenommen, sollte man die Milch auf keinen Fall plötzlich weglassen. Würde man seine Tabletten auf einmal richtig einnehmen, würde zu viel L-Thyroxin im Blut ankommen. In diesem Fall muss man vom Arzt mit einer geringeren Dosis erneut eingestellt werden.

In der Schwangerschaft steigt der Bedarf an L-Thyroxin um etwa 30 Prozent an, weshalb manche Frauen, bei denen zuvor keine Unterfunktion bestand, bis zur Geburt L-Thyroxin einnehmen müssen.

Da manche von ihnen ebenfalls Eisen einnehmen sollen, das genauso eine halbe Stunde vor dem Frühstück eingenommen wird, empfiehlt es sich, die Eiseneinnahme auf den Abend zu verschieben.

180

Zink – warum einige pflanzliche Lebensmittel die Aufnahme reduzieren

Nun sind wir am Ende des Buchs angekommen. Und schauen uns mit Zink das letzte Spurenelement an.

Zink ist Bestandteil von über 300 Enzymen und erfüllt viele Aufgaben im Körper, zum Beispiel bei der Immunabwehr, im Stoffwechsel, bei der Wundheilung und bei der Fruchtbarkeit.

Zink muss regelmäßig über die Nahrung aufgenommen werden, da der Körper es nur in geringen Mengen speichern kann. Es steckt unter anderem in Rindfleisch, Eiern, Käse, Vollkornprodukten, Nüssen und Hülsenfrüchten.

Wie viel Zink man braucht, hängt unter anderem von der Ernährung ab. Phytate, sekundäre Pflanzenstoffe, die vor allem in Hülsenfrüchten, Vollkorngetreide und Ölsaaten vorkommen, binden Zink im Darm, wodurch es schlechter aufgenommen wird.

Deshalb wird der tägliche Zinkbedarf mit 11 bis 16 Milligramm für Männer und 7 bis 10 Milligramm für Frauen angegeben. Abhängig von der Phytatzufuhr.

Besonders Vegetarier und Veganer sollten wegen der oft höheren Phytatzufuhr auf eine ausreichende Zinkversorgung achten.

Aber auch Alkohol sowie manche Arzneimittel wie Thiazid-Diuretika, einige ACE-Hemmer und längerfristig eingesetzte Protonenpumpenhemmer können die Zinkaufnahme mindern oder die Ausscheidung erhöhen.

Ein Zinkmangel tritt häufig bei älteren Menschen auf, aber auch bei Patienten mit chronisch-entzündlichen Darmerkrankungen.

Zinkpräparate kaufen viele zur Vorbeugung von Infekten oder zur Verkürzung der Krankheitsdauer. Klare Dosierungsempfehlungen gibt es dafür allerdings nicht.

Bei Erkältungen sind kurzfristig höhere Dosen möglich. Am besten wird es direkt bei den ersten Symptomen eingenommen. Zink soll die Virusvermehrung auf den Schleimhäuten hemmen, vermutlich indem es ihre Bindung an die Zellen blockiert. Lutschtabletten mit höheren Dosen eignen sich hier besonders gut.

Wichtig: Zink möglichst 30 Minuten vor dem Essen einnehmen, damit Nahrungsbestandteile wie Calcium, Eisen oder Phytate die Aufnahme nicht reduzieren. Als gut verträglich gelten organische Verbindungen wie Zinkgluconat oder Zinkcitrat.

Langfristig können zu hohe Mengen Zink schaden. Die empfohlene Obergrenze für die tägliche Zinkzufuhr liegt bei 25 Milligramm. Höhere Dosen erhöhen das Risiko eines Kupfermangels, da Zink die Aufnahme von Kupfer hemmt, was zu Störungen des Immunsystems führen kann. Also genau das Gegenteil von dem, was man eigentlich erreichen wollte.

Arzneimittel, Vitamine und Mineralstoffe von A bis Z

Krankheiten von A bis Z

Da Sachbücher ein besonders hohes Maß an Übersichtlichkeit und Lesbarkeit beanspruchen, wurde beim Verfassen des vorliegenden Buches auf geschlechtsneutrale Formulierungen verzichtet.
Sofern es aus dem Kontext nicht anders hervorgeht, sind stets alle Geschlechter gleichermaßen gemeint und angesprochen.

FSC
www.fsc.org
MIX
Papier | Fördert gute Waldnutzung
FSC® C083411

Das bei der Produktion dieses Buches entstandene CO_2
wurde durch die Finanzierung von Klimaschutzprojekten kompensiert:
climate-id.com/17531-2110-1001/de

1. Auflage 2025

Amsterdamer Straße 192, 50735 Köln, info@dumont-buchverlag.de

Umschlaggestaltung: Lübbeke Naumann Thoben, Köln
Satz: Fagott, Ffm
Gesetzt aus der Akzidenz Grotesk und der Aldus Nova Pro
Druck und Verarbeitung: CPI books GmbH, Leck
Gedruckt auf säurefreiem und chlorfrei gebleichtem Papier
Printed in Germany
ISBN 978-3-7558-0052-1

www.dumont-buchverlag.de